2. ベクトル

x軸，y軸，z軸方向の単位ベクトルをそれぞれ

$$\boldsymbol{e}_x = (1,0,0), \quad \boldsymbol{e}_y = (0,1,0), \quad \boldsymbol{e}_z = (0,0,1)$$

とする．

$$\boldsymbol{A} = A_x \boldsymbol{e}_x + A_y \boldsymbol{e}_y + A_z \boldsymbol{e}_z = (A_x, A_y, A_z), \quad \boldsymbol{B} = (B_x, B_y, B_z)$$

内積	$\boldsymbol{A} \cdot \boldsymbol{B} = A_x B_x + A_y B_y + A_z B_z = AB\cos\theta$
外積	$\boldsymbol{A} \times \boldsymbol{B} = (A_y B_z - A_z B_y, A_z B_x - A_x B_z, A_x B_y - A_y B_x)$

3. 極座標

原点からの距離 r と x 軸からの角度 θ で平面上の点を表せる．この r, θ の組を極座標とよぶ．

$$x = r\cos\theta, \quad y = r\sin\theta$$

4. 微分

$\dfrac{\mathrm{d}f(x)}{\mathrm{d}x} = f'(x)$ と記す．

積の微分	$(f(x)g(x))' = f'(x)\,g(x) + f(x)\,g'(x)$
合成関数の微分	$\dfrac{\mathrm{d}f(g(x))}{\mathrm{d}x} = f'(g(x)) \times g'(x)$

☞ ただし，ある量の時間微分はその量の上にドットをつけて表す．たとえば速度 $v(t)$ の時間に関する微分 (加速度) は，$\dfrac{\mathrm{d}v(t)}{\mathrm{d}t} = \dot{v}(t)$ と表す．

指数関数，対数関数，3角関数の微分

$$(\mathrm{e}^x)' = \mathrm{e}^x, \qquad (\log x)' = \frac{1}{x},$$

$$(\sin x)' = \cos x, \qquad (\cos x)' = -\sin x, \qquad (\tan x)' = \frac{1}{\cos^2 x}$$

偏微分

物理量が座標 x, y, z の関数である場合，y, z を定数として x で微分する操作を偏微分とよび，$\left.\dfrac{\partial f(x,y,z)}{\partial x}\right|_{y,z}$ と記す．$|_{y,z}$ は y, z を定数としたことを強調するために記されており，省略されることもある．偏微分を2回行う場合，微分する順番には依存しない．すなわち

$$\frac{\partial^2 f(x,y,z)}{\partial x \partial y} = \frac{\partial^2 f(x,y,z)}{\partial y \partial x}$$

ある関数の勾配 (gradient) は

$$\mathrm{grad}\, f(x,y,z) = \left(\frac{\partial f(x,y,z)}{\partial x}, \frac{\partial f(x,y,z)}{\partial y}, \frac{\partial f(x,y,z)}{\partial z} \right)$$

で与えられる．$\boldsymbol{r} = (x,y,z)$, $r = \sqrt{x^2+y^2+z^2}$ とすると

$$\mathrm{grad}\, r = \left(\frac{x}{r}, \frac{y}{r}, \frac{z}{r} \right) = \frac{\boldsymbol{r}}{r}, \quad \mathrm{grad}\, \frac{1}{r} = -\left(\frac{x}{r^3}, \frac{y}{r^3}, \frac{z}{r^3} \right) = -\frac{\boldsymbol{r}}{r^3}$$

大学生のための基礎物理学

力学・熱学・電磁気学

大槻 東巳 著

学術図書出版社

はじめに

　本書は，大学初年度の理工系の学生に向けて，物理学の基礎を記したものです．高校で物理を履修していない学生諸君にもハードルが高くならないよう，できるだけ平易な説明を試みました．数式が複雑なために物理が理解できなくなることがないように配慮しつつ，また，逆に式を使うことで難しい概念が簡単に理解できる場合は，あえて式を用いました．

　物理学は少数の法則から自然現象を解明する学問で，すべての科学技術の基礎となります．自然現象を物理学により議論する際には，系の対称性を考察し，物理量の保存則 (たとえばエネルギーの保存則) を適用することが大切です．本書ではこの点を強調しました．

　はじめに次元解析について述べ，その後，第 2 章から第 9 章にかけて「力学」を解説しました．力学では力とそれによる物体の運動を論じ，その過程で運動量，仕事，エネルギーなどさまざまな概念を導入しました．第 10 章，第 11 章では，熱と力の関係を議論する「熱力学」を説明しました．高校で物理を履修しなかった学生諸君には難しく感じるかもしれません．はじめて読むときは第 11 章をとばしてもかまいません．一方，地球温暖化問題，エネルギー問題など 21 世紀の重要課題に取り組むには熱力学の理解が欠かせませんので，おおざっぱな概念だけでも学んでほしいと思います．第 12 章から第 16 章では電気と磁気の物理，いわゆる「電磁気学」を基礎から説明しました．近代科学技術は電気を効率よく作り出し，利用することで大きな発展を遂げました (これは停電により生活が非常に不便になることから実感できます)．電磁気学をしっかりと理解して欲しいと思います．

　大学の物理を学ぶときに，よくつまずくのは微分方程式とその解法です．付録には物理によくあらわれる微分方程式の解法をまとめました．章の途中にでてくる例題，章末の練習問題には詳しい解答をつけ，各章の理解が深まるようにしました．すぐに解けない場合，15 分くらい考えてどこが分からないかを明らかにしてから，解答を読むようにしてください．

　本書で学んだ基本事項をもとにそれぞれの専攻にあわせて，より深いテーマに取り組んでください．物理学の法則は，時間や場所によらず，宇宙のどこでもいつでも成立している普遍的なものです．学んだものが間違いだと後に指摘されることはほとんどないので，安心してじっくり学んでください．

　上智大学理工学部の同僚たちからは有用なコメントをいただきました．また学術図書出版社の発田孝夫氏には執筆当初からお世話になりっぱなしでした．ここに記して感謝いたします．

2011 年 9 月　東京都千代田区紀尾井町　上智大学にて

著者

目　　次

- 第1章　はじめに　　1
  - 1.1　物理量と次元解析　　1
- 第2章　力，力のつり合い　　4
  - 2.1　力　　4
  - 2.2　力のつり合い　　8
  - 2.3　いろいろな力　　9
  - 2.4　大きさのある物体のつり合い　　13
- 第3章　運動の法則　　16
  - 3.1　速度・加速度　　16
  - 3.2　運動の法則　　20
  - 3.3　等速度・等加速度運動　　22
- 第4章　重力下の複雑な運動　　26
  - 4.1　斜面上を滑る運動　　26
  - 4.2　放物運動　　27
  - 4.3　終端速度　　29
  - 4.4　振り子の運動　　32
- 第5章　振動　　37
  - 5.1　バネの振動　　37
  - 5.2　減衰振動と強制振動　　41
- 第6章　エネルギー，仕事　　46
  - 6.1　仕事，仕事率　　46
  - 6.2　衝突問題　　58
- 第7章　万有引力と惑星　　63
  - 7.1　万有引力　　63
  - 7.2　角運動量　　68
  - 7.3　惑星の運動　　73
- 第8章　慣性力　　79
  - 8.1　慣性力　　79
  - 8.2　遠心力　　83
  - 8.3　コリオリの力　　86
- 第9章　剛体の運動　　91
  - 9.1　剛体の運動　　91

9.2	慣性モーメントの計算	94
9.3	簡単な運動	96

第10章 熱力学とは　99
10.1 温度と圧力 99
10.2 エネルギーの保存則と仕事 102
10.3 熱機関と効率 107

第11章 エントロピー　115
11.1 熱力学の第2法則 115
11.2 可逆過程と不可逆過程 117
11.3 エントロピー 119
11.4 熱力学関数 124

第12章 クーロンの法則　128
12.1 クーロンの法則と電場 128
12.2 電場 129
12.3 静電ポテンシャル 130

第13章 ガウスの法則と導体　135
13.1 ガウスの法則 135
13.2 ガウスの法則の応用 136
13.3 導体 138
13.4 電気容量 142
13.5 静電エネルギー 143

第14章 分極　145
14.1 電気双極子ポテンシャル 145
14.2 分極と誘電体 146

第15章 電流と磁場　149
15.1 電流 149
15.2 磁場中の荷電粒子の運動 151
15.3 磁場とアンペールの法則 153
15.4 磁性体 156

第16章 電磁誘導と電磁波　158
16.1 ファラデーの電磁誘導の法則 158
16.2 磁場のエネルギー 160
16.3 電磁波 162

第17章 付録：物理と微分方程式　166

セミナー解答　169

索　引　184

はじめに

物理学は自然界で起こるさまざまな現象を論理的に解明する．解明するということは単に説明するだけでなく，このような状況では何が起こるはずだということを予言することを含む．入試問題で「ある条件で…の値はどうなるか」ときかれたとき，みなこの予言を行ったわけである．

物理学は，自然現象の観察，実験，数式による考察 (実験と対比させて理論とよぶ) が互いに刺激しあって発展してきた．最近では，コンピュータシミュレーションによる模擬的な実験も物理学の発展に多く寄与している．このように物理学はさまざまな手法を生かして問題にアプローチするのである．また，その発展もさまざまな経緯をたどっている．たとえば力学はそれまで観測されていた自然現象 (天体の運動) をニュートンが体系化したものである．相対性理論はアインシュタインが物理法則の普遍性と整合性から構築したもので，実験的に実証されたのはその後である．

物理学は自然現象を研究するためだけにあるのではない．物理学を応用することにより科学技術は発展をとげた．本書では物理学の重要な概念を学ぶ．物理学は与えられた現象を数式で記述して解くというのが主であるが，対称性，保存則などを駆使して自然現象を解明するという面を忘れてはならない．むしろ，この対称性や保存則を使いこなす方が重要な場合も多い．たとえば落下問題を扱う場合，空気抵抗のある場合の運動方程式を解くのも重要であるが，これをエネルギーの保存則から考察するのも重要である．

☞ ノーベル物理学賞受賞者である朝永振一郎博士の名著「物理学とは何だろうか」(岩波新書) によると，「物理学とは，われわれをとりかこむ自然界に生起するもろもろの現象—ただし主として無生物に関するもの—の奥に存在する法則を，観測事実によりどころを求めつつ追求すること」である．

☞ エネルギーの保存則からいえるのは「エネルギーは無から創り出せない，できるのはすでに存在するエネルギーを変換することだけである」ということである．環境問題を考える上でもこの原則を忘れてはならない．

1.1 物理量と次元解析

次元と単位　物理学で扱う数字，数式は最終的には実験や観測で測定できる物理量である．速度，運動量，エネルギー，位置，電場，磁場，温度などはすべて物理量である．これらは次元をもっている．長さの次元を L，時間は T，質量は M と表す．たとえば，エネルギーの次元は ML^2/T^2 となる．

ある次元をもつ物理量を，数値で表現するには単位を決める必要がある．たとえば，長さの次元を表すには，m を用いるか，cm を用いるかでその物理量を表す数値が 100 倍異なる．

質量，速度，エネルギーなどの物理量の次元を指定するには，[ ] を用いる．たとえば，速度 v の次元は $[v]$ と表す．速さを m/s の単位で表す場合，10 m/s と記す．

長さの次元をもつ物理量は m, cm, フィート, マイル, ヤードなどを用い

☞ 速さ v やエネルギー E などの変数には，次元が含まれていると考える．たとえば速さ v には次元 L/T が含まれている．

て表せるが，これは混乱をまねく．特に工業製品を海外に輸出入することを考えると，単位を統一した方が便利である．そこで決められたのが **SI 単位系**である．これは m (メートル), kg (キログラム), s (秒), A (アンペア) を単位とするもので，**MKSA 単位系**とよばれる．

次元解析　　次元を間違えて減点されたり，cm を m と間違えるなどして答えが見当違いな値になったという苦い経験をした人もいるであろう．しかし，次元と単位はたいへん有用なものなのである．たとえば自分が得た解答のチェックに次元解析を使うことができる．静止している物体が h だけ落下したのちの速さは，$\sqrt{2gh}$ である．g の次元 $[g]$ は L/T^2，h の次元 $[h]$ は L なので，$\sqrt{2gh}$ の次元は $(L/T^2 \times L)^{1/2} = L/T$ となり，確かに速さの次元である．これが平方根を忘れて答えを $2gh$ としていたり，質量が入ってきて $\sqrt{\dfrac{2gh}{m}}$ としたりしていても，次元解析を行えばすぐにミスが発見できる．

　それだけではない．物理の問題を考える際，あらかじめその現象を考察，観察し，数式で解析する前段階として，物理の専門家は次元解析を頻繁に行うのである．ガリレオが観測した振り子の等時性を考えてみよう．振り子の運動は，振り子の質量 m，重力加速度 g，振り子の長さ l，振り子の振幅 A などで決まっていると一般に考えられる．ところが観測から，周期 T は質量には依存しない，振幅にも近似的には依存しないことがわかった．すると周期は g, l のみで決まっていることになる．g, l から時間の次元をつくるには

$$T = [g^x l^y] = (L/T^2)^x L^y = L^{x+y} T^{-2x}$$

となる．右辺と左辺から $x + y = 0, 2x = -1$ となり，$x = -\dfrac{1}{2}, y = \dfrac{1}{2}$，言い換えると周期 T は $\sqrt{\dfrac{l}{g}}$ を因子として含んでいることがわかる．運動方程式を解くと $2\pi\sqrt{\dfrac{l}{g}}$ が得られるが，運動方程式，単振動などを知らなくてもある程度の解析が行えるのである．

　もっと複雑な場合の例として，飛行機の揚力を考える．そこでこの飛行機の翼が幅 W，長さ L の長方形だと仮定して，これが密度 ρ の大気中を大気との相対速度 v で飛んでいるとする．揚力は翼の幅に比例しているだろう．そこで，

$$\frac{F_\text{揚力}}{W} = k\rho^x v^y L^z \tag{1.1}$$

と仮定する．k は無次元量である．両辺の次元を等しいとすると

$$(ML/T^2) \times L^{-1} = (ML^{-3})^x \times (L/T)^y \times L^z$$

が得られ，これより $x=1, y=2, z=1$，つまり

$$F_\text{揚力} = k\rho v^2 LW \tag{1.2}$$

であることがわかる．実験から k の値は 0.5 程度だとわかっている．乱暴ないい方をすると，揚力に現れる係数 k をいかに大きくするかが，設計の工夫のしどころであり，あとは次元解析で決まってしまっているのである．

演習問題 1

1. 質量 m の物体がバネ定数 k のバネに結ばれ，振動している． ☞ 高校時代に物理を履修しなかったものは，この問は飛ばしてよい．
   (a) バネ定数の次元を L, M, T で表せ．
   (b) 振動の周期が $m^x k^y$ に比例していること，比例定数は無次元であることを仮定し，x, y を求めよ．

2. さまざまな波の速さを次元解析で求めてみよう．以下，k_1, k_2, k_3 は無次元の定数とする．
   (a) 海の深さを h，重力定数を g，海水の密度を $\rho_\text{海水}$ とする．$v = k_1 g^x h^y \rho_\text{海水}^z$ として，x, y, z を求めよ．海の深さが 2 倍になると波の速さは何倍になるか？
   (b) 音速 $v_\text{音速}$ は，圧力 p，空気の密度 $\rho_\text{空気}$ の関数として，$v_\text{音速} = k_2 p^x \rho_\text{空気}^y$ で表せるとする．x, y を求めよ．常温 (0°C)，1 気圧で，$v_\text{音速} = 340$ m/s である．k_2 を求めよ．
   (c) 張りつめた弦を伝わる波の速さ $v_\text{弦}$ は，弦の張力 S，弦の線密度 $\rho_\text{弦}$ の関数として，$v_\text{弦} = k_3 g^x S^y \rho_\text{弦}^z$ で表せるとする．x, y, z を求めよ．張力を 2 倍にしたとき，周波数は何倍になるか．

2 　　　　　　　　　　　　　　　　　　力，力のつり合い

2.1　力

力の働き　物体が変形したり，運動の向き，方向などが変化したり速さが変わったりするのは，力が働くからである．力のもう少し正確な定義は後で述べるが，さまざまな運動状態を変化させる原因となるのが力である．ある物体が力を受けている場合，それに力を加える他の物体の存在が考えられる．一見，他の物体が存在しないような場合も，物体のまわりには，力を生じさせる空間の状態の変化 (場の発生) がある．電場 (電界)，磁場 (磁界) はその代表例である．

☞ 電場，磁場は第 12 章, 第 15 章参照

 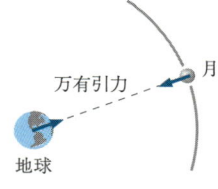 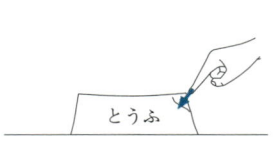

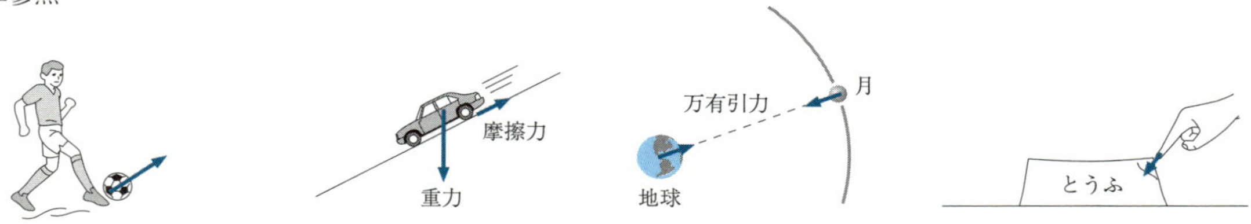

(1)　サッカーボールに働く力　　(2)　急勾配を走る車　　(3)　地球と月の万有引力　　(4)　とうふを押す力

図 2.1　さまざまな力

☞ 水は例外的に 4 °C で密度が最大となり，氷の方が軽い．
☞ 密度は圧力は温度の関数であるから，ここではある温度，圧力下に置いてという意味である．

重さと質量　一般に固体，液体，気体を考えると，固体が一番原子・分子が密に詰まっているので，密度は大きい．質量とはこの密度に体積を掛けたものである．

$$m = \rho V \tag{2.1}$$

☞ フランス・パリ郊外セーヴルの国際度量衡局に，二重の気密容器で真空中に保護された状態で保管されている．真空にしておくのはさびさせないためである．

☞ たとえば地球は赤道方向が長径の回転楕円体と見なせる．よって赤道付近での重力加速度は小さめになり，北極，南極などの高緯度地域では大きめとなる．また遠心力の効果も赤道付近では重力加速度を見かけ上小さくするようにきいてくる．こうした差はゼロコンマ数パーセントである．

密度は，物質を構成している原子・分子の種類と単位体積に含まれる個数で決まるもので，それぞれの物体に固有な量である．一方，地球上で，物体に働く重力は，質量と違い，物体固有の量ではない．たとえば，同じ物体を月面上に持って行くと，重力はおよそ 6 分の 1 に減ってしまう．質量は，その単位として kg (キログラム) を用いることが国際協定によって定められている (SI 単位系)．これは，国際的な共通の目安としてキログラム原器という基準物体の質量によって定義されている．一方，重力は力であるから，質量と単位が異なる．地球上で，1 kg の物体に働く重力は 9.8 N (ニュートン) である．一般に質量 m (kg) の物体に働く重力は

$$F = mg \, (\mathrm{N}) \quad (g = 9.80655 \cdots \mathrm{m/s^2}) \tag{2.2}$$

となる．g の値は実際には場所により異なるが，それだと不便なので上記の値を標準値として採用している．

フックの法則　気体や液体はもちろんのこと，固体も強い力を加えると変形する．物体中に任意の単位断面 ($1\,\mathrm{m}^2$) を考え，この単位面積あたりの変形を**ひずみ**という．一方，ひずみを発生させる外部からの力を面積で割って単位面積あたりに換算したものを**応力**という．

　一般に，応力が小さい場合には，ひずみと応力は比例する．しかも，応力がなくなるとひずみもなくなり，物体は元の形に復元される．これを**フックの法則** (Hooke's law) という．フックの法則が成り立つ物体の性質を**弾性**といい，このときの比例定数を**弾性定数**という．

　ゴムひもは典型的な弾性体と見なされる．長さ l のゴムひもに，F という力を加えると，それによってゴムひもは x だけ伸びる．このとき，F と x との間には

$$F = kx \tag{2.3}$$

なる関係が成り立つ．k は弾性定数である．バネの場合も同じことがいえ，この場合，k は**バネの定数**とよばれる．ゴムひもとバネの違いは，バネの場合，縮めても力が働くという点である．

　鉛直につるされたバネに，重さ $m(\mathrm{kg})$ の物体をつるすと，

$$mg = kx$$
$$\therefore \quad x = \frac{mg}{k} \tag{2.4}$$

だけ，バネが伸びることがわかる (図 2.2)．

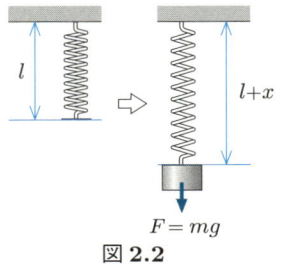

図 2.2

力とベクトル　力を考える際には，大きさの他に，方向・向きも大切な要素となる．これらの要素を同時に表すために，図に示すような適当な長さの矢印を用いる．図 2.3 には，ひきずられる物体に働くさまざまな力を，矢印で表してある．

　大きさだけでなく，方向・向きをもち，なおかつ足し算 (引き算)，掛け算 (割り算) が定められている量を**ベクトル**[1] (ベクトル量) という．ベクトルは $\boldsymbol{A}$ のように太字で表す[2]．力はベクトルで表される．

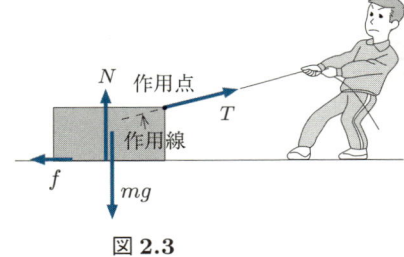

図 2.3

[1] 大きさはもつが方向も向きももたない量をスカラーという．

[2] 高等学校では $\vec{A}$ のように頭に矢印をつけて表していた．

ベクトルの加法則　ベクトル $\boldsymbol{A}$ とベクトル $\boldsymbol{B}$ の足し算は**平行四辺形の規則**によって定義される．すなわち，$\boldsymbol{A} + \boldsymbol{B}$ とは，図 2.4 に示すように，$\boldsymbol{A}$ と $\boldsymbol{B}$ がつくる平行四辺形の対向頂点までのベクトルとなる．

　これによって $\boldsymbol{A} - \boldsymbol{B}$ も自然に定義できる．

$$\boldsymbol{C} = \boldsymbol{A} - \boldsymbol{B} \tag{2.5}$$

の両辺に $\boldsymbol{B}$ を加えると，

$$\boldsymbol{C} + \boldsymbol{B} = \boldsymbol{A} - \boldsymbol{B} + \boldsymbol{B} = \boldsymbol{A} \tag{2.6}$$

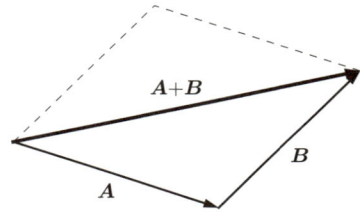

図 2.4　ベクトルの加法

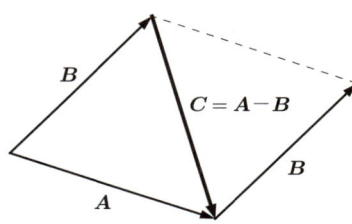

図 2.5　ベクトルの減法

すなわち，$\boldsymbol{A} - \boldsymbol{B}$ とは「これに $\boldsymbol{B}$ を加えると $\boldsymbol{A}$ になるようなベクトル」と定義される (図 2.5 参照).

三角関数　　ベクトルの成分を考えるために，sin (サイン), cos (コサイン), tan (タンジェント) という三角関数が必要となるので，これを簡単に復習しておこう．図 2.6 に示すように，角度 θ について

$$\sin\theta = \frac{b}{c}$$
$$\cos\theta = \frac{a}{c}$$
$$\tan\theta = \frac{b}{a} = \frac{\sin\theta}{\cos\theta}$$

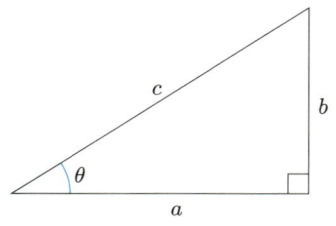

図 2.6　三角関数の定義

である．この定義によって，$\sin 0° = \cos 90° = \tan 0° = 0$, $\sin 90° = \cos 0° = 1$, $\tan 45° = 1$ となる．表 2.1 に代表的な値を示しておく．この表は簡単に暗記できる．$\theta = 30°, 45°, 60°$ について，sin, cos の値は $\frac{1}{2}, \frac{\sqrt{2}}{2}, \frac{\sqrt{3}}{2}$ の 3 通りしか現れない ($\sqrt{}$ の中に 1, 2, 3 が並んでいる)．角度が大きくなると sin の値は大きくなるので，この順番であり，cos は逆に角度が大きくなると小さくなるから，逆の順番，$\frac{\sqrt{3}}{2}, \frac{\sqrt{2}}{2}, \frac{1}{2}$ となる．これを覚えてしまえば，tan は sin, cos の比であるので，覚える必要はない．

θ が $90°$ よりも大きいときの $\sin, \cos, \tan$ は図 2.7 のように円を描いて定義する．図に示すように，$90°$ よりも大きい θ_2 について，

$$\theta_2 = \theta_1 + 90° \tag{2.7}$$

のとき，

$$\sin\theta_2 = \sin(\theta_1 + 90°) = \cos\theta_1 \tag{2.8}$$
$$\cos\theta_2 = \cos(\theta_1 + 90°) = -\sin\theta_1 \tag{2.9}$$

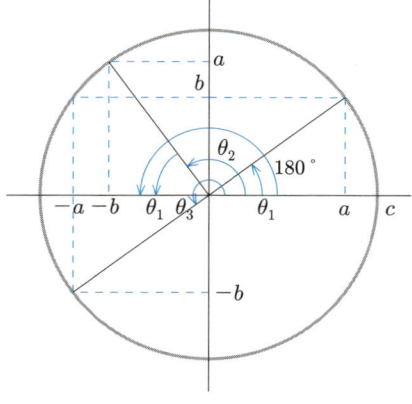

図 2.7　θ が $90°$ よりも大きいときの $\sin, \cos, \tan$

表 2.1　三角関数の代表的な値

θ	$\sin\theta$	$\cos\theta$	$\tan\theta$
$0°$	0	1	0
$30°$	$\frac{1}{2}$	$\frac{\sqrt{3}}{2}$	$\frac{1}{\sqrt{3}}$
$45°$	$\frac{\sqrt{2}}{2}$	$\frac{\sqrt{2}}{2}$	1
$60°$	$\frac{\sqrt{3}}{2}$	$\frac{1}{2}$	$\sqrt{3}$
$90°$	1	0	$\pm\infty$

なる関係がある．cos の場合，負号が現れることに注意しよう．一方，
$$\theta_3 = \theta_1 + 180° \tag{2.10}$$
のときは
$$\sin\theta_3 = \sin(\theta_1 + 180°) = -\sin\theta_1 \tag{2.11}$$
$$\cos\theta_3 = \cos(\theta_1 + 180°) = -\cos\theta_1 \tag{2.12}$$
となる．原点に関して点対称の位置なので，$\sin, \cos$ 両方に負号がつく．

ベクトルの演算　以上述べた簡単な数学の規則を用いると，ベクトルの足し算などを式で表すことができる．平行四辺形を書くのは幾何学的な方法で，これから述べる方法は代数的な方法である．

まず，ベクトル $\boldsymbol{A}, \boldsymbol{B}$ を直交座標 (x 軸, y 軸) で表す．$\boldsymbol{A}, \boldsymbol{B}$ の x, y 成分を A_x, A_y, B_x, B_y とすると，
$$\begin{aligned}\boldsymbol{A} &= (A_x, A_y) \\ \boldsymbol{B} &= (B_x, B_y)\end{aligned} \tag{2.13}$$
と表現できる．図 2.8 を見ればわかるように，$\boldsymbol{A}+\boldsymbol{B}$ の x 成分は，それぞれの x 成分の和である．
$$\boldsymbol{A}+\boldsymbol{B} \text{の} x \text{成分} = (\boldsymbol{A}+\boldsymbol{B})_x = A_x + B_x$$
同様に
$$\boldsymbol{A}+\boldsymbol{B} \text{の} y \text{成分} = (\boldsymbol{A}+\boldsymbol{B})_y = A_y + B_y$$
したがって，
$$\boldsymbol{A}+\boldsymbol{B} = (A_x + B_x, A_y + B_y) \tag{2.14}$$

空間ベクトルの場合，x, y, z 軸を考え，
$$\boldsymbol{A}+\boldsymbol{B} = (A_x + B_x, A_y + B_y, A_z + B_z) \tag{2.15}$$
となる．

大きさ 1 のベクトルを<u>単位ベクトル</u>とよぶ．x 方向，y 方向の単位ベクトルをそれぞれ $\boldsymbol{e_x}, \boldsymbol{e_y}$ とおくと便利である．これを用いると
$$\begin{aligned}\boldsymbol{A} &= A_x \boldsymbol{e_x} + A_y \boldsymbol{e_y} \\ \boldsymbol{B} &= B_x \boldsymbol{e_x} + B_y \boldsymbol{e_y}\end{aligned} \tag{2.16}$$
となり，
$$\boldsymbol{A}+\boldsymbol{B} = (A_x + B_x)\boldsymbol{e_x} + (A_y + B_y)\boldsymbol{e_y} \tag{2.17}$$
となる．これからもベクトルの和は成分の和でよいことがわかる．

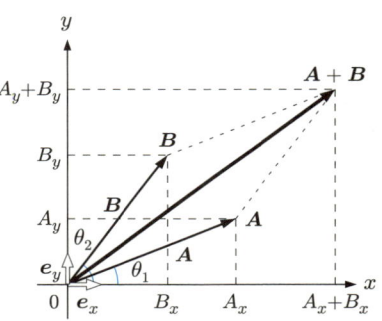

$A_x = A\cos\theta_1 \quad A_y = A\sin\theta_1$
$B_x = B\cos\theta_2 \quad B_y = B\sin\theta_2$

図 2.8　ベクトルの加法の成分表示

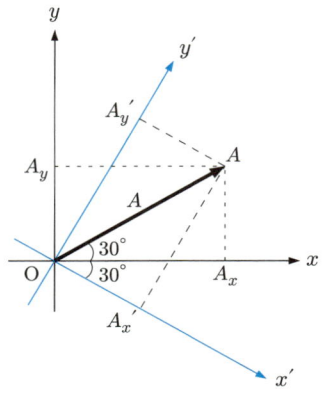

> **例題 2.1　ベクトルの表現**
>
> x 軸と $30°$ の角をなす方向に引かれた図のような大きさ A のベクトル $\boldsymbol{A}$ がある．$\boldsymbol{A}$ の x 成分, y 成分 $((A_x, A_y))$ を求めよ．また，x-y 軸を右回りに $30°$ 回転させた x'-y' 軸 (図参照) について，$\boldsymbol{A}$ の成分 (A'_x, A'_y) を求めよ．

解　作図により

$$A_x = A\cos 30° = \frac{\sqrt{3}}{2}A \ , \ A_y = A\sin 30° = \frac{A}{2}$$

$$A'_x = A\cos 60° = \frac{A}{2} \ , \ A'_y = A\sin 60° = \frac{\sqrt{3}}{2}A$$

2.2　力のつり合い

力のつり合い　力はベクトル量であるから，大きさの無視できる物体に複数個働いている場合，それらを加えたものが $\boldsymbol{0}$ になるとき，すなわち

$$\boldsymbol{F} = \boldsymbol{F}_1 + \boldsymbol{F}_2 + \cdots = \boldsymbol{0} \tag{2.18}$$

のとき，静止してた物体は静止したままである．これを力 $\boldsymbol{F}_1, \boldsymbol{F}_2, \cdots$ は<u>つり合っている</u>という．

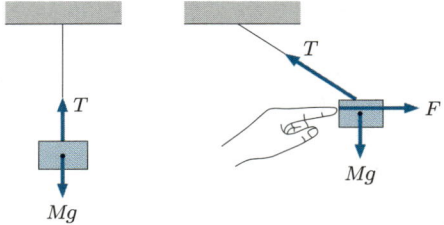

図 2.9　力のつり合いの例．ひもに結ばれた物体 (質量 M) に働く力のつり合い

力の合成と分解　力の和 $\boldsymbol{F} = \boldsymbol{F}_1 + \boldsymbol{F}_2 + \cdots$ を $\boldsymbol{F}_1, \boldsymbol{F}_2, \cdots$ の<u>合力</u>といい，合力を求める操作を<u>力の合成</u>という．力の合成は，数学的にはベクトルの足し算である．

1つの力を2つの力に分ける操作を<u>力の分解</u>という．分解する方法はいくらでもあるが，問題を解きやすいように分解することが大切である．分解された力を<u>分力</u>という．

分解の代表的なやり方で，よく利用されるのは，x 成分，y 成分に分解するやり方である．

$$\boldsymbol{F} = F_x \boldsymbol{e_x} + F_y \boldsymbol{e_y} \tag{2.19}$$

力のつり合いを示す式 (2.18) を上のような分解したもので示すと，

$$F_{1x} + F_{2x} + \cdots = 0$$
$$F_{1y} + F_{2y} + \cdots = 0 \quad (2.20)$$

となる．つまり，分解した成分ごとに和が 0 になるとき，力はつり合っている．

作用と反作用　物体どうしが相互に力をおよぼし合っているとき，それらの力は同一直線上にあり，互いに逆向きである．これを**作用・反作用の法則**という．図 2.10 に示すように，A 君と B さんが互いに押し合っているとき，A 君が B さんから受ける力 $\boldsymbol{F}_{12}$ と B さんが A 君から受ける力 $\boldsymbol{F}_{21}$ の関係は，

$$\boldsymbol{F}_{12} = -\boldsymbol{F}_{21} \quad (2.21)$$

である．物体どうしが互いに接触しておらず，万有引力のように遠くに離れた天体どうしが力をおよぼし合う場合にも，作用・反作用の法則が成り立つ．作用・反作用の法則の物理的意味については，第 3 章で詳しく述べる．

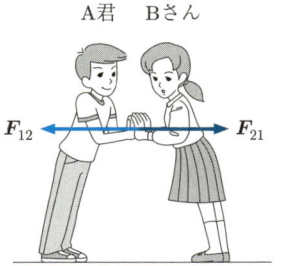

図 2.10　作用・反作用の法則

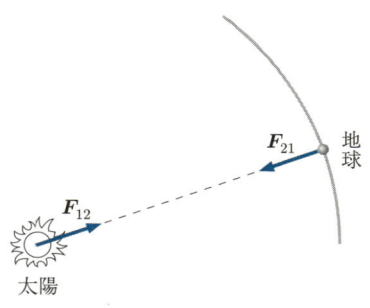

図 2.11　天体間に働く力．作用・反作用の法則が成り立っている．

2.3　いろいろな力

重力と電気力　質量 m の物体が，地球上でうける**重力**は

$$F = mg \quad (2.22)$$

で，鉛直下向きである．この物体が，水平の机の上に静止しているときには，この物体の，重力による落下を止めるために，**抗力**が働く．抗力 N は

$$N - mg = 0 \quad (2.23)$$

となっている．抗力の源は，**電気的な力**である．

抗力は，常に面に垂直に働く．もしそうでないならば，物体は面に沿って力を受けて不安定になるからである．

重力 mg は，地球と物体の間に働く万有引力にほかならない．地球の半径を R，質量を M とすると，

$$mg = G\frac{mM}{R^2} \quad (2.24)$$

となる．G は**万有引力定数**である．万有引力は距離の 2 乗に反比例する．上の式より，

$$\boxed{g = G\frac{M}{R^2}} \quad (2.25)$$

となる．

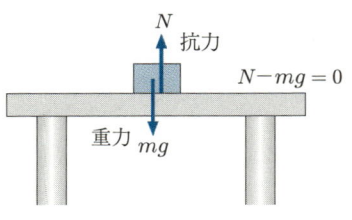

図 2.12　重力と抗力のつり合い

摩擦力　斜面上の物体が**摩擦**によって静止している（図 2.13）．斜面の傾き θ を大きくしていくと物体は滑り出す．滑り出す寸前には，斜面との摩

擦力は最大になっている．これを最大静止摩擦力(最大摩擦力)という．このときの角度を θ_c とすると，重力の斜面方向の成分 $mg\sin\theta_c$ とこの最大摩擦力 f_0 がつり合っている．

$$mg\sin\theta_c = f_0 \tag{2.26}$$

これより，θ_c を測定すれば，f_0 を知ることができる．

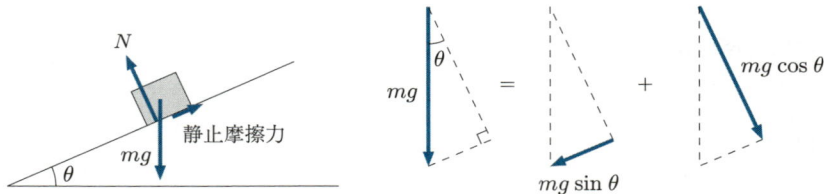

図 2.13 斜面上の物体と静止摩擦力

測定結果から最大摩擦力 f_0 は物体に働く斜面からの抗力 N に比例する．

$$f_0 = \mu N \tag{2.27}$$

比例係数 μ は静止摩擦係数とよばれる．斜面に垂直な方向でも力はつり合っているので，抗力 N は

$$N = mg\cos\theta_c \tag{2.28}$$

が得られる．式 (2.26)，(2.27)，(2.28) から，

$$\mu = \tan\theta_c \tag{2.29}$$

という関係式が得られる．

物体が斜面を滑るとき，物体はやはり斜面の運動方向とは逆の方向に摩擦力を受ける．これを動摩擦力という．動摩擦力も，面からの抗力 N に比例する．

$$f = \mu' N \tag{2.30}$$

比例係数 μ' は動摩擦係数という．一般に $\mu' < \mu$ である．

$\mu' > \mu$ だとすると，最大静止摩擦力よりも大きな力を加えても，動摩擦力の方が大きいので動かない，というおかしなことになる．よって，この不等号が成り立っていなければならない．

静止摩擦係数，動摩擦係数は接している物体の組み合わせによる．表 2.2 に各種物体間の摩擦係数を示す．

表 2.2 物体 I，物体 II 間の摩擦係数

物体 I	物体 II	μ	μ'
木	木	0.78	0.42
ガラス	ガラス	0.94	0.40
ゴム	木	0.68	0.48

抵抗力　気体，液体などを流体とよぶ．流体には，粘性という性質があり，物体がこの中を運動するとき抵抗力が発生する．物体があまり速く運動してない場合には，抵抗力 F は速さに比例する．

$$F = cv \tag{2.31}$$

c は物体の形状，流体の粘性の度合い(粘性係数)によって決まる．

コラム　摩擦力と原子間力

　どんな物体でも原子でできているので，これらを接触させるということは，物体の表面の原子が接触し，原子と原子の間に働く原子間力によって相互作用するということである．これが摩擦の原因である．物体の表面はきれいに原子が整っているわけではなく，凸凹している．このため，両物体の原子が接触している面積は小さい．物体を押しつけるとこの接触面積 S が大きくなる．この押しつける力が抗力 N と等しいので，

$$S \propto N$$

となる．摩擦力 f_0 は S に比例するので，

$$f_0 \propto N$$

となる．

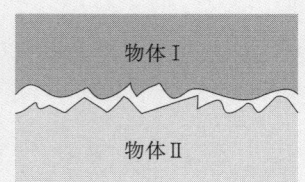

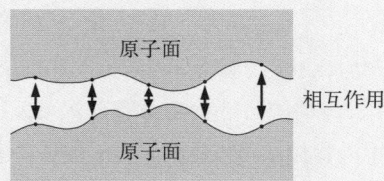

　現代の技術を駆使すれば，原子面がきれいにそろった物質を作製できる．Si (シリコン)，Al (アルミニウム) などがその例である．こうした物体を接触させれば，物体は 1 つの固まりになってしまい，摩擦力は "無限大" となる．

　このような抵抗力は，物体の一部が瞬間的に物体に付着することから発生する．流体が付着すると，物体はその反動で動きにくくなるわけである．抵抗力を受けている物体の運動については，第 4 章で述べる．

浮力　静止流体中に単位断面 (断面積 $= 1\,\mathrm{m}^2$) を考え，この断面に垂直に働く力を<u>圧力</u>という．圧力の単位は Pa (パスカル) である．

$$1\,\mathrm{Pa} = \frac{1\,\mathrm{N}}{1\,\mathrm{m}^2} \tag{2.32}$$

　図 2.14 に示すように，単位断面にかかる圧力 p は，両面から面に垂直にかかっている．もしそうではないとすると，面に沿った成分の方向に流体が動き出してしまう．これははじめに仮定した「静止流体」という条件に反する．

　もちろん，考える断面はどのようなものでもよい．深さ h の流体にある

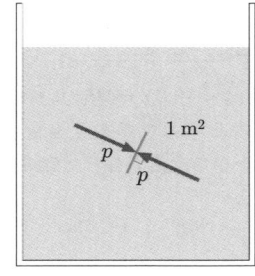
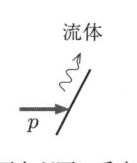

図 **2.14**　静止流体中の圧力

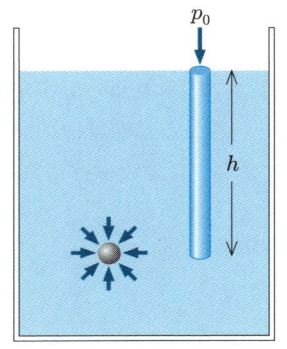

図 2.15 深さ h に沈めた小球にかかる圧力

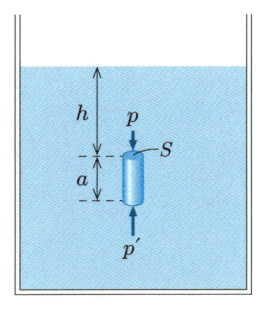

図 2.16 浮力が生じる理由. 物体の下の面が上方向にうける力が, 上の面が下方向にうける力よりも大きいので, 上向きの力が物体に働く.

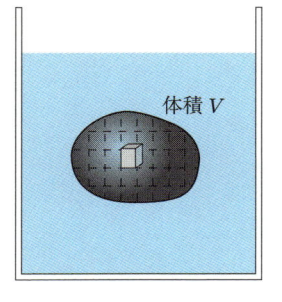

図 2.17 任意の形状の物体に関する浮力を考える場合, 物体を小さな直方体に分割すればよい.

小さい断面には, その面がどの方向を向いていても, 同じ圧力がかかる. したがって, 深さ h の場所に小さい球をおくと, その面にはあらゆる方向から一定の圧力がかかることになる (図 2.15).

さて, 深さ h における水平な断面にかかる圧力を考えよう. これは, 密度 ρ, 深さ h の流体の柱の底にかかる重力に関係する. 大気圧を p_0 とあわせて, この断面にかかる圧力 p は

$$p = p_0 + \rho g h \tag{2.33}$$

となる.

ここで図 2.16 のように, 任意の深さに沈んでいる高さ a, 断面積 S の物体を考えよう.

$$p = p_0 + \rho g h$$
$$p' = p_0 + \rho g(h + a)$$

であるから, この差は

$$p' - p = \rho g a \tag{2.34}$$

となり, この物体には上向きに

$$F = (p' - p)S = \rho g(aS) \tag{2.35}$$

の力が加わる. これを**浮力**という. aS はこの沈んでいる物体の体積なので, $\rho a S$ はこの物体が占める体積に本来入っていた流体の重さである. よって流体中の物体は, 物体がしめる体積に本来入っていた流体の重さ分だけ軽くなることがわかる. これが**アルキメデスの原理**である.

アルキメデスの原理を任意の形状の物体に拡張するには, 物体を無数の直方体に分割すればよい (図 2.17). これにより, 体積 V の物体に働く浮力 F は

$$F = \rho g V \tag{2.36}$$

となる.

自然界の力　これまで述べてきたさまざまな力の他に, 自然界には電気的な力, 磁気的な力, 原子間に働く力, 原子核に働く力, 素粒子に働く力などがある.

すでに述べたように, 摩擦力は原子間に働く力で, これは電気的な力が基本となっている. 抵抗力は粘性によるものであるが, 粘性ももとを正せば, 原子間の力に帰着する.

すなわち, 自然界における力は, 見かけはさまざまな形をとるが, せんじつめれば 4 つの基本力がもとになっている. それらは,

1. 重力
2. 電磁気力

3. 弱い力
4. 強い力

である．このうち，重力はもっとも弱いものであるが，天文学的スケールまで到達するので，宇宙の運動・変化・進化において，主役を演じる．他の弱い力，強い力は，重力よりはるかに強いが，遠くまで到達しない．電磁気力は重力と同じように遠くまで到達できるが，その強さゆえにたいていの物体は電気的に中性になってしまう．

強い力は，原子核の内部で中性子どうし，陽子どうし，中性子と陽子を強く結びつけ，きわめて密度の高い状態をつくり出している．しかしこの到達距離は 10^{-15} m 程度である．

弱い力とは，原子が β 崩壊し，電子が原子核から放出される過程を生み出す．

電気力と磁気力は，昔は異なる力と考えられていたが，いまでは**電磁気力**という，統一された力の側面であると考えられるようになった．さらに最近では，弱い力と電磁気力が統一され，**電弱相互作用**というものが考えられている．この電弱相互作用に強い力と重力も統一しようという試みもある．

☞ 2008 年にノーベル賞を受賞した小林・益川理論はこの弱い力に関する理論である．

2.4 大きさのある物体のつり合い

剛体に働く力　力のつり合いは，大きさのない物体については単純であるが，大きさのある物体では，力のかかる位置関係がきいてくるので，複雑になる．ここでは，力が加わっても，その物体の形状が変化しない場合，すなわち，きわめてかたい**剛体**に力が加わった場合の力のつり合いを考えよう．

剛体に力が加わる場合，
1. 剛体が並進運動する
2. 剛体が回転運動する

という2つの場合が考えられる．もちろん，2つが混じり合った運動も起こる．

このような場合，先に述べたように，剛体の**どこに**，どんな方向(向き)に力がかかるかが重要となる．同じ大きさの力でも，力のかかる位置，方向によっては，物体の回転運動に対する寄与が大きく異なるからである．

力のモーメント

図 2.18 には，円板を回転させるような場合の，力のかかり方の違いを示してある．経験からいえば，(a) のような力のかかり方が，円板を回転させるのに最も有効である．(b) や (c) でも，円板を回転させることはできる．しかし (d) とか (e) のように，円板の中心 (回転軸) を通る力は，円板を回転させることはできない．

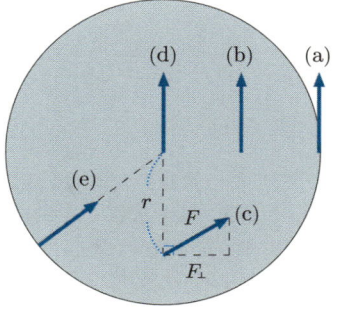

図 2.18　円板を回転させようとする力 (力の大きさは同じ)

(a), (b), (c) を比較すると，回転させやすいのは，力が大きいことだけではなく，回転軸とその力の働く点までの距離 r が重要であることがわかる．そこで力の代わりに力のモーメントというものを考える．

$$N = Fr \tag{2.37}$$

力のモーメント N が大きければ，円板を回転させるのに有効である．

また図 2.18 の (c) の場合からわかるように，その力までの直線の垂直成分 $F_\perp$ だけが回転に寄与する．よって前式は

$$N = F_\perp r \tag{2.38}$$

と拡張することができる．

N は時計回りに回転させる方向，反時計回りに回転させる方向のように向きをもったベクトルとして表させる．方向は回転面に垂直な方向で，反時計回りに回転させる方向を正とする．

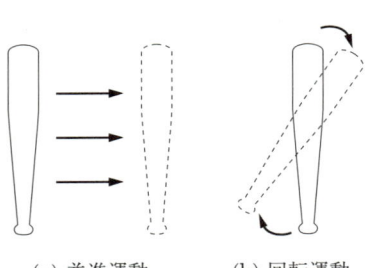

(a) 並進運動　　(b) 回転運動

図 **2.19**　剛体の並進運動と回転運動

剛体の力のつり合い

剛体にかかる力がつり合い，剛体が並進運動もせず，回転運動もしないためには，力の合力だけでなく，(任意の回転軸のまわりの) 力のモーメントが 0 になっている必要がある．すなわち，

$$\boldsymbol{F}_1 + \boldsymbol{F}_2 + \boldsymbol{F}_3 + \cdots = \boldsymbol{0} \tag{2.39}$$

$$\boldsymbol{N}_1 + \boldsymbol{N}_2 + \boldsymbol{N}_3 + \cdots = \boldsymbol{0} \tag{2.40}$$

等しい大きさで逆向きに働き，物体を回転させようとする力を偶力という．この場合，

$$\boldsymbol{F}_1 + \boldsymbol{F}_2 = \boldsymbol{0}$$

$$\boldsymbol{N}_1 + \boldsymbol{N}_2 \neq \boldsymbol{0}$$

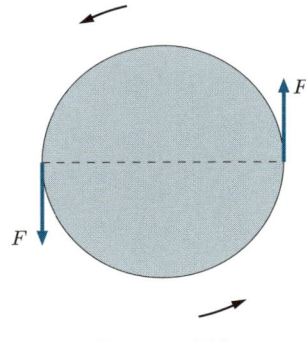

図 **2.20**　偶力

となる．偶力は，物体の回転だけを引き起こす．

重心　剛体にかかる重力は，剛体の各部分にかかる力を合成したものである．これらの重力は，すべて鉛直下向きにかかり，物体は落下する．

剛体をある点で支えると，一般には回転してしまうが，ある点で剛体を支えると回転しない．この点を重心とよぶ．剛体を小さな固まりに分割して，それぞれの位置を $\boldsymbol{r}_i$，質量を m_i とすると，重心の位置 $\boldsymbol{r}_G$ は

$$\boldsymbol{r}_G = \frac{m_1 \boldsymbol{r}_1 + m_2 \boldsymbol{r}_2 + \cdots}{m_1 + m_2 + \cdots} \tag{2.41}$$

☞ この重心の表式は正確には質量中心を表している．重力が一定の場合，重心と質量中心は同じなのでここでは区別しない．

である．

たとえば，密度と太さが一様な棒の重心は，棒の中心にある．円板面が鉛直方向にそった一様な円板の重心は円の中心である (図 2.21)．

重心のまわりの力のモーメントは，

$$\boldsymbol{N}_G = \boldsymbol{N}_1 + \boldsymbol{N}_2 + \boldsymbol{N}_3 + \cdots = \boldsymbol{0} \tag{2.42}$$

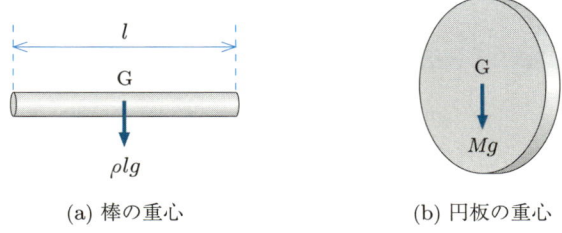

(a) 棒の重心　　　　　(b) 円板の重心

図 2.21　重心の位置

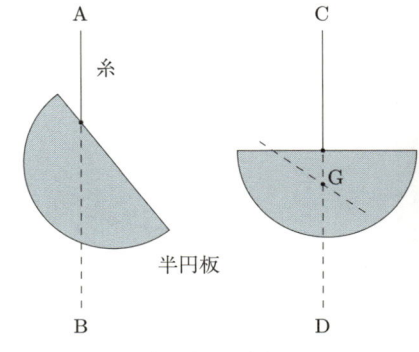

図 2.22　半円板の重心

である．

　重心は任意の剛体を糸で結びつり下げたときの糸の方向上に存在する．ある点で物体をつり下げ，次に別の点で物体をつり下げれば，重心はどちらの場合でも糸の方向にあるので，その方向が交わる点として求められる．たとえば半円板の重心は，図 2.22 のように，糸をつり下げたときの，糸の方向線 AB と CD の交わる点である．

演習問題 2

1. **力のつり合い**　体重計に 60 kg の人が乗っている．この人が体重計の上を手で静かに 10 kgW の力で押した．
   (a) この人に働いている力を述べよ．
   (b) 体重計が人から受ける力は何 N か．
   (c) 体重計の目盛りはいくつを示すか．
   (d) 体重計を手で押したことによる効果を説明せよ．

2. **摩擦力と力のモーメント**　長さ l のはしごをなめらかな壁に立てかけてある．床とはしごの間の静止摩擦係数 μ は 0.5 とする．はしごと床のなす角度が何度のとき，はしごは滑って倒れてしまうか．

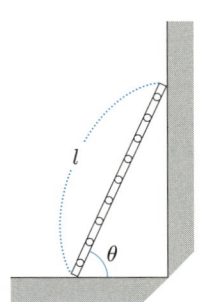

3 運動の法則

3.1 速度・加速度

位置ベクトル 物体の位置は原点からの距離だけでは決まらず，方向や向きも指定しなければならない．「大阪は東京から西南西に 600 km に位置する」という具合である．つまり物体の位置はベクトル量である．

2 次元の位置ベクトルは，2 つの量で表される．デカルト (直交) 座標系では，図に示すように

$$\boldsymbol{r} = (x, y) \tag{3.1}$$

図 3.1 東京から見た大阪の位置

あるいは，極座標では，ベクトルの長さ r と方向 θ という 2 個の量を指定すると (図 3.2 参照)，

$$\boldsymbol{r} = (r, \theta) \tag{3.2}$$

となる．ここで，r を動径成分，θ を接線成分という．

$$x = r\cos\theta, \quad y = r\sin\theta \tag{3.3}$$

である．

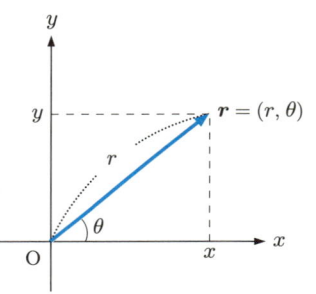

図 3.2 極座標

3 次元の場合には，図 3.3 に示すように，極座標表示は 3 つの量 (r, θ, φ) で表される．ここで φ はベクトル $\boldsymbol{r}$ を x-y 平面に投射 (射影) したときの，x 軸となす角である．(この場合，φ を方位角，θ を極角とよぶ．) 図を見てわかるように

$$\begin{cases} x = r\sin\theta\cos\varphi \\ y = r\sin\theta\sin\varphi \\ z = r\cos\theta \end{cases} \tag{3.4}$$

である．

変位ベクトル 時刻 t のときの物体の位置ベクトルを $\boldsymbol{r}$，時刻 t' $(t' > t)$ のときの位置ベクトルを $\boldsymbol{r}'$ とする．

$$\boldsymbol{R} = \boldsymbol{r}' - \boldsymbol{r} \tag{3.5}$$

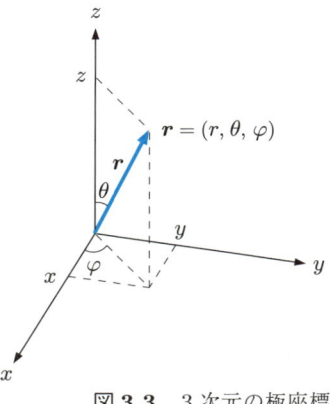

図 3.3 3 次元の極座標

を変位ベクトルという．

t' と t の間隔がきわめて短く，$\boldsymbol{r}'$ と $\boldsymbol{r}$ がきわめて近いとき，

$$\begin{aligned} \Delta t &= t' - t \\ \Delta \boldsymbol{r} &= \boldsymbol{r}' - \boldsymbol{r} \end{aligned} \tag{3.6}$$

と書く．ここで Δ (デルタ) という記号は，「きわめて小さい量」ということである．

☞ 小文字の δ を「きわめて小さい量」として使う場合も多い．

速度・加速度

$$\boldsymbol{v} = \frac{\Delta \boldsymbol{r}}{\Delta t} \tag{3.7}$$

で定義されるようなベクトルを**速度**，

$$\boldsymbol{\alpha} = \frac{\Delta \boldsymbol{v}}{\Delta t} \tag{3.8}$$

で定義されるようなベクトルを**加速度**という．

物体が x 方向のみに運動しているときは，ベクトルを考える必要はない．速度，加速度は

$$v = \frac{\Delta x}{\Delta t}, \quad \alpha = \frac{\Delta v}{\Delta t} \tag{3.9}$$

で定義される．この場合，x を t の関数，$x(t)$ と考えれば，速度は曲線 $x = x(t)$ の**勾配**を表す（図 3.5 参照）．

一般に十分小さい Δt を考えるとき，$\dfrac{\Delta x}{\Delta t}$, $\dfrac{\Delta \boldsymbol{r}}{\Delta t}$, $\dfrac{\Delta \boldsymbol{v}}{\Delta t}$ を**微分**という．

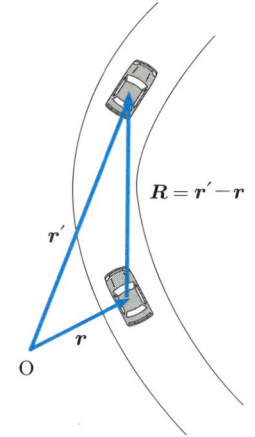

図 **3.4** 車の移動を表す変位ベクトル

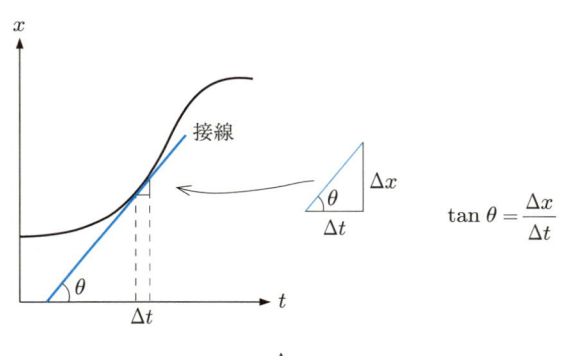

図 **3.5** $v = \dfrac{\Delta x}{\Delta t}$ と勾配 $\tan \theta$

微分 t の関数として $x(t)$ の曲線が描ければ，それから微分をつくる（"微分する"）のは簡単である．つまり定規を使って勾配を求めればよい．代表的な関数の微分を勉強しておこう．

1.
$$x(t) = t^2 \tag{3.10}$$

$x(t + \Delta t) = (t + \Delta t)^2 = t^2 + 2t\,\Delta t + \Delta t^2 \fallingdotseq t^2 + 2t\,\Delta t$ であるから，

$$v = \frac{\Delta x}{\Delta t} = \frac{x(t + \Delta t) - x(t)}{\Delta t} \fallingdotseq \frac{2t\,\Delta t}{\Delta t} = 2t \tag{3.11}$$

となる．

2. 一般に $x(t) = t^n (n = 1, 2, 3, \cdots)$ の場合，$x(t + \Delta t) = (t + \Delta t)^n = t^n + nt^{n-1}\Delta t + \cdots \fallingdotseq t^n + 2t^{n-1}\Delta t$ であるから，

$$v = \frac{\Delta x}{\Delta t} = \frac{x(t + \Delta t) - x(t)}{\Delta t} \fallingdotseq \frac{nt^{n-1}\Delta t}{\Delta t} = nt^{n-1} \tag{3.12}$$

という公式が得られる．逆に
$$x(t+\Delta t) \fallingdotseq x(t) + \frac{\Delta x}{\Delta t}\Delta t \tag{3.13}$$
とも書ける．

なお，微分する関数が
$$x(t) = f(t)g(t) \tag{3.14}$$
という積の形になっている場合，
$$x(t+\Delta t) = f(t+\Delta t)g(t+\Delta t) \fallingdotseq \left(f(t) + \frac{\Delta f}{\Delta t}\Delta t\right)\left(g(t) + \frac{\Delta g}{\Delta t}\Delta t\right) \tag{3.15}$$

なので，
$$\frac{\Delta x}{\Delta t} = \frac{f(t+\Delta t)g(t+\Delta t) - f(t)g(t)}{\Delta t} \fallingdotseq \frac{\Delta f}{\Delta t}g(t) + f(t)\frac{\Delta g}{\Delta t} \tag{3.16}$$
という形に書ける．さらに
$$x(t) = f(at) \quad (a \text{ は定数}) \tag{3.17}$$
の場合，$x(t+\Delta t) = f(a(t+\Delta t)) = f(at + a\Delta t) \fallingdotseq f(at) + \frac{\Delta f}{a\Delta t}a\Delta t$ より，$T = at$ として，
$$\frac{\Delta x}{\Delta t} = a\frac{\Delta f(T)}{\Delta T} \tag{3.18}$$
となる．より複雑な $x(t) = f(g(t))$ の場合は，$T = g(t)$ とおいて，
$$\frac{\Delta x}{\Delta t} = \frac{\Delta g}{\Delta t}\frac{\Delta f(T)}{\Delta T} \tag{3.19}$$
となる．$\Delta t, \Delta x, \Delta f$ などの無限小の極限を考えたものが微分である．この極限は $\frac{\Delta x}{\Delta T} \to \frac{dx}{dt}$ のように Δ のかわりに d を使って表す．

速度の合成・相対速度　　光速に近い速度の場合を除き，通常，速度 $\boldsymbol{v}$ で運動している電車の中でミニカーを速度 $\boldsymbol{v}'$ で動かせば，ミニカーは地上に対し
$$\boldsymbol{V} = \boldsymbol{v} + \boldsymbol{v}' \tag{3.20}$$
で運動していることになる．これを**速度の加法則**という．

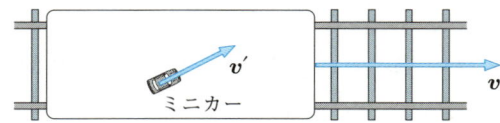

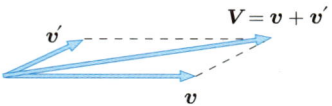

図 **3.6**　電車中のミニカーの運動

逆に速度 $\boldsymbol{v}$ で運動している物体を，速度 $\boldsymbol{v}'$ で運動している観測者から見ると，物体の速度は

$$\boldsymbol{u} = \boldsymbol{v} - \boldsymbol{v}' \tag{3.21}$$

と観測される．これを**相対速度**という．$\boldsymbol{v} = \boldsymbol{v}'$ なら相対速度 $\boldsymbol{u} = \boldsymbol{0}$ となり，静止しているように見える．

例題 3.1　川上り，川下り

幅 l の川が，速さ v_0 で流れている．川の流れと垂直方向に進み，真向かいの対岸まで速さ v のボートで渡る．どの方向にかじをとればよいか．また，川を渡りきる時間はいくらか．

解　川の流れの速度を $\boldsymbol{v}_0$，ボートの速度を $\boldsymbol{v}$ とする．ボートの岸に対する速度 $\boldsymbol{V}$ は，図のような合成ベクトルになる．これより，かじと川の流れの角度 θ は

$$\tan\theta = \frac{V}{v_0} = \frac{\sqrt{v^2 - v_0^2}}{v_0}$$

となる．また，川を渡りきる時間は $\dfrac{l}{\sqrt{v^2 - v_0^2}}$ である．

☞ θ は
$$\theta = \tan^{-1}\left(\frac{\sqrt{v^2 - v_0^2}}{v_0}\right)$$
とも書ける．ここで $\tan^{-1} x$ という関数は「tan をとると x になるような角度」を表す．

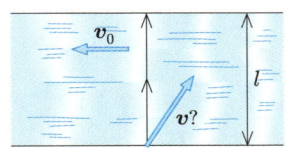 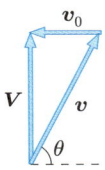

図 3.7　速度ベクトル $\boldsymbol{v}_0$ で流れる川を，速度ベクトル $\boldsymbol{v}$ で走るボートで渡る．

速度空間図　位置ベクトルを描いた空間は通常の「空間」である．これを拡張し速度を空間として描くと便利である．速度空間は座標軸として，例えば v_x, v_y をとる (図 3.8 参照)．

位置ベクトル $\boldsymbol{r}$ が半径 r の等速円運動を描くとき，その速度 $\boldsymbol{v}$ も半径 v の**等速円運動**となる．

ベクトル $\boldsymbol{r}$ が円運動し，1 回転する間に，速度空間でも $\boldsymbol{v}$ は 1 回転する．

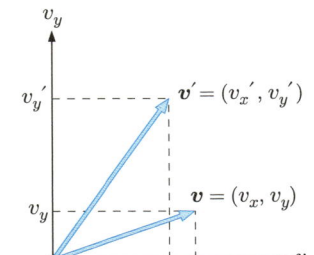

図 3.8　速度空間

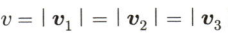

$v = |\boldsymbol{v}_1| = |\boldsymbol{v}_2| = |\boldsymbol{v}_3|$

図 3.9　円運動の速度空間図

すなわち，1 回転の周期は同じである．円周はそれぞれ $2\pi r$, $2\pi v$ であるから，α を速度の変化率，すなわち加速度の大きさとすると，

$$T = \frac{2\pi r}{v} = \frac{2\pi v}{\alpha}$$

$$\therefore \quad \alpha = \frac{v^2}{r} \tag{3.22}$$

が得られる．これは等速円運動の<u>向心加速度</u>とよばれる．

3.2 運動の法則

運動の法則　　ニュートンは，物体の運動の加速度が，そこに加わっている力に比例するという，<u>運動の法則</u>を発見した．これに加えて，物体に力が加えられなければ，物体の運動状態はそのままの状態を維持すること (<u>慣性の法則</u>)，2 物体間の<u>相互作用力</u>について，作用と反作用はつねに等しく向きが逆であるという<u>作用・反作用の法則</u>を，運動を記述する 3 大法則とした．すなわち，

運動の第 1 法則：　慣性の法則

運動の第 2 法則：　質量 m の物体に力 $\boldsymbol{F}$ が働くとき，その加速度 $\boldsymbol{\alpha}$ は

$$m\boldsymbol{\alpha} = \boldsymbol{F} \tag{3.23}$$

で決定される．

運動の第 3 法則：　作用・反作用の法則．物体 1 が物体 2 から受ける力を $\boldsymbol{F_{12}}$，物体 2 が物体 1 から受ける力を $\boldsymbol{F_{21}}$ とすると，

$$\boldsymbol{F_{12}} + \boldsymbol{F_{21}} = \boldsymbol{0} \tag{3.24}$$

☞ 質量も時間変化するような場合は $\dfrac{\mathrm{d}(m\boldsymbol{v})}{\mathrm{d}t} = \boldsymbol{F}$ と拡張される．これについてはすぐ後に述べる．

☞ 回転運動が続くのは広い意味での慣性の法則である．狭い意味では静止状態，等速直線運動が力を加えない限り続くというのが慣性の法則とよび，回転運動は含めない．

慣性の法則とは何か　　テーブルに置かれたボールは，これに力が加わらない限り，いつまでも静止し続ける．直線上の線路を速さ v で走る電車は，摩擦を無視すれば，いつまでも同じ速さで走り続ける．地球は 40 億年以上前に形成されてから，同じような運動を持続している．

慣性の法則は日常的に成り立っており，ニュートンが取り上げる以前から，多くの自然哲学者 (科学者) は，これが基本的運動の形態であることを知っていた．

慣性の法則を考察してみよう．図 3.10 のように，水平テーブルの上に，ボールを静かに乗せて放置する．ボールはもちろん，何日でも動かずにテーブルの上に乗っているはずである．これが慣性の法則である．

そこで，慣性の法則が成り立っておらず，ある日，このボールが何の理由もなく，突然，ある方向 (例えば北) に動いたと仮定してみる．しかしなぜ一体，"北" なのか，東西南北は人間が勝手に選んだ方向であり，もし，ボールが北に動いたならば，同時に南にも東にも西にも動いてよいはずである．しかし 1 つの物体が同時に東西南北すべての方向に動くことは道理にかなっ

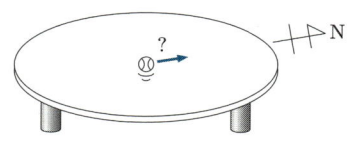

図 3.10　テーブルの上のボール

ていない (非合理性). このように慣性の法則が成り立っていないとすると, 非合理性が生じるのである.

第 2 法則と運動量・力積

第 2 法則は
$$m\frac{d\bm{v}}{dt} = \bm{F} \tag{3.25}$$
であるが, これは**運動量**
$$\bm{p} = m\bm{v} \tag{3.26}$$
を用いると,
$$\frac{d\bm{p}}{dt} = \bm{F} \tag{3.27}$$
と書ける. 式 (3.25) と式 (3.27) は質量が一定の場合は同じであるが, 質量も時間変化する場合も後者は使えるので, より一般的である.

式 (3.27) をより物理的に解釈するためには, 微小時間に書き直すとよい.
$$\Delta \bm{p} = \bm{F} \times \Delta t \tag{3.28}$$
これは, **力とそれをかけた時間の積により, 運動量は変化する**という意味である. この力と力をかけた時間の積を**力積**とよぶ. 弱い力でも, こつこつと長時間かければ, 大きな運動量の変化をもたらすことができる.

逆に力がかかっていない場合, 運動量が一定である. これは慣性の法則である. 外部から力がかかっていないとき, 運動量が一定になることを**運動量の保存則**とよぶ.

☞ 質量が大きいものはたとえスピードが小さくても運動量は大きくなる. ゆっくり進んでいるタンカーの方が, その 10 倍の速さで走っているレーシングカーよりも運動量ははるかに大きいのである.

例題 3.2　雨の中を動いている洗面器

雨の中, 洗面器に車輪をつけて速さ v_0 で走らせる. 洗面器には 1 秒間に σ だけ, 雨水がたまるとする. このとき, 洗面器の速さはどのように変わるか.

解　洗面器と雨水をあわせた質量は
$$m = m_0 + \sigma t$$
である. 運動量の保存則から
$$\frac{d(mv)}{dt} = 0$$
なので
$$mv = m_0 v_0$$
となるので,
$$v = \frac{m_0 v_0}{m_0 + \sigma t} \tag{3.29}$$
というように減速することがわかる.

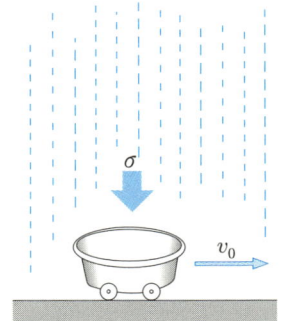

図 **3.11**　洗面器に雨が降りそそぐときの洗面器の減速.

作用・反作用の法則の解釈　　慣性の法則と作用・反作用の法則は一見，無関係のように見えるが，そうではない．いま，物体 1 および物体 2 が外から力を受けず相互作用としている場合を考えよう (図 3.12)．

作用・反作用の法則は

$$F_{12} + F_{21} = 0$$

であった．そこで，この式が成り立たないとする．

$$F_{12} + F_{21} = F \neq 0$$

この物体 1 と物体 2 を十分離れた位置から観測してみよう．すると物体 1,2 はほとんど合体して見える．しかしこの合体物には全体として F という力が加わっていると仮定したから，この合体物は理由もなしに突然 F の方向に動き出すことになる．これは慣性の法則に反している．

さて，$F_{12} + F_{21} = 0$ だけで十分であろうか？　確かにこの場合，2 つの物体の重心は力を受けないが，力が作用線の方向を向いていないと，2 個の物体は重心のまわりに回転を始めてしまう (図 3.12)．これは回転軸の方向を特殊扱いしているので，空間の対称性と矛盾してしまう．よって力は作用線上になければならない．このように対称性を使った議論は物理の強力な考え方の 1 つである．

☞ 現代物理ではある種の対称性が破れることわかっている．たとえば磁石はどの方向を向いてもいいはずなのにある方向を N 極としている．このような現象は自発的対称性の破れとよばれている．こうした概念を背景に展開された理論が，南部理論である．南部理論に対して 2008 年ノーベル物理学賞が与えられた．

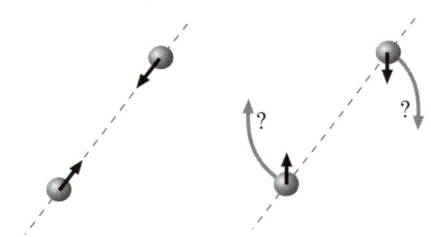

図 3.12　物体 1,2 が相互作用している場合．もし力が作用線上にないと，物体は回転し始めてしまう (右図)．

3.3　等速度・等加速度運動

等速度運動　　速度 v で運動し始めた物体は，これに力が加わることがなければ，そのまま v で運動を続ける．すなわち，

$$v = 一定 \tag{3.30}$$

である．これを等速度運動，あるいは等速直線運動という．

これに反して，v の大きさ (つまり速さ，スピード)v は一定であるが，方向がどんどん変化していく運動もある．

$$\begin{cases} v = 一定 \\ v \neq 一定 \end{cases} \tag{3.31}$$

の場合，これは等速運動であるが，等速度運動ではない．

図 3.13(b) に示すような等速円運動は，速さ v は一定であるが，速度の方向は変化している．

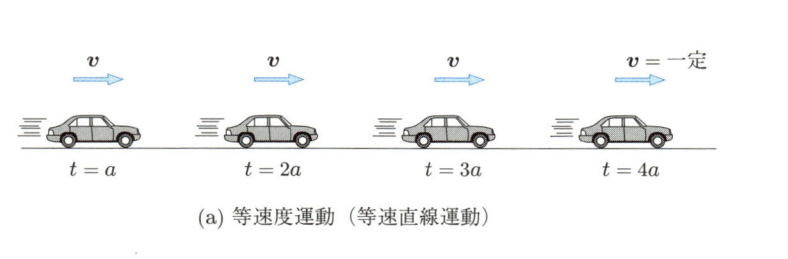
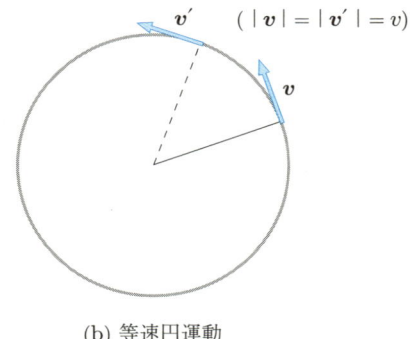

図 3.13 (a) 等速度運動 (等速直線運動) と (b) 等速円運動

$t=0$ での速度，速さを**初速度**，**初速**といい，$\boldsymbol{v}_0$, v_0 と書くことが多い．t_0 後の物体の位置は，初速度の方向を x 方向として

$$x = v_0 t_0 \tag{3.32}$$

となる．これが等速直線運動の移動距離である．

上の式は $x\text{-}t$ の図を描けば，勾配 $\tan\theta = v_0$ の直線となる．一方，$v\text{-}t$ 図というものを考えることもできる．$v\text{-}t$ 図では，t の値にかかわらず，$v = v_0 = $ 一定という直線になる．この直線と $t = t_0$ の直線で囲まれた面積は $v_0 t_0$ となるから，「移動距離は $v\text{-}t$ 図の面積」ということがわかる．

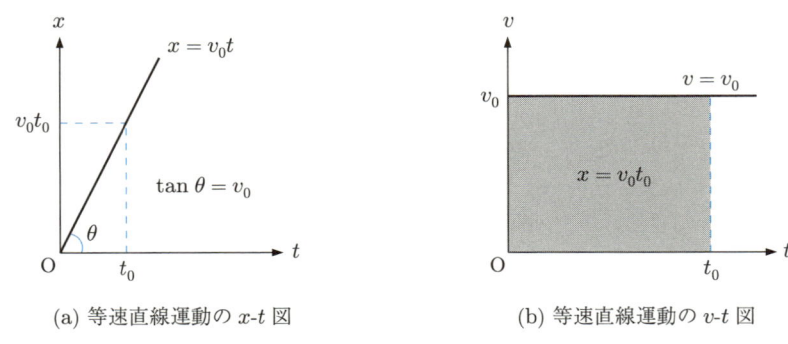

図 3.14 (a) 等速直線運動の $x\text{-}t$ 図と (b) 等速直線運動の $v\text{-}t$ 図

等加速度運動　加速度 $\boldsymbol{\alpha}$ について，

$$\boldsymbol{\alpha} = \text{一定} \tag{3.33}$$

であるような運動を**等加速度運動**という．等加速度で方向が変化しない運動を**等加速直線運動**という．

注意しなければならないのは，**負の加速度**(すなわち減速度) というものも，"加速度" という言葉を用いることである．正の加速度，負の加速度と

は，それぞれ加速度が進行方向を向いている場合と進行方向と逆を向いている場合を指す．

たとえば，地上で物体から静かに手を離すと，物体は落下する．これを**自由落下**という．重力による自由落下の加速度は，g と記し，

$$\alpha = g = 9.81\,\mathrm{m/s^2} \tag{3.34}$$

☞ g の正確な値は式 (2.2) 参照．

である．この加速度を**重力加速度**という．

この加速度は，乗り物のような人工的なものの加速度と比べて大きい．オートバイや高性能車の加速度はおよそ $3\,\mathrm{m/s^2}$ であり，大型ジェット機は $2\,\mathrm{m/s^2}$ ぐらいで意外と小さい．新幹線は加速度を小さくすることで乗り心地をよくしている．その加速度は自転車並み，およそ $0.4\,\mathrm{m/s^2}$ である．これらに比べて，スペースシャトルの打ち上げ時の加速度は g の 3 倍にも達する．

図 3.15 加速度比べ [写真提供：HONDA(オートレース)，杉原千尋氏 (新幹線)]

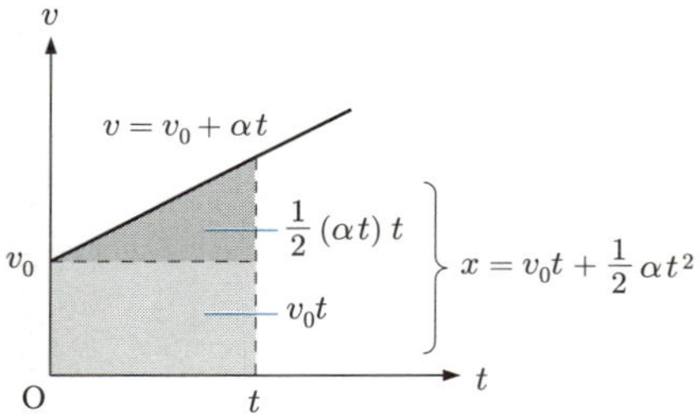

さて等加速直線運動 (鉛直下向きの自由落下もこの場合に相当する) では，時間 t の間に，速さ v は αt だけ増加する．したがって，初速を v_0 とすると，

$$v = v_0 + \alpha t \tag{3.35}$$

となることがわかる．この式を図示すると図 3.16 のようになる．

前にやったように面積を計算すると初速を v_0 とすると，

$$x = v_0 t + \frac{1}{2}\alpha t^2 \tag{3.36}$$

図 3.16 等加速直線運動の v-t 図

という関数となることが予想できる．確かにこれを微分すると，$\dfrac{\mathrm{d}(v_0 t)}{\mathrm{d}t} = v_0$，$\dfrac{\mathrm{d}(\alpha t^2)}{\mathrm{d}t} = 2\alpha t$ なので，

$$\frac{\mathrm{d}x}{\mathrm{d}t} = v = v_0 + \alpha t \tag{3.37}$$

となっている．

これらの式から x と v の関係を求めてみよう．

$$t = \frac{v - v_0}{\alpha}$$

より，$x(t)$ は
$$x(t) = v_0 t + \frac{1}{2}\alpha t^2 = v_0 \frac{v-v_0}{\alpha} + \frac{1}{2}\alpha \left(\frac{v-v_0}{\alpha}\right)^2$$
となる．整理して
$$2\alpha x = v^2 - v_0^2 \tag{3.38}$$
となる．

たとえば自由落下のとき，$v_0 = 0$，$\alpha = g$，落下距離を h とすると，$2gh = v^2$ なので
$$v = \sqrt{2gh} \tag{3.39}$$
となる．

演習問題 3

1. **合成関数の微分** ▎$x(t) = a(\sin t)^2$ を微分せよ．
2. **慣性の例 1** ▎慣性の法則の例を挙げよ．
3. **慣性の例 2** ▎物体を図のように糸で天井からつるす．物体の上下で糸は同じものとする．下の糸を引くことで，糸は切れる．物体の上の糸が切れるか，下の糸が切れるか．
4. **等加速度運動** ▎鉛直上方に初速度 v_0 で投げあげた物体が，最高点に達するまで，どれだけの時間がかかるか．またその高度 h はどれほどか．
5. **質量の変化する物体の運動** ▎物体を一定の力 F で引き続ける．物体の質量 m は時間 t の 1 次関数で増大とする ($m = m_0 + \sigma t$)．$t = 0$ で物体は静止していた．
   (a) $v(t)$ を求めよ．
   (b) $v(t)$ を t に関して積分することにより，$t = 0$ から t までに動いた距離を求めよ．

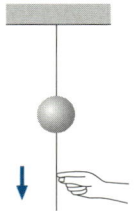

図 **3.17** 天井から糸でつるした物体．物体から垂らした糸を引っ張る．

4 重力下の複雑な運動

4.1 斜面上を滑る運動

斜面上の物体の運動 なめらかな斜面上を落下する物体の運動は，重力の下での鉛直な落下運動とほとんど変わらない．このとき，斜面に沿った下方を x 軸とすると (図 4.1)，重力 mg の x 成分は，斜面の傾斜角を θ として，$mg\sin\theta$ であるから，ニュートンの運動方程式 (3.25) によって，

$$m\frac{dv}{dt} = mg\sin\theta \\ \therefore \quad \alpha = \frac{dv}{dt} = g\sin\theta \tag{4.1}$$

よってこのとき，加速度は g でなく $g\sin\theta$ となることがわかる．もちろん斜面の傾斜角 θ が 0 になると，加速度は 0 になる．

上の式を見てわかるように，斜面上の落下では，g の代わりに $g\sin\theta$ とすればよい．あとは等加速直線運動と同じである．

☞ この成分が $\cos\theta$ か，$\sin\theta$ だったか，混乱してしまったときは $\theta \to 0$ にして考えてみる．すると，重力の x 成分は 0 になるので $\sin\theta$ でなければいけないことがわかる．

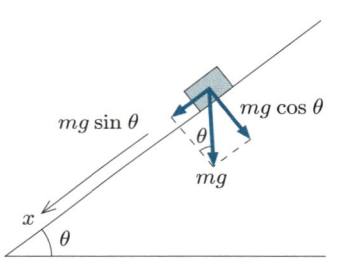

図 4.1 斜面上を滑る運動

摩擦力がある場合 斜面と物体の間に，摩擦力が働く場合 (動摩擦係数 μ') もあわせて考えておこう．ニュートンの第 2 法則によって

$$m\frac{dv}{dt} = mg\sin\theta - \mu'(mg\cos\theta) \tag{4.2}$$

なぜならば，重力 mg の斜面に垂直な成分は $mg\cos\theta$ (図 4.1 参照) であり，また斜面に垂直な方向の力のつり合いより，抗力 N は重力の斜面垂直成分と等しい．よって動摩擦力 $\mu'N$ は $\mu mg\cos\theta$ で与えられる．

したがって，この場合の加速度は

$$\alpha = g(\sin\theta - \mu'\cos\theta) \tag{4.3}$$

となる．つまり自由落下のときの g の代わりに $g(\sin\theta - \mu'\cos\theta)$ を代入すればよいのである．

たとえば，静止した状態から斜面を滑り出し時間 t が経過した場合の落下距離 x は，

$$x = \frac{1}{2}g(\sin\theta - \mu'\cos\theta)t^2 \tag{4.4}$$

となることがすぐにわかる．

滑車の運動 重さのない滑車に質量 m_1 と m_2 のおもりを軽いひもでかけて上下に運動させる (図 4.2)．ひもの途中の任意の点 (たとえば B，C) を

考える．ここでは，ひもの質量は無視できるので，この点が等速直線運動しても加速度運動をしても，それぞれの点の上側と下側で逆向きの張力，T と $-T$ がかかっていると考えられる．

同様に，おもりと結ばれた点 A, D でも，その上部には $-T$ の張力が働いている．すると左と右のおもりに関して，

$$(左) m_1 \alpha = m_1 g - T \tag{4.5}$$

$$(右) -m_2 \alpha = m_2 g - T \tag{4.6}$$

が成り立つ．ただし，鉛直下向きを正ととった．

上の 2 式の引き算をすると，

$$(m_1 + m_2)\alpha = (m_1 - m_2)g \tag{4.7}$$

$$\therefore \alpha = \frac{m_1 - m_2}{m_1 + m_2} g \tag{4.8}$$

となることがわかる．すなわち，この系のおもりの加速度は g の代わりに $\dfrac{m_1 - m_2}{m_1 + m_2} g$ が重力加速度となった自由落下と見なせる．

☞ たとえば点 B のまわりの微小領域を考える．その上側の張力を T_1，下側の張力を T_2 とすると，ニュートンの運動方程式は $m\alpha = T_1 + T_2$ となる．質量が無視できる場合，左辺を 0 とみなし，$T_1 = -T_2$ が得られる．

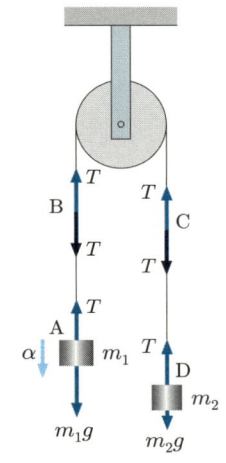

図 4.2 滑車にかかった物体の運動

4.2 放物運動

2 成分の運動　地面に垂直な鉛直面内での物体の運動を調べよう．この場合も，空気抵抗を無視すれば働いている力は重力のみである．

いま，この鉛直面を x-y 面とする．また鉛直方向を y 軸方向とする．運動方程式，

$$m \frac{d\boldsymbol{v}}{dt} = m\boldsymbol{g} \tag{4.9}$$

($\boldsymbol{g} = (0, -g)$ は重力加速度ベクトル) は，x, y 成分についてそれぞれ

$$\begin{aligned} m \frac{dv_x}{dt} &= 0 \\ m \frac{dv_y}{dt} &= -mg \end{aligned} \tag{4.10}$$

と分けて考えることができる．

第 1 の式は，等速直線運動を表し，第 2 の式は等加速直線運動を表す．したがって，重力下での鉛直面内の運動は，この 2 つを同時に，x, y それぞれの方向に対して考えたものとなる．

これらの式から

$$v_x = 一定 \equiv v_{0x} \tag{4.11}$$

$$v_y = v_{0y} - gt \tag{4.12}$$

となる．ここに $(v_{0x}, v_{0y}) \equiv \boldsymbol{v_0}$ は初速度で，$t = 0$ のときの速度である (図 4.3)．

物体を投げ出す角度 (水平面と初速度ベクトルのなす角度) を θ，その速

さを v_0 とすると

$$v_{0x} = v_0 \cos\theta \tag{4.13}$$

$$v_{0y} = v_0 \sin\theta \tag{4.14}$$

である.

$t=0$ で原点にあった物体の位置は,

$$x = v_{0x} t \tag{4.15}$$

$$y = v_{0y} t - \frac{1}{2} g t^2 \tag{4.16}$$

である.このようにして,鉛直面内の運動は,鉛直方向と水平方向を完全に分離して取り扱うことができる.

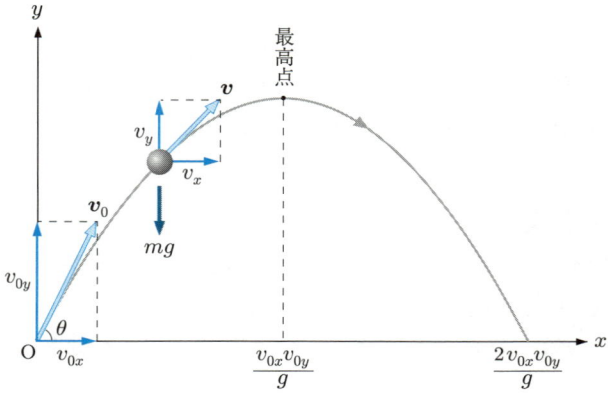

図 **4.3** 鉛直面内での放物運動

放物運動の形 上の2つの式で表される運動は,**放物運動**とよばれる.この運動の軌跡は**放物線**となる.放物線とは2次曲線である.それを示すには式 (4.15) で求めた

$$t = \frac{x}{v_{0x}}$$

を式 (4.16) に代入して,

$$y = v_{0y} \frac{x}{v_{0x}} - \frac{1}{2} g \frac{x^2}{v_{0x}{}^2} \tag{4.17}$$

あるいは,

$$y = x \tan\theta - \frac{1}{2} g \frac{x^2}{v_0{}^2 \cos^2\theta} \tag{4.18}$$

☞ $(\cos\theta)^2 = \cos^2\theta$ と記す.$\cos\theta^2$ と記すと,$\cos(\theta^2)$ と混合するからである.

となる.この式は $x=0$ と

$$x = \frac{2v_0{}^2 \tan\theta \cos^2\theta}{g} = \frac{2v_0{}^2 \sin\theta \cos\theta}{g} = \frac{2v_{0x} v_{0y}}{g}$$

で 0 となる.この距離の半分で最高点に達する (図 4.3).

$y=0$ となる

$$x = \frac{2v_0{}^2 \sin\theta \cos\theta}{g}$$

は物体をどこまで投げられるかを意味する．その最大到達距離は $\sin\theta\cos\theta = \frac{1}{2}\sin 2\theta$ が最大となる角度であるから，同じ初速でボールをなるべく遠くまで飛ばしたいなら，$\theta = 45°$ で投げればよいことがわかる．このとき最大到達距離は $\frac{v_0{}^2}{g}$ である．

☞ 三角関数の公式を使わずにこう考えてもよい．$\cos\theta$ は θ とともに減少，$\sin\theta$ は増大する．その積は2つが等しいとき，つまり $\theta = 45°$ で最大となる．

水平でない地面での落下　地面が水平でなく，ある角度 β だけ「前上がり」に傾いていることがある．このときのボールの落下点について考えてみよう．

図 4.4 に示すように，傾いた地面上の点は $y = x\tan\beta$ を満たす．$\theta = 45°$ として，これを式 (4.17) に代入すると

$$x\tan\beta = x\tan 45° - \frac{1}{2}g\frac{x^2}{v_0{}^2\cos^2 45°}$$

$$\therefore \quad x = \frac{2(\tan 45° - \tan\beta)v_0{}^2\cos^2 45°}{g} \quad (4.19)$$

$$= (1 - \tan\beta)\frac{v_0{}^2}{g}$$

これより，x 方向の「飛距離」は $\tan\beta$ の割合で減少する．

☞ ここでいう飛距離は上から見て測った距離である．斜面に沿って測った距離はこの $\frac{1}{\cos\beta}$ 倍となる．

たとえば $\beta = 10°$ の場合，$\tan 10° \fallingdotseq 0.18$ なので，18% も飛距離が減る．平地では 100 ヤード飛ばせる人も 82 ヤードしか飛ばせないのである．ピッチングウェッジで 100 ヤード（約 90 m）飛ばせる人は，8 番アイアンを使う必要がある．

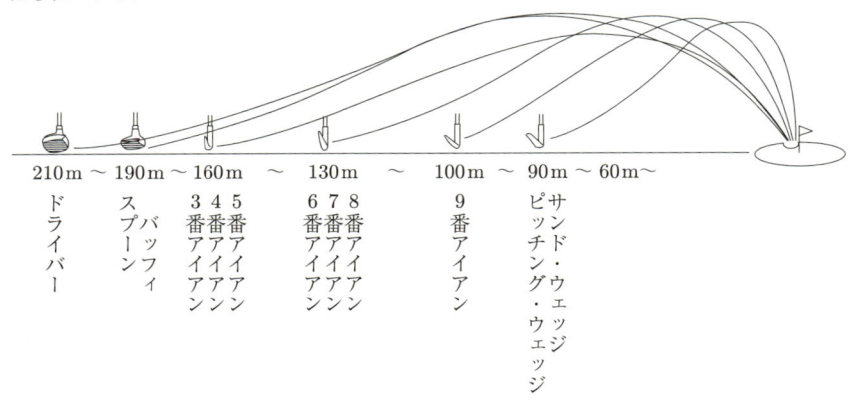

図 4.4 ゴルフボールの飛距離

4.3　終端速度

空気の抵抗　空気や水の中を運動する物体には，抵抗が働く．速さ v が小さい場合，この抵抗 F_v は

$$F_v = Cv \quad (4.20)$$

と書ける．ここで C は空気の特性（たとえば「粘性」），物体の形によって定まる定数である．これは粘性抵抗とよばれる．

☞ もっと速さが大きくなると v^2 に比例する．これは慣性抵抗とよばれる．

空気抵抗がある場合の落下運動を考えてみよう．3.3節でのべた落下運動は，

$$m\frac{dv}{dt} = mg - Cv \tag{4.21}$$

をとる．ここで鉛直下向きを正とした．右辺第2項が空気抵抗である．

自由落下運動では，初速度が0から出発するので，空気抵抗は小さく $-Cv$ は無視できる．このため

$$(加速度) = \frac{dv}{dt} = g \tag{4.22}$$

となり，等加速度運動を行う．つまり $v = gt$ で落下速度が増大する．

質量 m の物体が h だけ落下したと想定すると，3.3節でのべたように，

$$v = \sqrt{2gh} \tag{4.23}$$

の速度となる．いま，高度1万メートルの高さの積乱雲から，ひょう（あられ）が地上に落下したとすると

$$v = \sqrt{2gh} ≒ 440\,\text{m/s} ≒ 1600\,\text{km/h} \tag{4.24}$$

☞ マッハとは音速を基準に測った速度である．音速は約 340 m/s ＝約 1200 km/h．正確にはマッハ1は1225 km/h である．

となり音速を超え，マッハ1.3という速さとなってしまう．これは新幹線の5倍以上，ジェット旅客機の2倍ということになる．こんなひょうにあたったらたいへんである．農作物，山や森の植物は全滅，民家の屋根や窓も莫大な被害を受け，多くの死傷者がでてしまう．

もちろんこんな高速のひょうは降らない．それは大気の空気抵抗が有効に働き，速度を減速するからである．重力の影響で落下速度が大きくなると Cv が増え，やがてこれが重力と等しくなる．

$$mg = Cv \tag{4.25}$$

こうなると物体には力が働かず，等速運動となる．そのときの速さは $\frac{mg}{C}$ である．これを終端速度とよび，v_∞ と表す．

$$v_\infty = \frac{mg}{C} \tag{4.26}$$

∞ の意味は，時間が無限大になった場合の速さを意味する．

速度-時間グラフ

これまでにわかったように，空気抵抗がある場合の速度の変化はなかなか複雑である．t が小さいと t と速度 v の関係は $v = gt$ であるが，t が大きいときは $v = v_\infty$ である（図 4.5）．したがって，一般的な v-t 曲線はこれらの極限を図 4.5 のようになめらかに結んだものである．

そこでこの曲線を表現する式を推測してみる．こころみに

$$v = v_\infty - Ae^{-Bt} \tag{4.27}$$

を考える．t が大きいと，これは確かに $v = v_\infty$ となる．

t が小さいとき，$e^{-Bt} ≒ 1 - Bt$ となることを使うと

$$v ≒ v_\infty - A(1 - Bt) = v_\infty - A + ABt \tag{4.28}$$

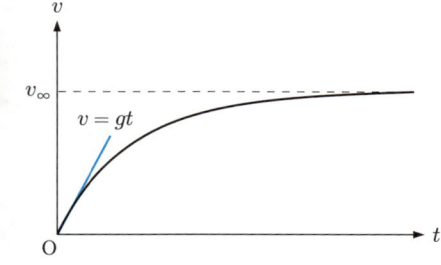

図 4.5 空気抵抗がある場合の v-t 曲線

☞ e^x は $\exp(x)$（イクスポーネンシャルと読む）とも書く．$\exp(x)$ という表記は x が複雑になり，指数では見づらくなるときに便利である．

となる．これが gt に等しくなるためには
$$A = v_\infty,\ B = \frac{g}{v_\infty} \tag{4.29}$$
となっていればよい．$v_\infty = \dfrac{mg}{C}$ を代入すると $B = \dfrac{C}{m}$ となるので，
$$v = v_\infty(1 - e^{-\frac{C}{m}t}) \tag{4.30}$$
を得る．

☞ ひょうの場合には先に述べた慣性抵抗を考慮しなければいけない．その場合の微分方程式の解については付録参照．

この v の表式が式 (4.21) を満たしていることを代入して確かめてみよう．
$$\frac{dv}{dt} = 0 - v_\infty \frac{d}{dt} e^{-\frac{C}{m}t} \tag{4.31}$$
$$= -v_\infty \left(-\frac{C}{m}\right) e^{-\frac{C}{m}t} \tag{4.32}$$
よって式 (4.21) の左辺は
$$mv_\infty \left(\frac{C}{m}\right) e^{-\frac{C}{m}t} = mg e^{-\frac{C}{m}t}$$
ここで終端速度の表式，$v_\infty = \dfrac{mg}{C}$ (式 (4.26)) を用いた．

一方，式 (4.21) の右辺は式 (4.30) を代入し
$$mg - Cv_\infty(1 - e^{-\frac{C}{m}t}) = mg - Cv_\infty + Cv_\infty e^{-\frac{C}{m}t} = 0 + mg e^{-\frac{C}{m}t}$$
である．よって式 (4.30) は解となっている．初期条件を決めれば解は 1 つしかない．よって式 (4.30) が唯一の解である．物理ではこのように物理的な直感から解の形を仮定して，実際に運動方程式を満たしていることを示すことが，強力な方法となる．

例題 4.1　空気抵抗がある場合のボールの運動

初速度 v_0 で上方に投げられた質量 m のボールが最高点に達して，落下し始めた．
1. 終端速度はどうなるか．
2. 空気抵抗があるときとないときで，最高点の高さに達する時間はどう違うか．

ただし空気抵抗は速度 v のボールに対して $F_v = -Cv$ とする．

解　終端速度 v_∞ は $mg + F_v = mg - Cv = 0$ となる速度なので，$v_\infty = \dfrac{mg}{C}$ のままである．

この場合の速度を式 (4.30) を参考に
$$v(t) = A - B e^{-\frac{C}{m}t} \tag{4.33}$$
と仮定してみる．この表式が運動方程式，
$$m \frac{dv}{dt} = mg - Cv$$
を満たすには，$BC e^{-\frac{C}{m}t} = mg - C(A - B e^{-\frac{C}{m}t})$，つまり $A = \dfrac{mg}{C}$ である必要がある．
$$v(t) = \frac{mg}{C} - B e^{-\frac{C}{m}t} = v_\infty - B e^{-\frac{C}{m}t} \tag{4.34}$$

また $t=0$ で $v(t) = -v_0$ (鉛直下向きを正としていることに注意) より，$-v_0 = \frac{mg}{C} - B$，つまり $B = \frac{mg}{C} + v_0 = v_\infty + v_0$ となっていなければならない．よって

$$v(t) = v_\infty - (v_\infty + v_0)\mathrm{e}^{-\frac{C}{m}t} = (v_\infty + v_0)(1 - \mathrm{e}^{-\frac{C}{m}t}) - v_0 \tag{4.35}$$

を得る．最高点では $v=0$ となっているので

$$0 = v_\infty - (v_\infty + v_0)\mathrm{e}^{-\frac{C}{m}t} \tag{4.36}$$

$$\therefore \quad \mathrm{e}^{-\frac{C}{m}t} = \frac{v_\infty}{v_\infty + v_0}$$

よって最高点に達する時間は

$$-\frac{C}{m}t = \log\frac{v_\infty}{v_\infty + v_0} \tag{4.37}$$

$$\therefore \quad t = \frac{m}{C}\log\frac{v_\infty + v_0}{v_\infty}$$

さて，$v_\infty \gg v_0$ の場合，$\log\frac{v_\infty + v_0}{v_\infty} = \log(1 + \frac{v_0}{v_\infty}) \fallingdotseq \frac{v_0}{v_\infty} - \frac{1}{2}\left(\frac{v_0}{v_\infty}\right)^2$ である．これを代入して

☞ $|x| \ll 1$ の場合，
$\log(1+x) \fallingdotseq x - \frac{x^2}{2}$

$$t \fallingdotseq \frac{m}{C}\frac{v_0}{v_\infty}\left(1 - \frac{v_0}{2v_\infty}\right) = \frac{v_0}{g}\left(1 - \frac{v_0}{2v_\infty}\right) \tag{4.38}$$

空気抵抗がない場合は $t = \frac{v_0}{g}$ であるから，空気抵抗があるときは最高点に早めに達する．

4.4 振り子の運動

振り子　重力の下での複雑な運動の代表は，振り子の運動である．振り子は，細いひも (糸) の先におもりをつけ，ひもの反対側を固定し，左右に振らせるものである．ブランコなどはこの代表的なものである (図 4.6)．もっとも最近のブランコはひもで結ばれたものは少なく，金属製の丈夫な棒 (金具) で結ばれたものである．金具は変形せず剛体とよばれ，このような振り子は剛体振り子とよばれる．

(a) 振り子　　(b) 剛体振り子

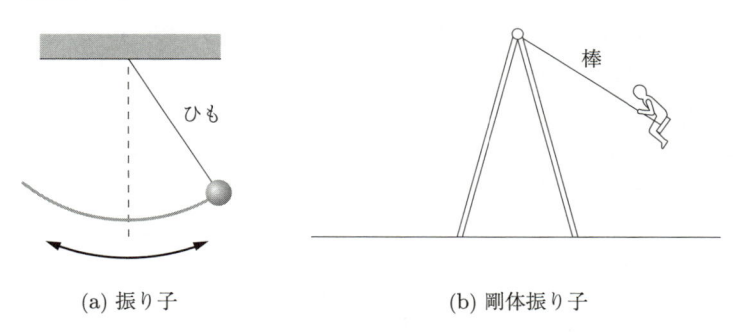

図 **4.6**　振り子の代表的なもの

ラジアン　振り子の運動は平衡点 (力がつり合っている点) からどれだけの角度ずれているかで決まってくる．角度は通常"度"，° で表すが，それよりも角度をその**角度に対応する円弧の長さ**で定義した方が便利である．ただ

し，ある角度に対する円弧の長さといっても，半径が違う円では長さは異なってくる．よってある角度に対する単位円上の円弧の長さを角度の単位として採用する．これをラジアンとよぶ．円周1周に対する角度 (360°) をラジアンではかると 2π, 90° は $\frac{\pi}{2}$ である．通常の角度とラジアンではかった角度では，

$$\text{ラジアンではかった角度} = \frac{\pi}{180} \times \text{通常の角度} \tag{4.39}$$

☞ ラジアンは円弧の長さを円の半径で割ったものなので，無次元量である．

ラジアンではかった θ が 1 よりもはるかに小さいと，図 4.7 の円弧の長さと直角三角形の高さは近似的に等しい．よって

$$\sin\theta \fallingdotseq \theta, \quad |\theta| \ll 1 \tag{4.40}$$

$(\cos\theta)^2 = 1 - (\sin\theta)^2$ なので

$$\cos\theta \fallingdotseq \sqrt{1-\theta^2} \fallingdotseq 1 - \frac{\theta^2}{2}, \quad |\theta| \ll 1 \tag{4.41}$$

が導かれる．

☞ 2項展開より，$|x| \ll 1$ の場合，$(1+x)^n = 1 + nx + \frac{n(n-1)x^2}{2} + \cdots \fallingdotseq 1 + nx$ という近似式が成り立つ．この場合，n は正の整数だがこれを実数に拡張し，近似式，$(1+x)^k \fallingdotseq 1 + kx$, (ただし $|x| \ll 1$ かつ $|kx| \ll 1$) が成立する．

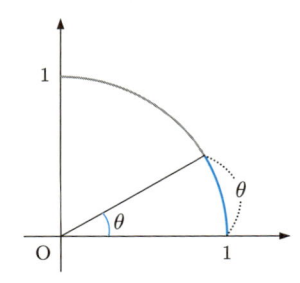

図 4.7 ラジアンとは単位円の円弧の長さを単位に角度を表したもの

振り子の運動　振り子は平衡位置 (重力下では最下点の位置) から，ある角度 θ だけずれると，重力 mg の成分，$-mg\sin\theta$ の復元力 (元の平衡位置にもどそうとする力，マイナス符号に注意) が働く．

$$\text{復元力} = -mg\sin\theta \tag{4.42}$$

おもりの平衡位置から円弧にそってはかった距離 x は，ひもの長さを l として，

$$x = l\theta \tag{4.43}$$

である．運動方程式は x について

$$m\frac{\mathrm{d}^2 x}{\mathrm{d}t^2} = -mg\sin\theta \tag{4.44}$$

θ に関しては

$$l\frac{\mathrm{d}^2\theta}{\mathrm{d}t^2} = -g\sin\theta \tag{4.45}$$

となる．

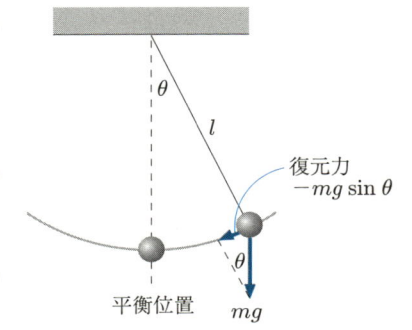

図 4.8 振り子の運動の復元力

方程式の解

この方程式を解き，θ と t，あるいは**角速度** $\omega\left(=\dfrac{d\theta}{dt}\right)$ と t の関係を求めるのは簡単ではない．いま，上の式の両辺に ω を掛けてみよう．ω に関しては

$$\omega l \frac{d\omega}{dt} = -g \sin\theta \times \frac{d\theta}{dt} \tag{4.46}$$

ここで $\dfrac{\omega^2}{2}$ を時間で微分したものが

$$\frac{d}{dt}\left(\frac{1}{2}\omega^2\right) = \omega\frac{d\omega}{dt} \tag{4.47}$$

であるから，式 (4.46) は

$$\frac{l}{2}\frac{d}{dt}\omega^2 = -g\sin\theta\frac{d\theta}{dt} \tag{4.48}$$

となることがわかる．あるいは右辺を左辺に移項し，$\omega^2 = X$ とおくと

$$\frac{l}{2}dX + g\sin\theta\, d\theta = 0 \tag{4.49}$$

ここで積分記号 $\int$ を入れると

$$\frac{l}{2}\int dX + g\int \sin\theta\, d\theta = 0 \tag{4.50}$$

となる．よって

$$\frac{l}{2}X - g\cos\theta = \frac{l}{2}\omega^2 - g\cos\theta = K(\text{定数}) \tag{4.51}$$

となる．(実際にこれを t で微分してみると式 (4.46) となることが確かめられる．) よって

$$\omega = \pm\sqrt{K' + \frac{2g}{l}\cos\theta} \tag{4.52}$$

が得られる．$K' = \dfrac{2K}{l}$ である．

$\omega = \dfrac{d\theta}{dt}$ であるから上の式は

$$\frac{d\theta}{dt} = \pm\sqrt{K' + \frac{2g}{l}\cos\theta}$$

$$\therefore\quad \frac{d\theta}{\pm\sqrt{K' + \frac{2g}{l}\cos\theta}} = dt \tag{4.53}$$

両辺に積分記号を入れて

$$\int \frac{d\theta}{\pm\sqrt{K' + \frac{2g}{l}\cos\theta}} = \int dt + L(\text{定数})$$

$$t + L = \pm\int \frac{d\theta}{\sqrt{K' + \frac{2g}{l}\cos\theta}}$$

$$\therefore\quad t = \pm\int \frac{d\theta}{\sqrt{K' + \frac{2g}{l}\cos\theta}} - L \tag{4.54}$$

これが，求めようとした θ と t の関係である．しかし上の式の積分は難しく，コンピュータを使って数値計算をするか，積分公式集を用いることになる．

☞ たとえば岩波公式 I (森口繁一他著，岩波書店)，数学大公式集 (Gradshteyn 他著，丸善)

一方，θ が十分小さい「微小振動」の場合，$\sin\theta \fallingdotseq \theta$ と近似でき，振り子の振動の式 (4.45) は

$$l\frac{\mathrm{d}^2\theta}{\mathrm{d}t^2} = -g\theta \tag{4.55}$$

となる．これは 5 章で述べる単振動であり，簡単に解ける．

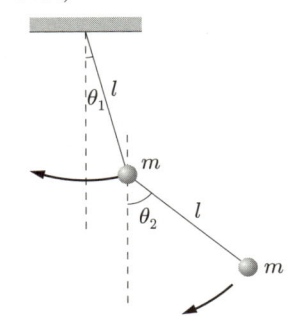

複振り子　図 4.9 に示すように，「振り子に振り子をつけた」ものを複振り子という．簡単のために，ひもの長さは同じ l，おもりの質量も同じ m としよう．

複振り子の運動はきわめて複雑なように見えるが，おもりの角度，θ_1, θ_2 が小さいときには，きわめてわかりやすい 2 種類のパターンからなっていることがわかる．そのパターンとは図 4.10(a), (b) に示すようなもので，おもりが同時に左右に動く場合と，おもりが互い違いに左右に動く場合である．これを基本振動という．より詳しい基本振動の説明は次章で行うが，要は複雑な振動も簡単な基本振動の重ね合わせでかけるということである．

図 4.9　複振り子

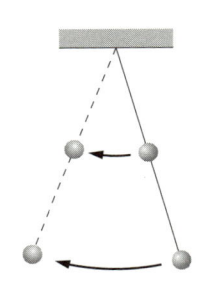

☞ 基準振動ともよばれる．

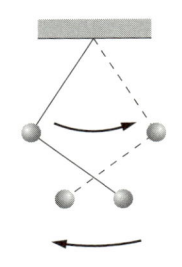

(a) 同じ向きに動く　　(b) 異なる向きに動く

図 4.10　複振り子の基本振動

演習問題 4

1. **斜面上の 2 個のブロック**　図のように傾斜角 θ_1, θ_2 の斜面上に，滑車にかけられたひもで結ばれた質量 m_1, m_2 のブロックが，滑り運動をする．ひもの質量，ブロックと斜面との摩擦，滑車とひもの摩擦を無視する．ひもは伸び縮みしないとして，ブロックの加速度を求めよ．また，加速度が 0 となるのはどのような場合か．

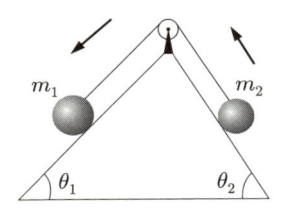

2. **放物運動の範囲**　速さ v_0 で物体を投げ出したときの運動は式 (4.18) で記述される．投げ出す角度をいろいろと変えたときの物体の到達

範囲を調べよう.
(a) 式 (4.18) の右辺を θ の関数として微分せよ.
(b) これよりある x に対して到達する高さが最大となる θ を求めよ.
(c) 到達範囲を求めよ.

3. **斜面での飛距離** ❙ 角度 α で傾いた斜面において，ボールを初速 v_0，水平面からの角度 θ で投げ出す．$\theta > \alpha$ である.
   (a) 地面とぶつかる座標を求めよ.
   (b) いろいろな θ で打ち出した．斜面上で一番遠いところに行くときの角度 θ を求めよ.

4. **慣性抵抗** ❙ 空気抵抗が速さの 2 乗に比例する慣性抵抗を考える．具体的にこの値が $\frac{\pi}{4}\rho_{空気}a^2v^2$ とする．$\rho_{空気}$ は空気の密度，a はひょうの半径である．ひょうは球形とする．
   (a) 落下の運動方程式をたてよ.
   (b) 終端速度を求めよ.
   (c) $a = 1\,\mathrm{cm}$ として終端速度を計算せよ.

5. **抵抗中で進む距離** ❙ 速さ v，質量 M の物体が水中を水平方向正の方向に進んでいる．このとき，水の抵抗は速さ v に比例している．v は時間の関数となる．運動方程式は，
$$M\frac{\mathrm{d}v(t)}{\mathrm{d}t} = -av \; , \; a > 0$$
となる.
   (a) $t = 0$ で速さが v_0 であった．その後の $v(t)$ を求めよ．ただし，$v_0 > 0$ である.
   (b) $v(t)$ を t の関数として図示せよ.
   (c) この物体は徐々に減速し，十分時間が経つと静止する．$t=0$ で速さが v_0 だった物体が静止するまでに進む距離を求めよ.

実際にはこの粘性抵抗の他に，速さの 2 乗に比例する慣性抵抗も存在するので，運動方程式は
$$M\frac{\mathrm{d}v(t)}{\mathrm{d}t} = -av - bv^2 \; , \; a > 0, \; b > 0$$
となる.
   (d) $\frac{\mathrm{d}}{\mathrm{d}t} = \frac{\mathrm{d}x}{\mathrm{d}t}\frac{\mathrm{d}}{\mathrm{d}x} = v\frac{\mathrm{d}}{\mathrm{d}x}$ となることを用いると，運動方程式は
$$M\frac{\mathrm{d}v}{\mathrm{d}x} = -(a + bv)$$
となる．これより，v と x の関係を求めよ.
   (e) $t = 0$ で速さが v_0 だった物体が静止するまでに進む距離を求めよ.

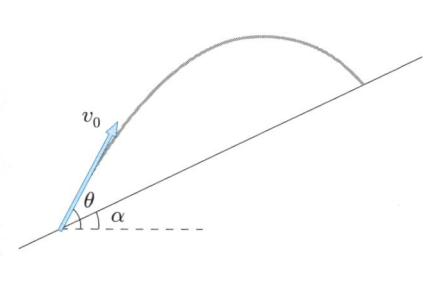

振 動

5

5.1 バネの振動

バネの復元力　バネを少し伸ばすと，バネは元の状態に戻ろうとする．これをバネの*復元力*という (図 5.1)．これはバネの形状とその素材による．

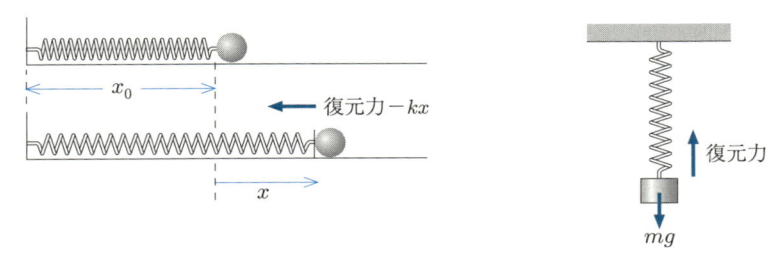

図 5.1　バネの復元力

どのようなかたい固体でも，力 (*応力*) が働くと，それに比例した変形 (*ひずみ*) が発生する．

通常の固体では，このひずみの大きさと応力の大きさは比例関係にある．これを*フックの法則*という．バネを伸ばすとそののびの大きさに比例した復元力が働くのは，このフックの法則のためである．

この復元力を式で表せば，x を伸びの大きさ (*変位*) として

$$F = -kx \tag{5.1}$$

となる．ここに k は比例定数であり，*バネ定数*とよばれる．

さて，バネを図 5.2 のように，1 端を固定し，他端に質量 m の物体を結んで，ある長さだけ伸ばして，そこで手を離すと，バネは復元力のため，伸びが小さくなる．やがて，バネの自然の長さ x_0 (*自然長*) になると，伸びは x は 0 になり，復元力は 0 となる．

しかし，この時点で質量 m の物体は，ある速度で運動しているから，その慣性によって，さらに運動を続け，バネは縮み始める ($x < 0$)．こうなると逆の復元力 (縮んだバネを伸ばそうとする力) が働き始める．そしてついに物体は停止する．このとき，縮みの大きさは最大であるので復元力も最大となっている．その後，バネは伸び始める．やがて自然長になって復元力は 0 になるが慣性によってそのまま伸び続け $\cdots$．このようにして物体は周期的な運動，すなわち*振動*をする (図 5.2 参照)．

詳しく調べてみると，バネの伸び x(したがって復元力) は cos 関数 (余弦関数) の形となることがわかる．逆に速度は sin 関数 (正弦関数) となる．

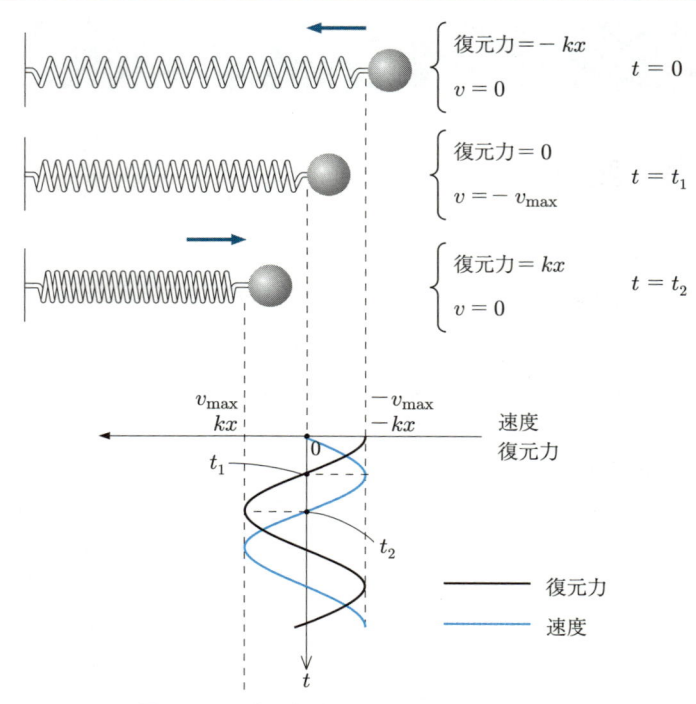

図 5.2　バネの振動．復元力と物体の速度．

単振動と円運動　sin 関数，cos 関数で振動する現象は，特に**単振動**，あるいは**調和振動**とよばれる．この解は

$$x = A\sin(\omega t + \theta) \tag{5.2}$$

と書くことができる．A は**振幅**，ω は**角振動数**とよばれる．**振動数**を ν と書くと，

$$\omega = 2\pi\nu \tag{5.3}$$

である．
　振動の**周期**を T と書くと，$t = T$ で関数は元に戻るので，

$$\omega T = 2\pi \tag{5.4}$$

図 5.3　単振動の振幅と周期．

である（図 5.3 参照）．上式より，

$$T = \frac{2\pi}{\omega} = \frac{1}{\nu} \tag{5.5}$$

という関係が導かれる．
　ところで $x = A\sin(\omega t + \theta)$ は半径 A の等速円運動の x 成分を表していることに注意しよう（図 5.4）．速さ v の円運動で

$$v = \frac{2\pi A}{T} \tag{5.6}$$

$$\omega = \frac{2\pi}{T} \tag{5.7}$$

である．単振動の角速度は対応する円運動の角速度であることがわかる．

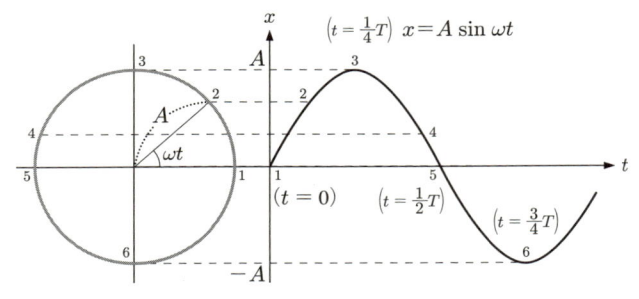

図 5.4　円運動と単振動

一方，単振動の運動方程式

$$m\frac{d^2x}{dt^2} = -kx \tag{5.8}$$

に $x = A\sin(\omega t + \theta)$ を代入すると，

$$-m\omega^2 A\sin(\omega t + \theta) = -kA\sin(\omega t + \theta) \tag{5.9}$$

なので，

$$\omega^2 = \frac{k}{m},\ \omega = \sqrt{\frac{k}{m}} \tag{5.10}$$

とすれば，確かにこの関数は運動方程式を満たしていることがわかる．

例題 5.1　振り子の周期

振り子のふれ角 θ の運動方程式は式 (4.55) において $\sin\theta \fallingdotseq \theta$ と近似して

$$l\frac{d^2\theta}{dt^2} = -g\theta$$

で与えられる．糸の長さが l の微小振動している振り子の周期を求めよ．

解　(5.8) と対応させると，m が l，k が g，x が θ となる．よって，(5.10) より，

$$\omega = \sqrt{\frac{g}{l}},\ T = 2\pi\sqrt{\frac{l}{g}} \tag{5.11}$$

を得る．

連成振動　3個のバネを用いて，2個の物体を連結した場合の複雑な運動を**連成振動**という (図 5.5)．簡単のために，バネの定数はすべて同じで物体の質量も等しいとしよう．いま，左の物体が x_1 だけ右に伸び，右の物体も x_2 だけ右に伸びたとしよう．この場合，バネ 1 は伸び，バネ 3 は縮む．一方，真ん中のバネ 2 は，左から x_1 だけ縮み，右へ x_2 だけ伸びる．よって $x_2 - x_1$ だけ伸びることになる．

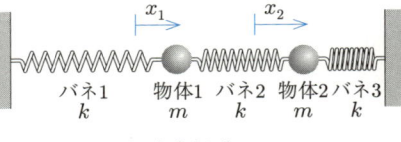

図 5.5　連成振動

このようにして，物体 1, 2 にかかる復元力は，

物体 1 についての復元力：　$-kx_1 + k(x_2 - x_1)$

物体 2 についての復元力：　$-kx_2 - k(x_2 - x_1)$

となる．よって運動方程式は

$$m\frac{d^2 x_1}{dt^2} = -kx_1 + k(x_2 - x_1) \tag{5.12}$$

$$m\frac{d^2 x_2}{dt^2} = -kx_2 - k(x_2 - x_1) \tag{5.13}$$

これらの式を足し合わせると，

$$m\frac{d^2}{dt^2}(x_1 + x_2) = -k(x_1 + x_2) \tag{5.14}$$

となる．すなわち**重心**，

$$x_G = \frac{x_1 + x_2}{2} \tag{5.15}$$

が，単振動の方程式

$$m\frac{d^2}{dt^2} x_G = -kx_G \tag{5.16}$$

を満たすことがわかる．このとき角振動数は

$$\omega_G = \sqrt{\frac{k}{m}} \tag{5.17}$$

であり，バネが 1 つのときと同じとなる．これは $x_1 = x_2$ のとき，真ん中のバネ 2 は伸びも縮みもしていないので，質量が $2m$，バネ定数が $2k$ の運動になっていることに対応している (図 5.6)．

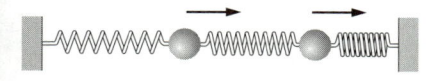

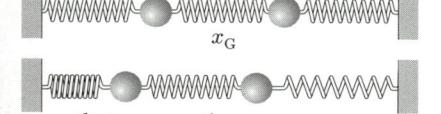

図 5.6 バネの重心 x_G の単振動 ($x_1 = x_2$ の場合)

一方，式 (5.12) と式 (5.13) の差をつくると，

$$m\frac{d^2}{dt^2}(x_2 - x_1) = -k(x_2 - x_1) - 2k(x_2 - x_1) = -3k(x_2 - x_1)$$

したがって，2 つの座標の差，**相対座標**

$$X = x_2 - x_1 \tag{5.18}$$

という座標は単振動の方程式

$$m\frac{d^2}{dt^2} X = -3kX \tag{5.19}$$

を満たすことがわかる．このときの角振動数は

$$\omega_R = \sqrt{\frac{3k}{m}} \tag{5.20}$$

である．相対座標とは物体 1 からみた物体 2 の位置を表す．

結局，

$$x_G = \frac{x_2 + x_1}{2} = A_1 \sin(\omega_G t + \theta_1)$$

$$X = x_2 - x_1 = A_2 \sin(\omega_R t + \theta_2)$$

となるので，

$$x_1 = A_1 \sin(\omega_G t + \theta_1) - \frac{A_2}{2} \sin(\omega_R t + \theta_2) \tag{5.21}$$

$$x_2 = A_1 \sin(\omega_G t + \theta_1) + \frac{A_2}{2} \sin(\omega_R t + \theta_2) \tag{5.22}$$

と表される．バネが 3 個，物体が 2 個の一見複雑に見える運動も，実は簡単な単振動の和で書けていることが興味深い．

バネによる鉛直方向の振動　バネ定数 k のバネの下端に質量 m のおもりをつけ，他端を固定して，鉛直方向に静かにつるす (図 5.7)．バネの質量を無視すると，バネの自然の長さ x_0 からの重力による伸び y_0 は，復元力 $-ky_0$ と重力 mg のつり合いから，

$$-ky_0 + mg = 0$$
$$\therefore \quad y_0 = \frac{mg}{k} \tag{5.23}$$

によって与えられる．ここで鉛直方向下向きを正とした．

このつり合いの位置 (バネの長さ $x_0 + y_0$) から，バネが x だけ伸びたとしよう．このとき，復元力は $-k(y_0 + x)$ となる．したがって，おもりに加わる力は，重力を加えて

$$-k(y_0 + x) + mg$$

となる．したがって，運動方程式は

$$m\frac{d^2 x}{dt^2} = -k(y_0 + x) + mg = -kx \tag{5.24}$$

となる．ここで $y_0 = \dfrac{mg}{k}$ (式 (5.23)) を用いた．これは単振動の式で，その角振動数は重力がない場合と一致する．

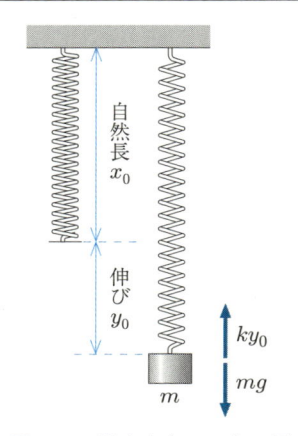

図 5.7　鉛直方向のバネの振動

5.2　減衰振動と強制振動

減衰振動　液体中のバネのように，速度に比例した抵抗力が働く場合には，バネの振動の振幅は次第に小さくなり，やがて停止してしまう．大気の空気抵抗の場合 (4.3 参照) と同じように，抵抗力は速度 v に比例するとすると，

$$F_v = -Cv \tag{5.25}$$

と書ける．

このとき，振動の振幅 A は長い時間が経つと 0 になってしまうと想像される (図 5.8)．このことをふまえて，振動の振幅が

$$A(t) = A_0 e^{-\kappa t} \tag{5.26}$$

となっているとしよう．κ は正の定数とする．

抵抗が小さい場合，この振動は単振動になっているので，バネについたおもりの位置 (変位) は

$$x = A_0 e^{-\kappa t} \sin \omega' t \tag{5.27}$$

と書けるとしよう．ω' は空気抵抗がないときの単振動の角振動数 $\omega = \sqrt{\dfrac{k}{m}}$ とは必ずしも一致しないとする．

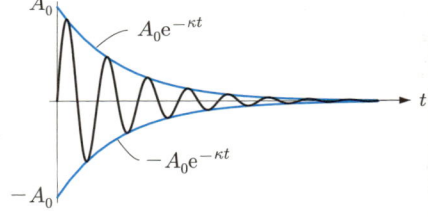

図 5.8　減衰振動における振幅の変化

☞ 一般的には sin 関数の引数は $\omega' t$ でなく $\omega' t + \theta$ であるが，時間の原点をずらして簡単化している．

減衰振動の方程式　さて，減衰振動の運動方程式は

$$m\frac{d^2 x}{dt^2} = -kx - Cv = -kx - C\frac{dx}{dt} \tag{5.28}$$

である．
そこで仮定した解，式 (5.27) を代入してみよう．
$$\frac{dx}{dt} = A_0(-\kappa e^{-\kappa t}\sin\omega' t + \omega' e^{-\kappa t}\cos\omega' t)$$
$$\frac{d^2 x}{dt^2} = A_0(\kappa^2 e^{-\kappa t}\sin\omega' t - 2\kappa\omega' e^{-\kappa t}\cos\omega' t - \omega'^2 e^{-\kappa t}\sin\omega' t)$$
これらの式を運動方程式 (5.28) に代入して両辺を比較する．
$$mA_0((\kappa^2 - \omega'^2)\sin\omega' t - 2\kappa\omega'\cos\omega' t)e^{-\kappa t}$$
$$= -kA_0 e^{-\kappa t}\sin\omega' t - CA_0 e^{-\kappa t}(-\kappa\sin\omega' t + \omega'\cos\omega' t)$$
ここで $\sin\omega' t$ と $\cos\omega' t$ の項を両辺で等しいと置くと，

$$\sin\omega' t \text{ の項} \quad : \quad m(\kappa^2 - \omega'^2) = -k + C\kappa \tag{5.29}$$

$$\cos\omega' t \text{ の項} \quad : \quad -2m\kappa\omega' = -C\omega' \tag{5.30}$$

式 (5.30) より
$$\kappa = \frac{C}{2m} \tag{5.31}$$
となる．これを式 (5.29) に代入すると
$$\begin{aligned}\omega'^2 &= \kappa^2 + \frac{k}{m} - \frac{C\kappa}{m} = \frac{C^2}{4m^2} + \frac{k}{m} - \frac{C^2}{2m^2}\\ &= \frac{k}{m} - \frac{C^2}{4m^2}\\ \therefore\quad \omega' &= \sqrt{\frac{k}{m} - \frac{C^2}{4m^2}}\end{aligned} \tag{5.32}$$

となることがわかる．$C = 0$ のときは，もちろん $\omega' = \omega = \sqrt{\dfrac{k}{m}}$ と一致する．抵抗がある場合，角振動数は小さくなり，振動の周期は**長**くなることがわかる．自動車のサスペンションのバネは振動を数回で抑えるような減衰振動となっている．

過減衰　抵抗力が大きくなると周期はどんどん長くなり，もはや振動の体をなさない，すなわち減衰だけ起こり，振動はしない．このようすを図 5.9 に示す．このような現象を過減衰という．

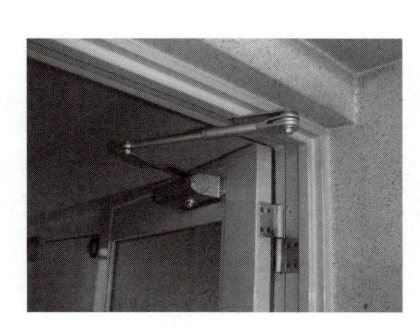

図 5.9　過減衰するドア

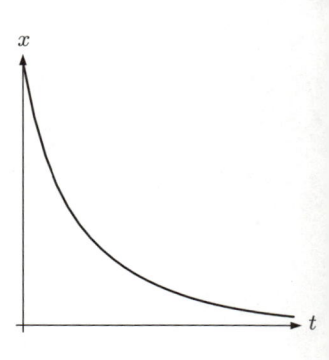

ドアが自動的に閉まるように強い抵抗力のバネを用いる．抵抗力がない単なるバネでは閉まる瞬間に速度が最大となってしまい，大きな音で閉まってしまう．これを緩やかに閉まるように抵抗を意図的につけたバネを利用する．

強制振動　バネ定数 k のバネに質量 m の物体をつけ，単振動させると，その角振動数はいつも

$$\omega = \omega_{バネ} = \sqrt{\frac{k}{m}} \tag{5.33}$$

である．これと同じように長さ l のひもの一端に質量 m のおもりをつけ，振り子として小さく振動させると，その角振動数は

$$\omega = \omega_{振り子} = \sqrt{\frac{g}{l}} \tag{5.34}$$

である．これらの振動数は振幅や初速度にはよらない．これを**固有振動数**とよぶ．

ブランコをその固有振動数 $\omega_{振り子}$ に合わせて周期的に押してやると，やがてブランコは大きくふれてくる．これに反して，固有振動数と大きく異なる振動数をもった周期的な力を加えたのでは，ブランコはこげない．

そこで一般的な考察として，バネ定数 k のバネに，角振動数 ω の正弦関数的な外力を加えることを考えてみよう．運動方程式は

$$m\frac{d^2x}{dt^2} = -kx + a\sin\omega t \tag{5.35}$$

とする．a が外力の振幅である．両辺を質量 m で割ると，

$$\frac{d^2x}{dt^2} = -\omega_{バネ}^2 x + A\sin\omega t \tag{5.36}$$

となる．$A = \dfrac{a}{m}$ である．

外力 $a\sin\omega t$ が加わるので，このバネは固有振動数ではなく，外力の角振動数 ω で振動することになる．これを**強制振動**という．上の方程式の解を

$$x = B\sin\omega t \tag{5.37}$$

と置こう．これを式 (5.36) に代入すると，

$$-B\omega^2 \sin\omega t = -\omega_{バネ}^2 B\sin\omega t + A\sin\omega t \tag{5.38}$$

となり確かに

$$B = \frac{A}{\omega_{バネ}^2 - \omega^2} \tag{5.39}$$

となることがわかる．すなわち，強制振動の解の形は

$$x = \frac{A}{\omega_{バネ}^2 - \omega^2}\sin\omega t \tag{5.40}$$

である．

図 **5.10**　ブランコを周期的に押す．

☞ この解の他に角振動数 $\omega_{バネ}$ の単振動の解を加えたものが一般的な解である．後者は摩擦や空気抵抗などで減衰してしまうので無視している．

☞ ω が固有振動数よりも大きくなると，振幅の符号が正から負に変わることに注意しよう．実際に振り子を振ってみると，手と逆に振り子が動くことがわかる．

これによって，外力の角振動数 ω がその固有角振動数に近くなると，振幅が著しく増大することがわかる．これがブランコの振れ幅が大きくなることに対応する．このような現象を共振という．

共振現象　共振の現象は，自然界のさまざまな場合に現れるし，また，これを応用して生活に役立つ技術が多方面で開発されており，逆に共振を考慮しないとたいへんなことが起こりうる．両方の例を以下に挙げる．

1940 年，作られたばかりのアメリカ・ワシントン州のタコマ橋という吊り橋が吹きつける風によって完全に倒壊してしまった話は有名である（図5.11）．風が強く吹くと，風の当たらない側に空気の渦が形成される．この渦は静止しているのではなく，形成されては橋から離れていく．この渦の運動の周期と橋の固有振動数が一致してしまったため，共振現象が発生し，ゆれの振幅が巨大になり，橋は崩壊してしまった．

図 5.11　タコマ橋の崩壊

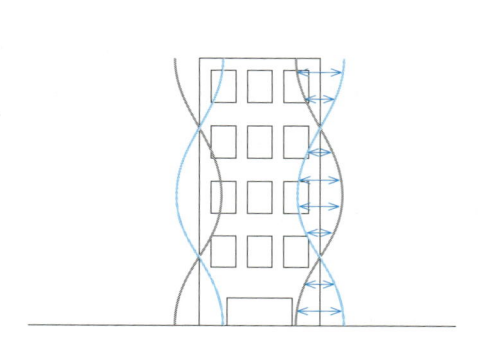

図 5.12　地震のときの揺れ

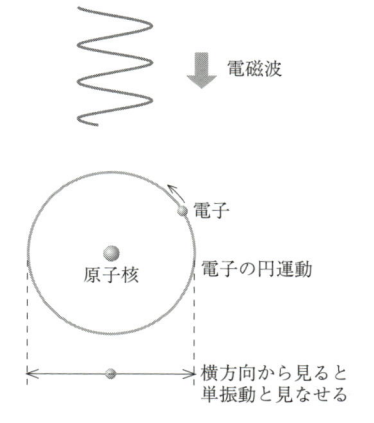

図 5.13　原子の中の電子は振動していて，外部からの電磁波と共振する．
☞ 量子化されているという．
☞ $f_i > f_j$ としている．

建物の揺れの固有振動数と地震波の振動数が一致してしまうと，共振現象が起こって，建物は倒壊する．これを避けるため，建物の固有振動数が地震波のそれと一致しないように建物を設計する必要がある．

テレビ，ラジオのチャンネルを合わせるのも共振の一種である．つまみを回して（最近はリモコンのスイッチを押すだけであるが），ある局に周波数を合わせるというのは，つまみをいじることで，テレビ，ラジオの中の回路の固有振動数を変えて，観たい・聞きたい放送の電波と同じにし，この共振を使って電波を増幅するのである．

原子の中で電子は回転運動していると考えよう．これは横方向から見ると単振動しているように見える．この単振動の振動数は任意の値をとることはできず，とびとびの値しかとれない．それを $f_n\,(n=0,1,2,\cdots)$ とおく．ある振動数 f_i から別の振動数 f_j の状態へと電子が移るとき，$f = f_i - f_j$ という振動数をもった光が原子から放出される．この振動数 f の光を外部から照射すると，光は共振により増幅され，非常に強い光が原子から放出される．これがレーザーの原理である．

音の場合は，共振というよりもむしろ共鳴現象とよばれる．さまざまな場合に共鳴を聞くことができる．コップを耳に当ててみよう．するとザーという音が聞こえる．コップには音源がないのになぜこのような音が聞こえるのか？

コップの中の空気はもともとある角振動数の固有振動数で振動する性質がある．この空気は外部からの刺激がなければ振動はしない．しかし，われわれの身の回りはごく弱い雑音が絶えず存在する．こうした雑音はさまざまな周波数をもっているが，ちょうどコップの中の空気と同じ周波数の雑音が，空気と共鳴し，この音のみが耳に聞き取れる音となる．これがザーという音の原因である．

図 5.14 コップを耳に当てて音を聞く．

演習問題 5

1. **斜面上のバネの振動** 傾斜角 α の摩擦のない斜面で，バネ定数 k のバネの先端の質量 m の物体を単振動させる．このときのバネの振動を考えよう．
   (a) バネの振動の中心位置はどこか．
   (b) 振動の周期はどうなるか．

2. **振動の山の減衰率** 減衰振動 (式 (5.27))
$$x = Ae^{-\kappa t}\sin\omega' t, \quad \kappa = \frac{C}{2m}, \quad \omega' = \sqrt{\frac{k}{m} - \frac{C^2}{4m^2}}$$
において，第 1 の山と第 2 の山のピーク値の比を求めよ．第 2 の山と第 3 の山ではどうなるか．

3. **単振動の初期条件** 単振動の解は式 (5.2) より $x(t) = A\sin(\omega t + \theta)$ で与えられる．
   (a) $t=0$ で，$x=a, v=\dfrac{dx}{dt}=0$ のとき，A, θ を求めよ．
   (b) $t=0$ で，$x=0, v=\dfrac{dx}{dt}=v_0$ のとき，A, θ を求めよ．

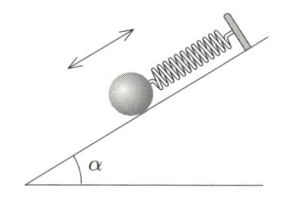

6

エネルギー，仕事

6.1 仕事，仕事率

仕事をした　「仕事」という言葉は，日常生活でもよく使われる．「仕事がつらい」といえば，肉体的，精神的な疲れを指す．「この作家はいい仕事をしましたね」といえば，むしろそれは芸術的価値，商業的価値を意味している．

これに反して，ランナーが坂道を登り切った後や，登山家が山の山頂に達したとき，「ああ，やっと仕事をやり終えた」とか，「仕事で疲れた」とはいわない．しかしこのときの「仕事」が，実は物理学の「仕事」という用語に一番近い．日常的な「仕事」は，実は「お仕事」のことで，労働・業務を漠然と指している．したがって，スポーツでいくら汗を流しても，これを「仕事をした」とはいわない．

図6.1　いい仕事をしてますね．

物理学では，**仕事**を厳密に定義している．この仕事は力が主役となる．力が存在しないとき，仕事は定義されない．この点は，エネルギーの定義と対照的である．これについては後で詳しく述べる．

力 F のもと，物体が距離 x だけ移動したとき，

$$W = Fx \tag{6.1}$$

を**力が物体にした仕事**と定義する．逆に物体は力によって仕事をされたことになる．重力 mg のもと，物体が h だけ落下すると「重力がした仕事」は

$$W = mgh \tag{6.2}$$

となる．

エネルギーの単位はニュートン・メートルでこれを**ジュール**と呼ぶ．

$$\text{エネルギーの単位} = \text{N} \cdot \text{m} = \text{J} \tag{6.3}$$

物体が力と同じ方向に移動するとは限らない．たとえば傾斜角 α の斜面上を，斜面に沿って物体が x だけ落下したとしよう（図6.2）．このとき，仕事は「力と力の方向に移動した距離」と定義される．

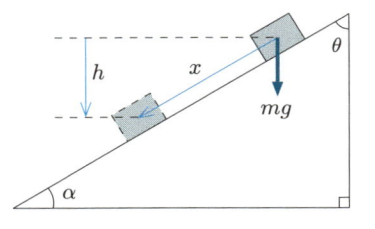

図6.2　物体が斜面上を移動した場合の仕事

$$W = mgh = mgx \sin\alpha = mgx \cos\theta \tag{6.4}$$

ここで θ は力（この場合重力）と物体の移動方向の角度で，$\theta = \dfrac{\pi}{2} - \alpha$ である．

たとえば $\alpha = 0$ に近いときは，物体がいくら移動しても，力は仕事をほとんどしない．マラソンランナーが，ゆるい下り坂をいくら走っても，重

力はほとんど仕事をしないわけである．

上のことをより一般化しよう．力は一般にベクトルである．この力 $\boldsymbol{F}$ と，移動する変位 $\boldsymbol{r}$ とのなす角度を θ とすると，力 $\boldsymbol{F}$ のした仕事は

$$W = Fr\cos\theta \tag{6.5}$$

となる．F, r はそれぞれ $\boldsymbol{F}$, $\boldsymbol{r}$ の大きさである．図6.3に示すように，$r\cos\theta$ は変位ベクトル $\boldsymbol{r}$ の力の方向の成分である．

ベクトルの内積　　仕事 $W = Fr\cos\theta$ を<u>ベクトルの内積</u>（スカラー積ともいう）というもので表すことができる．ベクトル $\boldsymbol{A}$ とベクトル $\boldsymbol{B}$ のなす角度を θ とすると，ベクトルの内積というものを・（ドット）で表し，

$$\boldsymbol{A} \cdot \boldsymbol{B} = AB\cos\theta \tag{6.6}$$

で定義する．A, B はそれぞれベクトル $\boldsymbol{A}$, $\boldsymbol{B}$ の大きさである．$\boldsymbol{B} = \boldsymbol{A}$ なら $\theta = 0$, $\cos\theta = 1$ なので，

$$\boldsymbol{A} \cdot \boldsymbol{A} = A^2 \tag{6.7}$$

である．

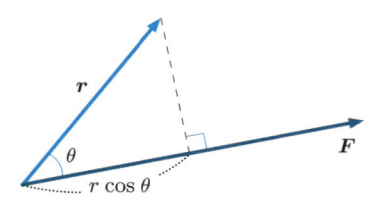

図 6.3 $W = Fr\cos\theta$ という定義．

内積を考える上で，x 軸，y 軸に沿った大きさ1のベクトル（<u>単位ベクトル</u>），$\boldsymbol{e}_x$, $\boldsymbol{e}_y$ を考えるとよい（図6.4参照）．

$$\boldsymbol{e}_x \cdot \boldsymbol{e}_x = 1, \; \boldsymbol{e}_y \cdot \boldsymbol{e}_y = 1, \; \boldsymbol{e}_x \cdot \boldsymbol{e}_y = \boldsymbol{e}_y \cdot \boldsymbol{e}_x = 0 \tag{6.8}$$

である．

任意のベクトル $\boldsymbol{A}$ の x 成分，y 成分をそれぞれ A_x, A_y とすると，図6.4に示すように，x 軸上のベクトルは，

$$\overrightarrow{\mathrm{OC}} = A_x \boldsymbol{e}_x \tag{6.9}$$

y 軸上のベクトルは，

$$\overrightarrow{\mathrm{OD}} = A_y \boldsymbol{e}_y \tag{6.10}$$

である．ベクトルの和の規則から（2.1節を参照），

$$\boldsymbol{A} = \overrightarrow{\mathrm{OC}} + \overrightarrow{\mathrm{OD}} = A_x \boldsymbol{e}_x + A_y \boldsymbol{e}_y \tag{6.11}$$

となる．

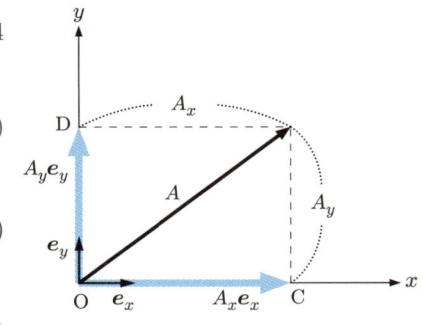

図 6.4 単位ベクトル $\boldsymbol{e}_x, \boldsymbol{e}_y$．

これを使うと，

$$\boldsymbol{A} = A_x \boldsymbol{e}_x + A_y \boldsymbol{e}_y \tag{6.12}$$

$$\boldsymbol{B} = B_x \boldsymbol{e}_x + B_y \boldsymbol{e}_y \tag{6.13}$$

となる．内積は

$$\begin{aligned}\boldsymbol{A} \cdot \boldsymbol{B} &= (A_x \boldsymbol{e}_x + A_y \boldsymbol{e}_y) \cdot (B_x \boldsymbol{e}_x + B_y \boldsymbol{e}_y) \\ &= A_x B_x \boldsymbol{e}_x \cdot \boldsymbol{e}_x + A_x B_y \boldsymbol{e}_x \cdot \boldsymbol{e}_y + A_y B_x \boldsymbol{e}_y \cdot \boldsymbol{e}_x + A_y B_y \boldsymbol{e}_y \cdot \boldsymbol{e}_y\end{aligned}$$

ここで関係式 (6.8) を使うと,
$$\boldsymbol{A} \cdot \boldsymbol{B} = A_x B_x + A_y B_y \tag{6.14}$$
が得られる.

したがって, 力 $\boldsymbol{F}$ のもと, 変位 $\boldsymbol{r}$ 移動する場合, 仕事は
$$W = Fr\cos\theta = xF_x + yF_y \tag{6.15}$$
と書ける. F_x, F_y, x, y はそれぞれ $\boldsymbol{F}$, $\boldsymbol{r}$ の x, y 成分を指す.

いまは平面内で考えたが, これを 3 次元に拡張すると
$$W = Fr\cos\theta = xF_x + yF_y + zF_z \tag{6.16}$$
となる.

系に行った仕事, 系が行った仕事　仕事を定義するには, 何が何に対して行った仕事かを意識しないと, 符号で混乱が生じる. 力学では物体の運動が重要で, 物体に及ぼす力の源にはふれないことが多い. よって,
$$W = 物体のされた仕事 = 物体を移動させる力の源が行った仕事 \tag{6.17}$$
を通常, 仕事として定義する.

力の符号にも注意が必要である. たとえば, 重力中で物体を手で持ち上げるとき, $W = Fz$ (z は高さ方向の移動距離) の $F = mg$ は, 手が物体に及ぼす力で方向は z 方向正の向きである. 運動方程式に出てくる力 $(-mg)$ とは逆方向であることに注意しよう.

摩擦のある床に沿って, 物体を水平方向に移動させたとしよう. 水平方向を x 軸にとり, 正の向きに移動させる. 摩擦力に逆らって物体を移動させるので, 物体を移動させる源 (手で引っ張る場合, 手のことである) が及ぼす力は, $mg\mu'$ (μ' は動摩擦係数) であり, x を移動距離とすると仕事は $mg\mu' x$ となる. この場合も物体が x 方向に運動しているときに働いている摩擦力 $-mg\mu'$ は, 手の引っ張る力と反対向きになることに注意しよう.

微小な仕事　変位の大きさがごく小さく, よって力のした仕事も小さくなるとき, それを微小な仕事という. 変位が微小であることを意味する記号, Δx, Δy を使うと, 微小な仕事 ΔW は
$$\Delta W = \Delta x\, F_x + \Delta y\, F_y \tag{6.18}$$
と書ける. Δx, Δy を成分とする, 微小な変位ベクトル $\Delta \boldsymbol{r}$ を用いると,
$$\Delta W = \boldsymbol{F} \cdot \Delta \boldsymbol{r} \tag{6.19}$$
となる.

エネルギー　物体, あるいは空間は, 何らかの**仕事をする能力**をもっている. これを「**エネルギーをもつ**」という. ある物体, あるいは空間が, 一体どれほどのエネルギーをもっているかは, 実際に仕事をした量で測定し

なければならない．しかし，物体や空間が，どんな仕事をするのかは，そう簡単にはわからない．これまで知られていなかった形の仕事をする能力をもっているかもしれないからだ．このため，物体や空間のもつエネルギーは不定だと考えておくべきである．

しかし，物体や空間があるやり方で仕事をして E という仕事量の仕事を終えたとすると，この物体や空間は，少なくとも E というエネルギーをもっていたことがわかる．この意味で，物体や空間のもつエネルギーの最小値はわかっている．

☞ たとえば 20 世紀にはいるまで，質量をもっているということはエネルギーをもっているとは考えられなかった．有名なアインシュタインの $E = mc^2$ により，質量はエネルギーの一形態であることがわかった．

簡単な例を挙げてみよう．高さ h にある質量 m の物体 A について，物体が h だけ地面に落下した場合，力の源 (この場合，地球) は mgh の仕事をする．物体 A が地面に静止している同じ質量の物体 B に当たり，A は静止し，B は h だけ上方に放り上げられる (図 6.5) とする．このとき B は，力に対して mgh の仕事をしたことになる．もちろんこの仕事は，物体 A が地面に到達して，物体 B に対してした仕事によるものである．すなわち，物体 A は，地面にあるときに比べて，高さ h にあるときには

$$E = mgh \tag{6.20}$$

の仕事をする能力がある．つまり高さ h にある質量 m の物体のエネルギーは $E = mgh$ である．このように物体の位置によって，その物体のもつエネルギーは変化する．この意味で，こうしたエネルギーを**位置エネルギー** (**ポテンシャルエネルギー**) とよぶ．

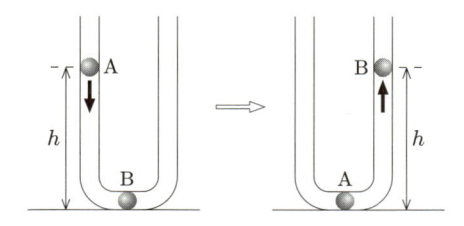

図 6.5 物体 A が物体 B に当たり，B は h だけ上昇する．

同様に，バネ定数 k のバネに質量 m の物体が結ばれている場合，手で伸ばされたバネは，仕事をする能力，すなわちエネルギーをもっている．バネの伸びを x とすると，手が加える力の平均は

$$\overline{F} = \frac{0 + kx}{2} = \frac{kx}{2} \tag{6.21}$$

変位の大きさは伸び x であるから，x だけ伸びたバネは，

$$E = \overline{F}x = \frac{kx^2}{2} \tag{6.22}$$

の位置エネルギーをもつことになる．

☞ ここでいう F はバネの復元力に逆らって手がバネに及ぼす力なので，$+kx$ である．

これを積分の考え方で求めることもできる．微小な変位 Δx だけ伸ばすのに微小な仕事 W だけなされたとすると，

$$\Delta W = F\Delta x = kx\,\Delta x \tag{6.23}$$

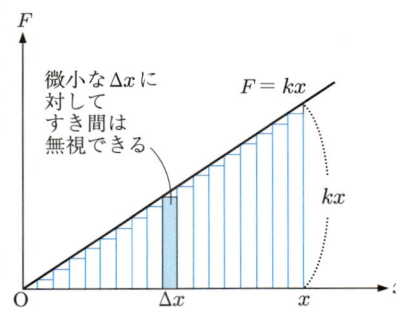

図 6.6 細長い矩形と積分

これは図 6.6 に示すような細長い矩形の面積である．伸び x になるまでの全体の仕事量はこの矩形をすべてたし足し合わせた面積である．これは直角三角形の面積に等しくなる．すなわち全仕事量は

$$W = \frac{1}{2}kx^2 \tag{6.24}$$

このとき，「矩形の面積をすべて足し合わせる」という意味で，$\int$ (sum(合計) の頭文字を縦に伸ばしたもの) という記号を用いて，

$$W = \int \Delta W = \int F\,\Delta x = \int kx\,\Delta x = \frac{1}{2}kx^2 \tag{6.25}$$

となる．これが数学でいう「積分」である．数学では Δx のかわりに $\mathrm{d}x$ を用いて

$$W = \int \mathrm{d}W = \int F\,\mathrm{d}x = \int kx\,\mathrm{d}x = \frac{1}{2}kx^2 \tag{6.26}$$

と書く．$\mathrm{d}x$ は無限小の微小量を意味する．

すでに 3.1 節で述べた微分と積分は密接な関係にある．積分 $W = \int F\,\mathrm{d}x$ は W を微分すると F になる．実際，$\frac{1}{2}kx^2$ を x で微分すると kx という復元力になる．

積分　代表的な関数の積分についてまとめておこう．

1. $F = x^n$ の積分．

$$W = \int x^n \mathrm{d}x = \frac{1}{n+1}x^{n+1} \tag{6.27}$$

なぜなら，右辺を微分すると

$$\frac{\mathrm{d}W}{\mathrm{d}x} = \frac{1}{n+1}(n+1)x^n = x^n \tag{6.28}$$

となるからである．

2. $\sin x$, $\cos x$ の積分．

$$\begin{aligned} W_1 &= \int \sin x\,\mathrm{d}x = -\cos x \\ W_2 &= \int \cos x\,\mathrm{d}x = \sin x \end{aligned} \tag{6.29}$$

これも微分をして確かめられる．$\frac{\mathrm{d}W_1}{\mathrm{d}x} = \frac{\mathrm{d}(-\cos x)}{\mathrm{d}x} = \sin x$，$\frac{\mathrm{d}W_2}{\mathrm{d}x} = \frac{\mathrm{d}(\sin x)}{\mathrm{d}x} = \cos x$ となるからである．

3. e^x の積分．

$$W = \int \mathrm{e}^x\,\mathrm{d}x = \mathrm{e}^x \tag{6.30}$$

4. より複雑な関数の積分は以下のように行う．
   (a) 積分表を引く．
   (b) コンピュータの数式処理ソフトを使う．たとえば Mathematica など．
   (c) コンピュータで数値積分する．

☞ たとえば『岩波公式 I』(森口繁一他著，岩波書店)，『数学大公式集』(Gradshteyn 他著，丸善) など．

(d) すべてがうまくいかないときは，厚手のボール紙に関数を書き，それをはさみでくりぬき，重さを量る (図 6.7).

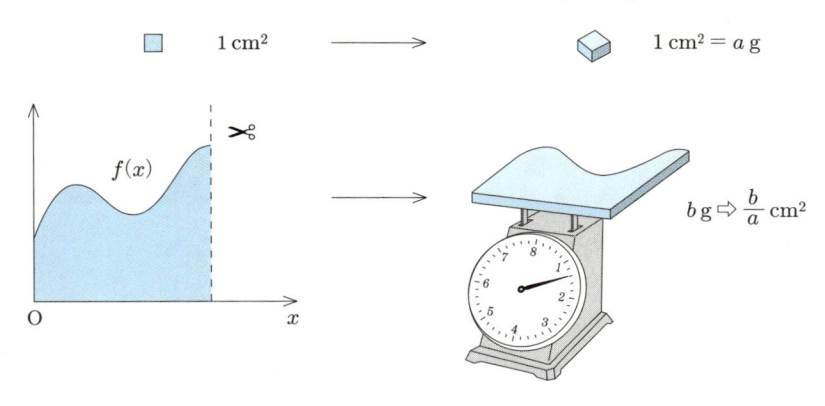

図 6.7 積分の最後の手段 (?)

例題 6.1　ダイエットと運動

ある人が 1 日 2000 kcal を摂取しているとする．1 cal = 4.2 J である（栄養学ではフードカロリーという単位が用いられる．フードカロリー = 1000 cal である）．

1. 1 日の摂取量は何ジュールか．この人は 1 秒あたり何ジュール消費していることになるか？
2. 体重 50 kg の人が 3000 m の山に登ると位置エネルギーは何ジュール増えるか？

解

1. $4.2\,(\text{J/cal}) \times 2 \times 10^6\,\text{cal} = 8.4 \times 10^6\,\text{J}$ である．これを 1 秒あたりに換算すると約 100 J となる．
2. $mgh = 50 \times 9.8 \times 3000 \fallingdotseq 1.5 \times 10^6\,\text{J}$ である．富士山に登っても一食抜いたことにもならない．

運動エネルギー　速さ v で運動する物体は，それだけで仕事をする能力をもっている．これを**運動エネルギー**とよぶ．運動エネルギーは，反対方向，つまり $-v$ で運動していても同じである．右方向に運動する場合と，左方向に運動する場合とで，運動エネルギーに違いはない．あるいは東西南北，どの方向を向いていても運動エネルギーは同じである (**空間の対称性**という)．

このことから，v の関数としてのエネルギー $E(v)$ は，v の**偶関数**でなければならない．つまり

$$E(v) = Av^2 + Bv^4 + \cdots \tag{6.31}$$

☞ 奇数次の項 $Cv + Dv^3 + \cdots$ が混じると $E(v) \neq E(-v)$ となってしまう．

係数 A を求めてみよう．速さ v で運動している質量 m の物体をストッパーに当てて停止させよう (図 6.8)．JR の貨物駅で見かける，土盛りした車両止めを想像するとよい．物体がストッパー (土盛りした車両止め) にあたった瞬間から完全に止まるまで，ある一定の力 F (摩擦力) が働くとしよ

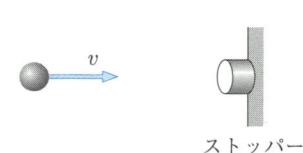

図 6.8　速さ v で運動する物体をストッパーで止める．

う．速度はこれにより減速される．減速の割合は摩擦力により，

$$m\frac{dv}{dt} = -F \tag{6.32}$$

で決まる．

F は物体がストッパーに及ぼす力，$-F$ はストッパーが物体に及ぼす力である．前者による仕事は，

$$W = \int F\,dx = -m\int \frac{dv}{dt}dx = -m\int dv\frac{dx}{dt} \tag{6.33}$$

と書けるので，$\frac{dx}{dt} = v$ を用いて，

$$W = -m\int_v^0 v\,dv = \frac{1}{2}mv^2 \tag{6.34}$$

☞ $\frac{dv}{dt}dx = \frac{dx}{dt}dv$ はこれらがもともと微小量 Δx, Δv, Δt からきており，よって $\Delta x \times \Delta v = \Delta v \times \Delta x$ が成り立っていることから理解できる．

つまりストッパーは $\frac{1}{2}mv^2$ のしごとを"された"ことになり，物体はこれだけの仕事をする能力をもっていたことになる．よって物体の運動のエネルギーは

$$E = \frac{1}{2}mv^2 \tag{6.35}$$

となる．

関係式 (6.31) でいえば，係数 $A = \frac{m}{2}$, $B = 0$ であることがわかる．実際にはアインシュタインの相対性理論によって，$B = \frac{3}{8c^2}m$ である．c は光速である．Bv^4 の項は Av^2 の項とくらべて，$\frac{3}{4}\frac{v^2}{c^2}$ なので，日常的な速さでは完全に省略してよい．つまり，光速と比べて十分遅い速さで運動する物体の運動エネルギー K は

$$K = \frac{1}{2}mv^2 \tag{6.36}$$

☞ 正確には $E = mc^2/\sqrt{1-v^2/c^2}$ で与えられる．$v = 0$ としたのが静止エネルギー $E = mc^2$ である．

と書ける．

エネルギー保存則　2400 年も前に，ギリシャの哲学者デモクリトスは，「万物は原子からできている」と述べ，さらに「無から有は生じない」「有が無に帰することもない」と述べた．これは現代物理学の立場からいうと，「物質不滅の法則」または「エネルギー不滅の法則」である．エネルギーが

☞ 超能力でものを出したりするのは物質不滅の法則に反している．これを信じるのは 2400 年以上前の科学に逆戻りすることである．

無の状態から突然発生することはない．存在していたエネルギーが突然なくなることもない．これをエネルギー保存則という．

エネルギーは，位置エネルギー (ポテンシャルエネルギー)V，運動エネルギー K のような力学的エネルギーの他に，物体が熱を持ったために有する熱エネルギー，電気や磁気に起因する電磁エネルギー，化学的変化を起こすことで仕事に変換される化学エネルギーなどなど，さまざまなエネルギー形態がある．

エネルギーは異なるエネルギーに変換されることもある．たとえば，地上 h で速さ v で飛んでいた物体が地上に落下し，完全に止まったとしよう (図 6.9)．このとき，物体のエネルギー (力学的エネルギー)$K+V$ は 0 になる．一方，地面との衝突で物体や地面の温度が上昇し，熱エネルギー E_t が発生するであろう．さらに，地面との衝突の際，音が発生する．この音はエネルギー E_s をもっている．このとき，エネルギーの保存則は

$$K + V = E_\text{t} + E_\text{s} \tag{6.37}$$

であることを示している．

☞ エネルギー危機を救うエネルギーの創成とは，人類に使いやすい形態へとエネルギーを変換することである．

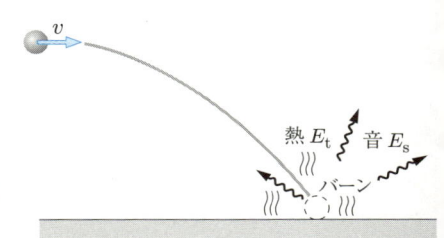

図 6.9 力学的エネルギー $K+V$ が熱エネルギー E_t と音のエネルギー E_s に変わる．

力学的エネルギーの保存　　位置エネルギー V と運動エネルギー K は，力学的エネルギーとよばれ，これらは熱などの他の形態のエネルギーに転換しなければ，その合計は常に不変である．これを力学的エネルギーの保存則という．もちろん，時間の経過とともに，位置エネルギーと運動エネルギーは相互に変換されるが，その総計 $E = K + V$ は常に一定である．

$$K + V = E \ (\text{一定}) \tag{6.38}$$

高さ h にある静止した物体は，位置エネルギー

$$V = mgh \tag{6.39}$$

をもつ．これが h だけ落下して，速さ v になると，そのときの運動エネルギーは

$$K = \frac{1}{2}mv^2 \tag{6.40}$$

である．このときの力学的エネルギー $K+V$ は，

$$\underbrace{0 + mgh}_{\text{高さ}h\text{における}K+V} = \underbrace{\frac{1}{2}mv^2 + 0}_{\text{落下地点での}K+V} = (\text{一定}) \tag{6.41}$$

である (図 6.10)．すなわち，

$$mgh = \frac{1}{2}mv^2$$

$$\therefore \quad v = \sqrt{2gh} \tag{6.42}$$

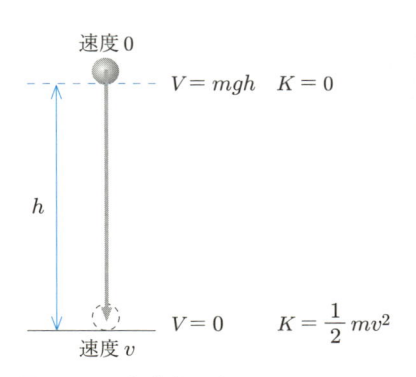

図 6.10 力学的エネルギー保存

これは 3.2 節で示した，h だけ落下したときの速さ v を与える式 (3.39) である．

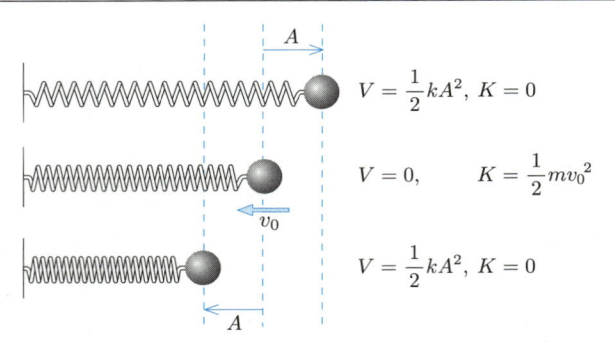

図 6.11 バネの振動における力学的エネルギー保存

バネの振動でも，力学的エネルギーの保存則を適用することができる（図 6.11）．いま，A だけ伸びた点での位置エネルギー $V = \dfrac{1}{2}kA^2$ を考えると，その点での静止している物体の力学的エネルギー $K + V$ は，振動の中心点での速度を v_0 として，

$$\underbrace{0 + \frac{1}{2}kA^2}_{\text{A 点での } K+V} = \underbrace{\frac{1}{2}mv_0^2 + 0}_{\text{原点での } K+V} \tag{6.43}$$

である（図 6.10）．さらに，バネが A だけ縮んで速さ v が 0 になると，

$$\underbrace{\frac{1}{2}mv_0^2 + 0}_{\text{原点での } K+V} = \underbrace{0 + \frac{1}{2}kA^2}_{\text{B 点での } K+V} \tag{6.44}$$

上の式より

$$\frac{1}{2}kA^2 = \frac{1}{2}mv_0^2 \tag{6.45}$$

$$\therefore \quad v_0 = \sqrt{\frac{k}{m}}\,A \tag{6.46}$$

が得られる．

ところで，これはすでに前章で述べた単振動であるから，

$$x = A\sin\omega t = A\sin\sqrt{\frac{k}{m}}\,t \tag{6.47}$$

である．速度 v は

$$v = \frac{dx}{dt} = A\sqrt{\frac{k}{m}}\cos\sqrt{\frac{k}{m}}\,t \tag{6.48}$$

したがって，

$$\begin{aligned}
E = K + V &= \frac{1}{2}mv^2 + \frac{1}{2}kx^2 \\
&= \frac{m}{2}A^2\left(\sqrt{\frac{k}{m}}\right)^2\left(\cos\sqrt{\frac{k}{m}}\,t\right)^2 + \frac{k}{2}A^2\left(\sin\sqrt{\frac{k}{m}}\,t\right)^2 \\
&= \frac{k}{2}A^2\left\{\left(\cos\sqrt{\frac{k}{m}}\,t\right)^2 + \left(\sin\sqrt{\frac{k}{m}}\,t\right)^2\right\}
\end{aligned} \tag{6.49}$$

一般に
$$(\cos\theta)^2 + (\sin\theta)^2 = 1 \tag{6.50}$$
が成り立つので，
$$E = \frac{k}{2}A^2 = (\text{一定}) \tag{6.51}$$
となっており，確かにバネの振動でも力学的エネルギーの保存則が成り立っている．

保存力　力学的エネルギー保存則が成り立つような位置エネルギーが定まるとき，その位置エネルギーを与える力を保存力という．

　位置エネルギー mgh を与える重力 mg も，バネの位置エネルギー $\frac{1}{2}mv^2$ を与える復元力 $-kx$ も保存力である．では，保存力でない力とはどういうものか．たとえば摩擦力がその例である．摩擦力がある場合，力学的エネルギーの保存則は成り立たない．

　重力の場合について，もっと詳しく考察してみよう (図 6.12)．位置エネルギー $V = mgh$ は，地面の高さ h の点まで，質量 m の物体を移動させる場合に，重力に対してなされた仕事であった．もちろん，地面から鉛直に A→B と移動した場合，その仕事は mgh であるが，この移動の経路を A→C→B としてみよう．A→C では重力に対して仕事をしないので，C→B でのみ仕事がなされる．これは $mg\sin\theta \times \dfrac{h}{\sin\theta}$ であり，やはり mgh となる．このようにして，A から B に移動するとき，経路を変えてもなされる仕事は変わらない．

図 6.12　A→B の仕事，A→C→B の仕事

　一方，移動による過程で摩擦力が働く場合を考える．この場合，摩擦によって熱が発生してしまう．点 C が遠くにあればあるほど，この摩擦で失われる力学的エネルギーは多くなる．そのため，経路によって仕事は異なってしまう．この場合，保存力ではなくなる．

　保存力の場合，保存力 F と位置エネルギー V の関係は
$$F = -\frac{dV(x)}{dx} \tag{6.52}$$
となる．たとえばバネの復元力 $-kx$ と位置エネルギー $\frac{1}{2}kx^2$ は
$$-\frac{dV(x)}{dx} = -\frac{1}{2}k \times (2x) = -kx \tag{6.53}$$
となっている．

　一般に，位置エネルギー V が 3 次元座標 x, y, z の関数，$V(x, y, z)$ となっている場合，保存力もベクトルとなる．これを $\boldsymbol{F} = (F_x, F_y, F_z)$ と表すと，
$$F_x = -\frac{\partial V}{\partial x},\ F_y = -\frac{\partial V}{\partial y},\ F_z = -\frac{\partial V}{\partial z} \tag{6.54}$$
となる．$\dfrac{\partial}{\partial x}$ という記号は見慣れないかもしれない．これは他の変数の変化を無視して，x だけで微分する偏微分というものである．

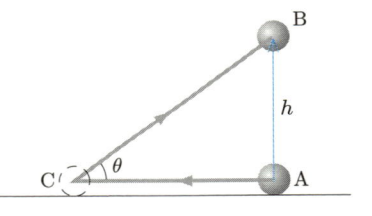

例として，位置エネルギー，
$$V = \frac{1}{2}k(x^2 + y^2 + z^2) \tag{6.55}$$
という位置エネルギーを考えよう．このとき，たとえば x に関する偏微分は，y, z を定数と見なして x に関して微分するので，
$$\frac{\partial}{\partial x}\left(\frac{1}{2}k(x^2 + y^2 + z^2)\right) = kx + 0 + 0 = kx$$
となる．式 (6.54) より保存力は
$$F_x = -kx \ , \ F_y = -ky \ , \ F_z = -kz \tag{6.56}$$
すなわち，
$$\boldsymbol{F} = -k(x, y, z) = -k\boldsymbol{r} \tag{6.57}$$
である．

力が保存力であるかどうかは，このように力が
$$\boldsymbol{F} = -\left(\frac{\partial V}{\partial x}, \frac{\partial V}{\partial y}, \frac{\partial V}{\partial z}\right) \tag{6.58}$$
という形で導出できるような関数 V が存在するかどうかで決まる．このような V をポテンシャル関数とよぶ．上の式を簡単に

☞ ナブラ記号
$$\nabla = \left(\frac{\partial}{\partial x}, \frac{\partial}{\partial y}, \frac{\partial}{\partial z}\right)$$
を使って $\boldsymbol{F} = -\nabla V$ とも書く．

$$\boldsymbol{F} = -\mathrm{grad}\, V$$
$$\left(\mathrm{grad} = \left(\frac{\partial}{\partial x}, \frac{\partial}{\partial y}, \frac{\partial}{\partial z}\right)\right) \tag{6.59}$$
と書くことが多い．

動摩擦力など保存力でない力には，上の関係を満たす関数 V が存在しない．ある位置に移動するまでの仕事がその位置だけで決まらず，経路によってしまうので，x, y, z の関数として位置エネルギーが書けないからである．

逆に力からポテンシャル関数を計算することも可能である．この場合，
$$V(x, y, z) = -\int \boldsymbol{F} \cdot \mathrm{d}\boldsymbol{x} \tag{6.60}$$
からポテンシャル関数は計算される．ポテンシャル関数は，物体が受けている力 $\boldsymbol{F}$ に逆らって，$-\boldsymbol{F}$ の力を加えて物体を移動させるとと増大する．マイナス符号はそこからきている．

この見慣れない積分の意味は，以下の通りである：まず，移動する経路を微小線分 $\mathrm{d}\boldsymbol{x}$ に分けて，その位置での力 $\boldsymbol{F}$ との内積をとる．
$$\int \boldsymbol{F}\,\mathrm{d}\boldsymbol{x} = \int F_x\,\mathrm{d}x + \int F_y\,\mathrm{d}y + \int F_z\,\mathrm{d}z \tag{6.61}$$
この結果をすべての微小線分に関して，足し合わせる．保存力の場合，この積分値が始点と終点の座標だけによっており，途中の経路には依存しない．

等ポテンシャル面　　$V(x, y, z) =$ 一定 であるような (x, y, z) は面を形成する．これを等ポテンシャル面という．たとえば，鉛直上方向を z 向きにと

ると

$$V(x,y,z) = mgz \tag{6.62}$$

であり，これから導かれる力は

$$\begin{aligned}\boldsymbol{F} &= -\left(\frac{\partial V}{\partial x}, \frac{\partial V}{\partial y}, \frac{\partial V}{\partial z}\right) \\ &= -(0,0,mg)\end{aligned} \tag{6.63}$$

となる．このとき，$V(x,y,z) =$ 一定 の面は，$z =$ 一定 の面，つまり水平面のことである．これは別名，「等高面(線)」のことである．

等ポテンシャル面と力 $\boldsymbol{F}$ は常に垂直である (図 6.13)．等ポテンシャル面上を物体が移動しても，力は仕事をしない．このときの仕事は $\boldsymbol{F}\cdot\boldsymbol{s}$ だからである．ここに $\boldsymbol{s}$ は図 6.13 に示すように，等ポテンシャル面上の，物体の移動ベクトルである．

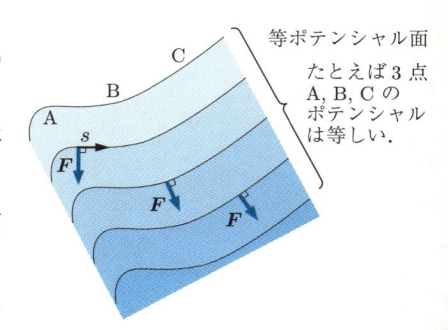

図 **6.13** 等ポテンシャル面と力

力学的エネルギーの保存則の導出　保存力に対して，力学的なエネルギーは保存する．このことは，以下のようにして証明できる．簡単のため，1 次元を考えよう．時刻 t での力学的エネルギー $E(t)$ は運動エネルギーとポテンシャルエネルギーの和，

$$E(t) = \frac{mv(t)^2}{2} + V(x(t)) \tag{6.64}$$

と書ける．$v(t), x(t)$ は時刻 t での粒子の速度と位置である．これを時間で微分すると，

$$\begin{aligned}\frac{\mathrm{d}E(t)}{\mathrm{d}t} &= \frac{\mathrm{d}}{\mathrm{d}t}\left(\frac{mv(t)^2}{2} + V(x(t))\right) \\ &= mv(t)\frac{\mathrm{d}v(t)}{\mathrm{d}t} + \frac{\mathrm{d}x(t)}{\mathrm{d}t}\frac{\mathrm{d}V}{\mathrm{d}x} \\ &= v(t)\left(m\frac{\mathrm{d}v(t)}{\mathrm{d}t} - F(x(t))\right) = 0.\end{aligned} \tag{6.65}$$

ここで，$F(x) = -\dfrac{\mathrm{d}V(x)}{\mathrm{d}x}$ を用いた．よって $E(t)$ は時間によらず一定で，エネルギーは保存している．

力学的エネルギーの保存則は仕事からも導くことができる．物体が力 $\boldsymbol{F}$ のもと，運動を行うと運動エネルギーが変化する．その変化分は，ちょうど物体が外 (たとえば重力) から行われた仕事に等しい．はじめ，物体は位置 $\boldsymbol{x}_0$ で速度 $\boldsymbol{v}_0$ で運動しており，力 $\boldsymbol{F}$ のもとで運動し，位置 $\boldsymbol{x}_1$ で速度 $\boldsymbol{v}_1$ になったとしよう．運動エネルギーの変化は，物体に与えられた仕事によるものだと考えられる．

$$\frac{1}{2}mv_1{}^2 - \frac{1}{2}mv_0{}^2 = 外から行われた仕事 = \int_{\boldsymbol{x}_0}^{\boldsymbol{x}_1} \boldsymbol{F}\cdot\mathrm{d}\boldsymbol{x} \tag{6.66}$$

ここで積分を原点 O からのものに分解すると

$$\int_{\boldsymbol{x}_0}^{\boldsymbol{x}_1} = \int_{\boldsymbol{x}_0}^{\mathrm{O}} + \int_{\mathrm{O}}^{\boldsymbol{x}_1} = -\int_{\mathrm{O}}^{\boldsymbol{x}_0} + \int_{\mathrm{O}}^{\boldsymbol{x}_1}$$

となる．よって，
$$\frac{1}{2}mv_1{}^2 - \int_0^{x_1} F \cdot dx = \frac{1}{2}mv_0{}^2 - \int_0^{x_0} F \cdot dx$$
$$\to \frac{1}{2}mv_1{}^2 + V(x_1) = \frac{1}{2}mv_0{}^2 + V(x_0) \tag{6.67}$$
となる．

なお，ここでは，ニュートンの運動方程式からエネルギーの保存則を導いたが，エネルギーの保存則はより一般的に成り立つ．高速の粒子を扱う相対性理論，ミクロな世界を記述する量子力学，多数の粒子を記述する熱力学でも，エネルギーの保存則は成り立っている．

6.2 衝突問題

運動量の保存則とエネルギーの保存則を使うと，物体間の衝突が見通しよく扱える．はじめに複数の粒子からなる系の運動量の保存則を証明しておこう．

☞ 大きさが無視できるというのは，粒子間の距離など考察している系のスケールに対して，物体の大きさが小さいということである．

大きさを無視できる物体を**質点**とよぶ．いま，質点が N 個あるとする．i 番目の質点は，$1 \sim i-1$, $i+1 \sim n$ 番目の質点から力を受けているとする．このとき式 (3.27) は
$$\frac{dp_i}{dt} = F_{i1} + F_{i2} + \cdots + F_{iN} = \sum_{j \neq i} F_{ij} \tag{6.68}$$
である．ここで全運動量 P を
$$P = p_1 + p_2 + \cdots + p_n = \sum_{i=1}^{N} p_k \tag{6.69}$$
で定義すると，
$$\frac{dP}{dt} = \sum_{i=1}^{n} \sum_{j \neq i} F_{ij} = F_{12} + F_{13} + \cdots + F_{1N}$$
$$+ F_{21} + F_{23} + \cdots + F_{2N}$$
$$+ F_{31} + F_{32} + \cdots + F_{3N}$$
$$+ \cdots$$
となる．ところで右辺は作用・反作用の法則
$$F_{ij} = -F_{ji} \tag{6.70}$$
で次々と項がうち消しあって $\mathbf{0}$ になる．よって互いに力を及ぼしあっている (内力) 質点系の全運動量は保存していることがわかる．すなわち
$$\frac{dP}{dt} = \mathbf{0} \tag{6.71}$$
である．

重心系と 2 粒子衝突

物理で現れる多くの衝突現象は 2 つの粒子の衝突の集まりとしてとらえることができる，または近似することができる．物質の最小の構成要素である素粒子の性質を調べるには，加速器で粒子同士をぶつける手段がもっとも強力であるし，気体の圧力などの性質も原子・分子の衝突現象としてとらえられる．ビリヤードの玉は非常に膨大な粒子の集まりであるが，この衝突も 2 粒子の衝突として近似できるし，惑星の運動も 2 個の質点の運動として近似できる．そこでここでは 2 粒子衝突を考えよう．

はじめ，2 番目の粒子は静止している場合を考え，これを**実験室系**とよぶ．衝突前の速度には i という添え字をつけ，衝突後の速度には f という添え字をつけると，運動量の保存則は

$$m_1 \bm{v}_{1i} = m_1 \bm{v}_{1f} + m_2 \bm{v}_{2f} \tag{6.72}$$

となり，エネルギーの保存則は

$$\frac{m_1 \bm{v}_{1i}^2}{2} = \frac{m_1 \bm{v}_{1f}^2}{2} + \frac{m_2 \bm{v}_{2f}^2}{2} \tag{6.73}$$

となる．3 次元でこれを解くのはやっかいである．そもそも片方を止まっているとしているので，粒子 1 と粒子 2 の対称性が崩れてしまっている．

☞ だから試験にはほとんど出ない．

そこで 2 つの粒子の重心という対称な位置を考えよう．重心の速度は運動量の保存則により一定である．その速度を $\bm{V}_G$ として

$$\bm{V}_G = \frac{m_1 \bm{v}_{1i}}{m_1 + m_2}, \quad \bm{v}_{ij} = \bm{v}_{ij}' + \bm{V}_G \ (i=1,2 \ \ j=\text{i},\text{f}) \tag{6.74}$$

である．この重心速度で動く系を**重心系**とよぶ．重心系での速度は

$$\bm{v}_{1i}' = \bm{v}_{1i} - \bm{V}_G = \frac{m_2 \bm{v}_{1i}}{m_1 + m_2} \tag{6.75}$$

$$\bm{v}_{2i}' = -\bm{V}_G = -\frac{m_1 \bm{v}_{1i}}{m_1 + m_2} \tag{6.76}$$

である．重心系での運動量保存則は

$$m_1 \bm{v}_{1i}' + m_2 \bm{v}_{2i}' = m_1 \bm{v}_{1f}' + m_2 \bm{v}_{2f}' = \bm{0} \tag{6.77}$$

エネルギーの保存則は

$$\frac{m_1 \bm{v}_{1i}'^2}{2} + \frac{m_2 \bm{v}_{2i}'^2}{2} = \frac{m_1 \bm{v}_{1f}'^2}{2} + \frac{m_2 \bm{v}_{2f}'^2}{2} \tag{6.78}$$

となる．まず式 (6.77) より

$$\bm{v}_{2i}' = -\frac{m_1}{m_2} \bm{v}_{1i}', \quad \bm{v}_{2f}' = -\frac{m_1}{m_2} \bm{v}_{1f}' \tag{6.79}$$

となる．これを式 (6.78) に代入して，

$$v_{1i}' = v_{1f}', \quad v_{2i}' = v_{2f}' \tag{6.80}$$

を得る．つまり各粒子のエネルギー（速さ）は重心系では衝突前後で変わらないのである．

こうして
1. 式 (6.79) のように衝突前後で運動方向が平行
2. 式 (6.80) のように各粒子の速さは同じまま

ということがわかる．

> **例題 6.2　エネルギーの増加分**
>
> N 個の粒子が運動量 $\bm{p}_i\,(i=1,\cdots,N)$ をもっている．それぞれの質量は m_i である．互いに相互作用した後，これらは $\bm{p}_i+\bm{q}_i\,(i=1,\cdots,N)$ となった．
>
> 1. 運動エネルギーの増加分 ΔE を求めよ．
> 2. 速度 $\bm{V}$ の系で見ても運動エネルギーの増加分 ΔE は変化しないことを示せ．

解　1.
$$\Delta E = \sum_i^N \frac{(\bm{p}_i+\bm{q}_i)^2}{2m_i} - \sum_i^N \frac{\bm{p}_i^{\,2}}{2m_i}$$
$$= \sum_i^N \frac{\bm{p}_i\cdot\bm{q}_i}{m_i} + \sum_i^N \frac{\bm{q}_i^{\,2}}{2m_i}$$

2. 速度 $\bm{V}$ でみた場合，各々の粒子の速度は $-\bm{V}$ だけ変化して見える．よって運動量は $-m_i\bm{V}$ だけ減少する．これより，
$$\Delta E = \sum_i^N \frac{(\bm{p}_i+\bm{q}_i-m_i\bm{V})^2}{2m_i} - \sum_i^N \frac{(\bm{p}_i-m_i\bm{V})^2}{2m_i}$$
$$= \sum_i^N \frac{(\bm{p}_i-m_i\bm{V})\cdot\bm{q}_i}{m_i} + \sum_i^N \frac{\bm{q}_i^{\,2}}{2m_i}$$
$$= \Delta E - \sum_i^N \bm{V}\cdot\bm{q}_i = \Delta E - \bm{V}\cdot\sum_i^N \bm{q}_i$$

互いに相互作用している系では運動量の保存則が成立しているので，
$$\sum_i^N (\bm{p}_i+\bm{q}_i) = \sum_i^N \bm{p}_i \;\to\; \sum_i^N \bm{q}_i = 0$$
である．よって速度 $\bm{V}$ の系でみても運動エネルギーの増加分 ΔE は変化しない．

☞ このことは「エネルギーがうまく増加するなんていう都合のよい系は存在しない」ことを表している．

換算質量　質点が 2 個だけの場合，あたかも問題が 1 粒子のポテンシャル中の運動のように扱える．これを示そう．作用・反作用の法則より
$$\begin{cases} m_1 \dfrac{d^2 \bm{r}_1}{dt^2} = \bm{F} \\ m_2 \dfrac{d^2 \bm{r}_2}{dt^2} = -\bm{F} \end{cases} \tag{6.81}$$

☞ 力学では時間微分を変数の上にドットをつけることで表す．たとえば
$$\frac{d\bm{r}_i}{dt} = \dot{\bm{r}}_i$$
と記す．

なので
$$\frac{d^2}{dt^2}(m_1\bm{r}_1 + m_2\bm{r}_2) = \bm{0} \tag{6.82}$$
となる．よって全運動量
$$\bm{p} = m_1\dot{\bm{r}}_1 + m_2\dot{\bm{r}}_2 \tag{6.83}$$
は保存する．重心の座標 $\bm{R}$（式 (2.41) 参照）は
$$\bm{R} = \frac{m_1\bm{r}_1 + m_2\bm{r}_2}{m_1 + m_2} \tag{6.84}$$
なので
$$\frac{d^2\bm{R}}{dt^2} = \bm{0} \tag{6.85}$$

から重心の速度 $\boldsymbol{V}_{\mathrm{G}} = \dot{\boldsymbol{R}}$ は保存することがわかる．

(6.81) より
$$\frac{\mathrm{d}^2}{\mathrm{d}t^2}(\boldsymbol{r}_1 - \boldsymbol{r}_2) = \left(\frac{1}{m_1} + \frac{1}{m_2}\right) \boldsymbol{F}$$

となるので
$$\boldsymbol{r} \stackrel{\mathrm{def}}{=} \boldsymbol{r}_1 - \boldsymbol{r}_2 \tag{6.86}$$

という相対座標と
$$\mu \stackrel{\mathrm{def}}{=} \left(\frac{1}{m_1} + \frac{1}{m_2}\right)^{-1} = \frac{m_1 m_2}{m_1 + m_2} \tag{6.87}$$

というを換算質量を定義すると
$$\mu \frac{\mathrm{d}^2 \boldsymbol{r}}{\mathrm{d}t^2} = \boldsymbol{F} \tag{6.88}$$

を得る．つまり質量 μ の質点が力 $\boldsymbol{F}(\boldsymbol{r})$ のもとで運動している運動方程式が導かれる．

例題 6.3　地球の公転の換算質量

地球の質量を M_{E}，太陽の質量を M_{S} としたとき，換算質量を計算せよ．太陽の質量が地球の 33 万倍である．換算質量は地球の質量の何倍か？

解　式 (6.87) より
$$\mu = \frac{M_{\mathrm{E}} \times M_{\mathrm{S}}}{M_{\mathrm{E}} + M_{\mathrm{S}}}$$

$\dfrac{M_{\mathrm{E}}}{M_{\mathrm{S}}} = \dfrac{1}{330000}$ より

$$\mu = M_{\mathrm{E}} \times \frac{1}{1 + \frac{M_{\mathrm{E}}}{M_{\mathrm{S}}}} = M_{\mathrm{E}} \times \frac{330000}{330001} = 0.999997 \, M_{\mathrm{E}}$$

よって，換算質量 μ は地球の質量 M_{E} とほとんど同じである．

例題 6.4　重心速度と相対速度による運動エネルギーの表示

2 つの粒子の重心速度を $\boldsymbol{V}$，相対速度を $\boldsymbol{v}$ とする．速度 $\boldsymbol{v}_1, \boldsymbol{v}_2$ で運動している 2 つの粒子の運動エネルギーの和，
$$\frac{m_1 \boldsymbol{v}_1^2}{2} + \frac{m_2 \boldsymbol{v}_2^2}{2}$$
を $\boldsymbol{V}$ と $\boldsymbol{v}$ により表せ．

解　重心の速度 $\boldsymbol{V}$，相対座標の速度 $\boldsymbol{v}$ は，式 (6.84) と式 (6.86) より，
$$\boldsymbol{V} = \frac{m_1 \boldsymbol{v}_1 + m_2 \boldsymbol{v}_2}{m_1 + m_2} \,,\, \boldsymbol{v} = \boldsymbol{v}_1 - \boldsymbol{v}_2$$

である．これらから逆に，
$$\boldsymbol{v}_1 = \boldsymbol{V} + \frac{m_2}{m_1 + m_2} \boldsymbol{v} \,,\, \boldsymbol{v}_2 = \boldsymbol{V} - \frac{m_1}{m_1 + m_2} \boldsymbol{v}$$

となる．これらを $\dfrac{m_1\bm{v}_1^2}{2}+\dfrac{m_2\bm{v}_2^2}{2}$ に代入し，運動エネルギーは

$$\dfrac{m_1+m_2}{2}V^2+\dfrac{\mu}{2}v^2$$

と表せる．第2項に出てくる μ は換算質量である．

2つの粒子が相互作用しても，重心の速度は変化しない．よって，第2項のみが運動エネルギーの変化をもたらす．

演習問題 6

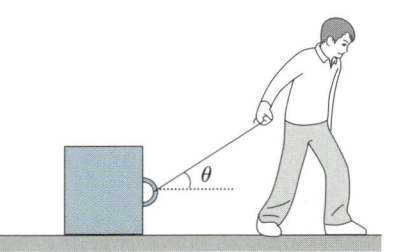

1. **スーツケースを移動するときの仕事** 質量 M のスーツケースを床面と角度 θ をなすひもで図のように引きずる．等速度で 1 m 移動させるときに要する仕事はいくらか．ただし，スーツケースと床の動摩擦係数を μ' とせよ．

2. **単振動のエネルギー保存** バネ定数 k のバネに質量 m の物体が結ばれ単振動する．自然長から A だけ伸ばし，静かに放したとき，
   (a) 放たれる直前の物体の運動エネルギー K_0 と位置エネルギー V_0 を求めよ．
   (b) バネが自然の長さまで縮まった瞬間の運動エネルギー K と位置エネルギー V を求めよ．ただし，物体の速さを v とする．
   (c) 前問で物体の速さをエネルギー保存則から求めよ．
   (d) 物体の位置が A の $\dfrac{1}{2}$ になった瞬間の物体の速さを求めよ．

3. **振り子の運動エネルギー** うでの長さが l の振り子がある．振り子の先には質量 m の質点がついており，質点は中心と軽い糸で結ばれている．これが最下端にあるとき初速度 v_0 を与えた．
   (a) これが完全な円運動として運動したとき，最高点の速度 v を求めよ．
   (b) 完全な円運動を行うための条件を求めよ．

4. $V=\dfrac{C}{r}$ **のときの力** $r=\sqrt{x^2+y^2+z^2}$ として，ポテンシャル関数 V が

$$V=\dfrac{C}{r}$$

で与えられている．このとき，力 $\bm{F}$ を求めよ．

5. **隕石の落下** 2013年3月，ロシアのウラル地方に隕石が落下した．大気圏突入前の隕石の重さは1万トン，速さは秒速 18 km である．
   (a) 隕石の運動エネルギーを求めよ．
   (b) 爆発のエネルギーはしばしば TNT 爆弾の量に換算して表現される．TNT 爆弾は 1 kg あたり 4.2×10^6 J のエネルギーをもつ．この隕石のもっていたエネルギーは TNT 爆弾に換算すると何キログラムか．

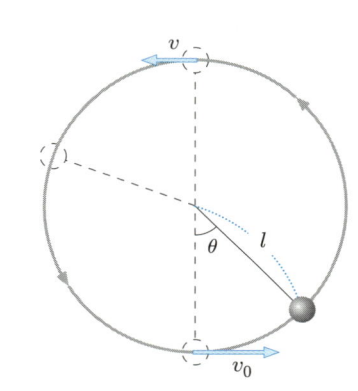

万有引力と惑星

7.1 万有引力

ケプラーの法則　古代から人々は，天体は不動の大地のまわりを回転しているものと信じていた(天動説)．しかし，16世紀になると，コペルニクスが，天体は恒星と惑星に区別され，惑星は恒星(太陽)のまわりを運動していると考えるに至った(地動説)．このころ，ティコ・ブラーエは長年にわたって惑星を事細かに観測して，膨大な資料を残した．ティコ・ブラーエの死後，彼の助手を務めていたケプラーは，しぶるティコ・ブラーエ夫人を説得し，なんとかそれらの資料を手に入れた．

☞ コペルニクスは惑星の軌道は円だと考えていた．

ケプラーは長い年月をかけてその資料を分析した．その結果，1609年に惑星の運動に関する次のような2つの法則を発見した(図 7.1)(ケプラーの法則)．

ケプラーの第1法則： 惑星は太陽を1つの焦点とする楕円軌道を描く．

ケプラーの第2法則： 惑星の単位時間に掃く面積は一定である(面積速度一定の法則)．

さらにケプラーは10年もかけて，第3の法則を発見した．

ケプラーの第3法則： 惑星の公転周期 T の2乗は，惑星の半長軸の長さ a の3乗に比例する．すなわち

$$T^2 \propto a^3 \tag{7.1}$$

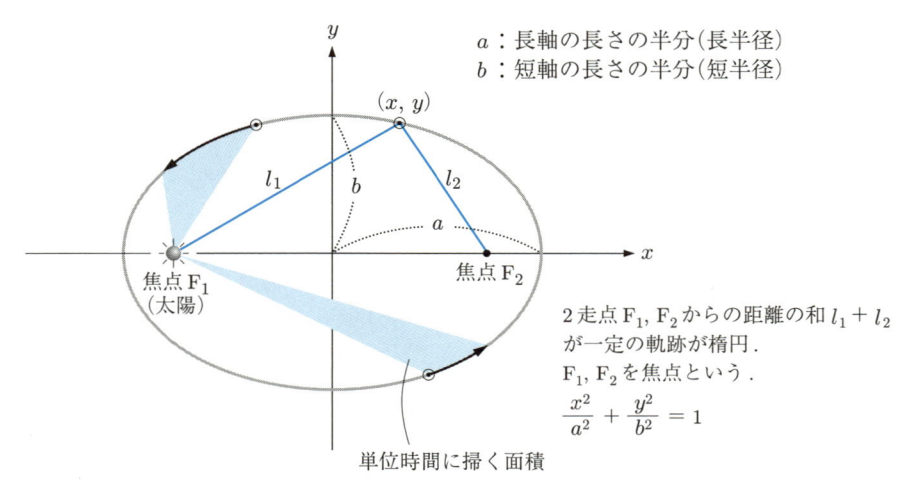

a：長軸の長さの半分(長半径)
b：短軸の長さの半分(短半径)

2走点 F_1, F_2 からの距離の和 $l_1 + l_2$ が一定の軌跡が楕円．
F_1, F_2 を焦点という．
$$\frac{x^2}{a^2} + \frac{y^2}{b^2} = 1$$

図 7.1 天体の楕円運動

ケプラーの法則は，のちにニュートンが万有引力を発見するための基礎になった，重要な発見である．天体観測の膨大な資料から，これらの3つの法則を発見するまで，10年以上も要したということは特筆に値する．現在ならば，地動説さえ容認すれば，コンピュータを用いて数分でケプラーの法則を導けるであろう．科学技術の進歩は，科学そのものの進歩にも重大な影響をもたらす例である．

ニュートンの登場　アイザック・ニュートンはケンブリッジ大学の学生であった．ロンドンはもとより，ケンブリッジまでペストが流行し，大学は閉鎖され，彼はやむなく故郷のウールスソープに疎開した．

ウールスソープの農地は広大であったので，何もすることのない内省的なニュートンは，農地のあぜ道を散歩して日々を過ごした．今もそうであるが，ヨーロッパの農地のあぜ道にはポプラの木の他に，リンゴの木が植えられていた．日本の農地のあぜ道によく柿の木が植えられているのと似ている．

伝説によると，晩秋の頃，寒々としたあぜ道を散歩するニュートンは，枝もたわわなリンゴの木から，1個のリンゴが音もなく落ちるのを不思議そうに見つめていた．この世に存在する基本的な4つの力のうち，最初に見つかった力，万有引力の発見の瞬間である．そのとき，空を仰ぐと，ちょうど月が天空に見えた．あの月はなぜ落ちてこないのか．リンゴが木から落ちるのもあの月にかかっている力も，同じものではないのか．それとも，リンゴという地表にあるものと，月という天空にあるものとでは，別世界のものなのか．天は神の支配する世界であるから，リンゴと同列に考えてはいけないのか．

そうとは限らないとニュートンは考えた．天空といえども，地上のリンゴが受ける作用と同じものが働いている，つまり地上を支配する物理法則と同じ法則が天空をも支配していると考えられないか．そうだとするなら，なぜ月は落ちこないのか——そうだ，月も落ちている．しかし動いている(円運動)ため，落ちても地球に到達しないのだ(図7.2)．つまり月もリンゴと同じ自由落下をしている．ただ，鉛直方向以外にも成分があるため，円運

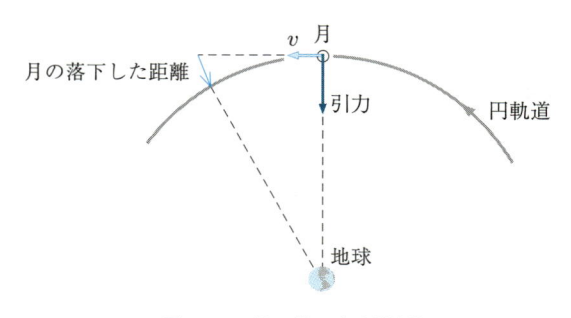

図7.2　月の落下と円運動

動を描いているのだ．

万有引力　　質量 M の太陽のまわりを円軌道を描いて運動している質量 m の惑星の間に引力 F が働くとしよう (図 7.3)．公転周期を T とすると，半径 r との間に，ケプラーの第 3 法則，

$$T^2 = kr^3 \ (k：比例定数) \tag{7.2}$$

が成り立つ．これから重力が距離 r にどのように依存するかを考察しよう．

円運動の角速度を ω とする．微小時間 Δt の間に角度は $\omega \Delta t$ だけ変化するので，惑星は $r \times \omega \Delta t$ だけ移動する．一方，速さで書くと移動距離は $v \Delta t$ である．よって，

$$v = r\omega \tag{7.3}$$

となる．そこで第 3 章で求めた円運動の加速度の表式，(3.22) において，$v = r\omega$ を代入し，

$$円運動の加速度 = r\omega^2 \tag{7.4}$$

が導かれる．ω と T の関係は，

$$\omega = \frac{2\pi}{T} \tag{7.5}$$

である．円運動しているときの加速度は $r\omega^2$ なので，運動方程式は

$$mr\omega^2 = F \tag{7.6}$$

すなわち，

$$mr\left(\frac{2\pi}{T}\right)^2 = F \tag{7.7}$$

である．式 (7.2) により T を消去すると，

$$F = mr\frac{4\pi^2}{kr^3} = \frac{4\pi^2}{k}\frac{m}{r^2} \tag{7.8}$$

となる．つまり，惑星が円運動を行うためには，惑星の質量 m に比例し，距離 r の 2 乗に反比例した引力が働いていなければならないことになる．

一方，作用・反作用の法則によって，同じ大きさの引力が太陽にもかからなければならない．太陽を特別扱いしないかぎり，F は太陽の質量 M にも比例することになる．よって比例係数を改めて G とおくと，**万有引力**は

$$F = G\frac{mM}{r^2} \tag{7.9}$$

となる．ここで「万有」とは，universal (ユニバーサル) の翻訳で，「全宇宙で普遍的な」という意味である．地球上のリンゴにも，月や火星のような天体にも，普遍な力が働いているのである．この発見がニュートンの偉大な業績である．なお，G を**万有引力定数**という．

$$G = 6.67 \times 10^{-11} \mathrm{N \cdot m^2/kg^2} \tag{7.10}$$

☞ 角度 × 半径 = 弧の長さ が成立するように，角速度はラジアンで表すのが一般的である．

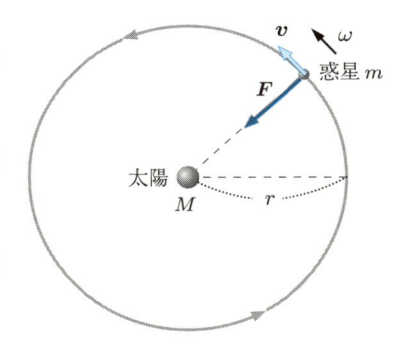

図 7.3　太陽のまわりの惑星の円運動

万有引力は 2 つの物体を結ぶ直線上に働く．これをベクトルで表すと

$$F = -G\frac{mM}{r^2}\frac{r}{r} \tag{7.11}$$

となる．

地表の重力　地球の表面にある質量 m のリンゴには，地球の中心に向かって

$$F = mg \quad (g = 9.8\ \text{m/s}^2 \text{は重力定数}) \tag{7.12}$$

の引力が働く．この引力は，リンゴと地球内部のさまざまな部分からの万有引力をたし合わせたものである．これらの万有引力の総和は，**地球の中心 (重心) に地球の全質量がすべて集まった質点からの万有引力に等しい**．

☞ 一般に球対称に質量が分布している場合，全質量が球の中心に集中していると考えてよいことが万有引力について成り立つ．

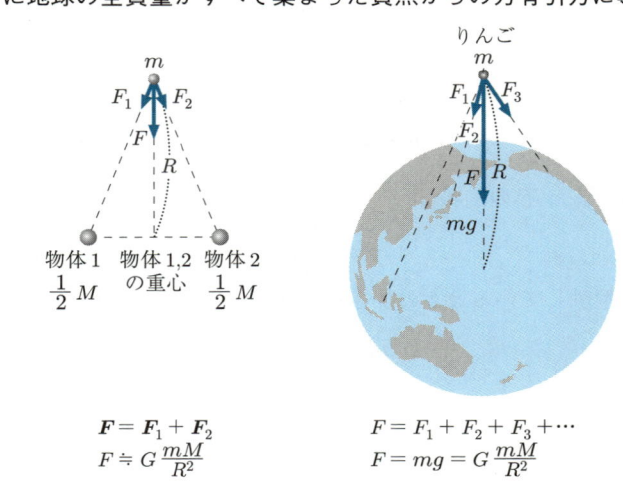

$$F = F_1 + F_2$$
$$F \fallingdotseq G\frac{mM}{R^2}$$

$$F = F_1 + F_2 + F_3 + \cdots$$
$$F = mg = G\frac{mM}{R^2}$$

図 7.4　地球の各部分からの万有引力の総和が重力 mg となる．

すなわち，地球の半径を R とすると，M を地球の質量として，

$$G\frac{mM}{R^2} = mg \tag{7.13}$$

$$\therefore\quad g = \frac{GM}{R^2} \tag{7.14}$$

18 世紀後半に，イギリスの物理学者キャベンディッシュは，重い 2 個の球の間に働く万有引力を精密な実験装置で測定することに成功した．この実験により，彼は地球の密度が水の 5.5 倍だということを示した．地球の密度がわかれば地球の質量がわかり，上の式から，万有引力定数 G もわかる．

―― **例題 7.1　地球の質量** ――

式 (7.13) と，万有引力定数，重力定数を用いて地球の質量を求めよ．

解　式 (7.13) より，

$$M = \frac{gR^2}{G} = \frac{9.8 \times (6.4 \times 10^6)^2}{6.67 \times 10^{-11}}\ \text{kg} = 6.0 \times 10^{24}\ \text{kg} \tag{7.16}$$

> **コラム　銀河の回転速度**
>
> 　銀河系は中心のまわりに回転している．銀河系の質量分布は一様，すなわち密度 ρ が一定だと仮定して，中心から r だけ離れた位置における恒星が，銀河中心のまわりを回っている角速度 ω を求めてみよう．
>
> 　半径 r の内側に入っている質量 $M(r)$ は
>
> $$M(r) = \frac{4\pi r^3 \rho}{3}$$
>
> である．質量分布は球対称なので中心に質点 $M(r)$ があるとして，重力を計算してよい．よって恒星がうける重力加速度は
>
> $$G\frac{M(r)}{r^2} = G\frac{4\pi r\rho}{3}$$
>
> となる．これが式 (7.4) で与えられる向心加速度 $r\omega^2$ とつり合っているので，
>
> $$G\frac{4\pi r\rho}{3} = r\omega^2$$
>
> よって，
>
> $$\omega = \sqrt{\frac{4\pi G\rho}{3}} \tag{7.15}$$
>
> となり，角速度は半径に依存しない．これより銀河の形は崩れないことがわかる．
>
> 　実際に銀河の恒星分布を観測すると，より中心付近に多くの恒星が存在する．銀河の質量のほとんどを恒星が担っているとすれば (実際，太陽の質量は地球の 33 万倍である)，恒星の密度が大きい内側ほど角速度が大きく，外側ほど小さいことになる．一方，観測事実は，角速度が位置によらずほぼ一定であることを示している．そのため，光を発しない物質，ダークマターが宇宙にはみちあふれていると考えられている．現在もこのダークマターの正体を突き止めようと研究が進んでいる．

万有引力の位置エネルギー　　すでに述べたように，万有引力が保存力ならば，その位置エネルギー V が存在し，万有引力 $\boldsymbol{F}$ と V の間には，

$$\boldsymbol{F} = -\operatorname{grad} V \tag{7.17}$$

の関係が成り立っている．事実，

$$V = -G\frac{mM}{r} \tag{7.18}$$

とおけば，式 (7.17) を満たしていることが確かめられる．実際に確かめてみよう．$r = \sqrt{x^2 + y^2 + z^2}$ であるので，

☞ 演習問題 6.4 参照

$$\begin{aligned}
\frac{\partial\left(\frac{1}{r}\right)}{\partial x} &= \frac{\partial\left(\frac{1}{r}\right)}{\partial r}\frac{\partial r}{\partial x} \\
&= -\frac{1}{r^2}\frac{2x}{2\sqrt{x^2+y^2+z^2}} \\
&= -\frac{1}{r^2}\frac{x}{r}
\end{aligned} \tag{7.19}$$

同様に，
$$\frac{\partial\left(\frac{1}{r}\right)}{\partial y} = -\frac{1}{r^2}\frac{y}{r}, \quad \frac{\partial\left(\frac{1}{r}\right)}{\partial z} = -\frac{1}{r^2}\frac{z}{r} \tag{7.20}$$
である．したがって，式 (7.11) が得られる．

ここで行ったのは V を仮定して，それが確かに力を再現することを確かめるというやり方である．今度は逆に，質量 M の太陽から無限遠に位置していた質量 m の惑星が，距離 r まで移動するとき，太陽が惑星に対して行う仕事として，V を定義しよう．保存力の場合，仕事は経路にはよらないので，一番簡単に移動は太陽と惑星を結ぶ直線上とする．このとき，力と移動の方向は等しいので，式 (6.5) において $\cos\theta = 1$ とすればよく，
$$V = -\int_\infty^r F\,dr = GmM\int_\infty^r \frac{1}{r^2}dr = GmM\left[-\frac{1}{r}\right]_\infty^r = -GmM\frac{1}{r} \tag{7.21}$$
となる．これは上で与えた V と一致する．

☞ 式 (7.18) は微分して力を再現するように選んでいるだけなので，実は定数を加えてもよい．一方，式 (7.21) は，無限遠を原点として位置エネルギーを計算しているので，定数の曖昧さがない．

7.2 角運動量

角運動量　作用・反作用の法則にしたがって相互作用する物体の運動量の総和は常に不変であった．これが運動量の保存則である．万有引力で相互作用する場合も，作用・反作用の法則にしたがうので，運動量の総和も一定である．さらに万有引力は
$$\boldsymbol{F} = f(r)\boldsymbol{r}, \quad f(r) = -\frac{GmM}{r^3} \tag{7.22}$$
という，常に $\boldsymbol{r}$ と平行で，大きさは方向にはよらず，r にのみよっている．このような場合，力は球対称の形になるので，中心力とよばれる．

力が中心力である場合，特別な保存法則が成立する．それを**角運動量保存則**という．これは
$$L = rp_\perp \tag{7.23}$$
で定義される．ここで $p_\perp$ は図 7.5 に示すように，運動量ベクトル $\boldsymbol{p}$ の動径方向 $\boldsymbol{r}$ に垂直な成分 (つまり回転方向にそった成分) である．

運動量 mv が運動の「いきおい」を示すように，角運動量も回転の「いきおい」を表す．角運動量の定義から，同じ運動量をもっていても，中心からの距離が遠いほど，その「いきおい」は大きい．一般に，動径距離を掛けた量は「モーメント」とよばれる．その意味で，角運動量は「回転の運動量モーメント」である．

運動量がベクトル $m\boldsymbol{v}$ で表されたように，角運動量は
$$\boldsymbol{L} = \boldsymbol{r} \times \boldsymbol{p} \tag{7.24}$$
と定義される．ここに × はベクトル積とよばれるものである．これについては以下で説明する．

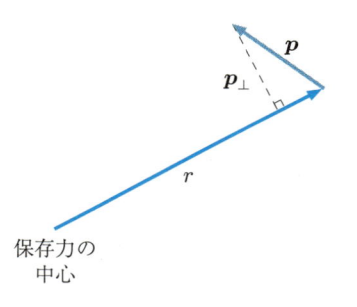

図 7.5　角運動量の定義

ベクトル積　ベクトルどうしの積の作り方には2通りある．その1つはすでに述べたスカラー積(内積)で，

$$\boldsymbol{A} \cdot \boldsymbol{B} = AB\cos\theta = A_x B_x + A_y B_y + A_z B_z \tag{7.25}$$

で定義されるものである．一方，ここで新しく定義するのはベクトル積(外積)というもので，以下のように計算結果はベクトルとなる(図7.6)．

$$\boldsymbol{A} \times \boldsymbol{B} = \text{ベクトル} \begin{cases} \text{大きさ}: AB\sin\theta \\ \text{方向}: \boldsymbol{A}, \boldsymbol{B} \text{のつくる面と垂直} \\ \text{向き}: \boldsymbol{A} \text{から} \boldsymbol{B} \text{に右ねじを回して進む向き} \end{cases} \tag{7.26}$$

☞ 外積の記号×の読み方は"クロス"である．内積の·はドットとよぶ．

この定義から外積の大きさは，ベクトル$\boldsymbol{A}$とベクトル$\boldsymbol{B}$のつくる平行四辺形の面積だとわかる．$\boldsymbol{A}//\boldsymbol{B}$の場合，2つのなす角度は0なので，

$$\boldsymbol{A} \times \boldsymbol{B} = \boldsymbol{0} \tag{7.27}$$

である．よって，同じものどうしの外積も$\boldsymbol{0}$である．

$$\boldsymbol{A} \times \boldsymbol{A} = \boldsymbol{0} \tag{7.28}$$

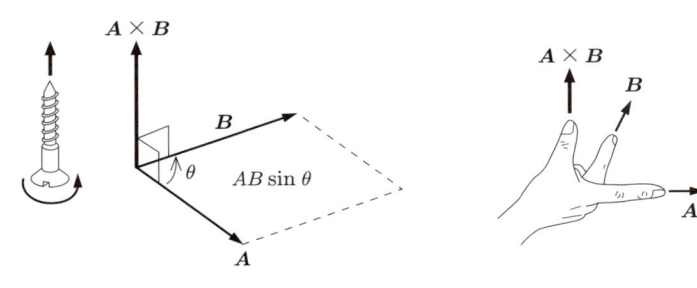

図7.6　ベクトル積(外積)の定義．$\boldsymbol{A}$から$\boldsymbol{B}$の方向に右ねじを回して進む向き．もしくは，右手の人差し指を$\boldsymbol{A}$，中指を$\boldsymbol{B}$としたとき，それらと垂直にした親指の向き．

また，外積の場合，掛け算の順序も大切である．

$$\boldsymbol{A} \times \boldsymbol{B} = -\boldsymbol{B} \times \boldsymbol{A} \tag{7.29}$$

x軸，y軸，z軸上の単位ベクトル(大きさ1のベクトル)をそれぞれ$\boldsymbol{e}_x, \boldsymbol{e}_y, \boldsymbol{e}_z$とすると，

$$\begin{aligned} \boldsymbol{e}_x \times \boldsymbol{e}_y &= \boldsymbol{e}_z (= -\boldsymbol{e}_y \times \boldsymbol{e}_x) \\ \boldsymbol{e}_y \times \boldsymbol{e}_z &= \boldsymbol{e}_x (= -\boldsymbol{e}_z \times \boldsymbol{e}_y) \\ \boldsymbol{e}_z \times \boldsymbol{e}_x &= \boldsymbol{e}_y (= -\boldsymbol{e}_x \times \boldsymbol{e}_z) \end{aligned} \tag{7.30}$$

となる．任意のベクトル$\boldsymbol{A}, \boldsymbol{B}$を単位ベクトルで表すと，

$$\begin{aligned} \boldsymbol{A} &= A_x \boldsymbol{e}_x + A_y \boldsymbol{e}_y + A_z \boldsymbol{e}_z \\ \boldsymbol{B} &= B_x \boldsymbol{e}_x + B_y \boldsymbol{e}_y + B_z \boldsymbol{e}_z \end{aligned} \tag{7.31}$$

となるので，単位ベクトルの外積の関係 (7.30) から

$$\boldsymbol{A} \times \boldsymbol{B} = (A_y B_z - A_z B_y, A_z B_x - A_x B_z, A_x B_y - A_y B_x) \tag{7.32}$$

となることが確かめられる．

ベクトル積を用いて，角運動量ベクトルを定義したが，力のモーメント $\boldsymbol{N}$ もベクトル積を用いて表現できる．すなわち，

$$\boldsymbol{N} = \boldsymbol{r} \times \boldsymbol{F} \tag{7.33}$$

てこがつり合うのはこの力のモーメントの合計が $\boldsymbol{0}$ になるときである．

角運動量の保存則　一般の惑星運動で，角運動量は，ケプラーの第 2 法則に表れる「単位時間に掃く面積」に相当する (図 7.7)．この面積は，角度が小さいとき，ほぼ三角形の面積に等しいので，

$$\text{単位時間に掃く面積 } S = \frac{1}{2} r v_\perp \tag{7.34}$$

となる．ここに $v_\perp$ は惑星の速度 $\boldsymbol{v}$ の動径方向に垂直な成分である．

一方，角運動量は

$$L = r p_\perp = m r v_\perp \tag{7.35}$$

となるので，

$$S \propto L \tag{7.36}$$

がわかる．すなわち，ケプラーの第 2 法則 (面積速度一定の法則) は，角運動量が一定であることを示している．

ニュートンの運動方程式を用いて，角運動量の保存則を示すのは簡単である．

$$m \frac{d^2 \boldsymbol{r}}{dt^2} = \boldsymbol{F} \tag{7.37}$$

において，両辺，$\boldsymbol{r}$ とのベクトル積をつくる．

$$m \boldsymbol{r} \times \frac{d^2 \boldsymbol{r}}{dt^2} = \boldsymbol{r} \times \boldsymbol{F} \tag{7.38}$$

左辺の $\boldsymbol{F}$ は中心力，すなわち $\boldsymbol{F} /\!/ \boldsymbol{r}$ である．よって右辺の $\boldsymbol{r} \times \boldsymbol{F}$ は $\boldsymbol{0}$ であり，

$$m \boldsymbol{r} \times \frac{d^2 \boldsymbol{r}}{dt^2} = \boldsymbol{0} \tag{7.39}$$

となる．一方，$\boldsymbol{L} = \boldsymbol{r} \times \boldsymbol{p}$ を時間で微分すると

$$\frac{d\boldsymbol{L}}{dt} = \frac{d\boldsymbol{r}}{dt} \times \boldsymbol{p} + \boldsymbol{r} \times \frac{d\boldsymbol{p}}{dt} = \boldsymbol{r} \times \frac{d\boldsymbol{p}}{dt} \tag{7.40}$$

である．ここで $\frac{d\boldsymbol{r}}{dt} = \boldsymbol{v}$, $\boldsymbol{v} /\!/ \boldsymbol{p}$ を用いた．よって式 (7.39) の左辺は $\frac{d\boldsymbol{L}}{dt}$ となり，

$$\frac{d\boldsymbol{L}}{dt} = \boldsymbol{0} \tag{7.41}$$

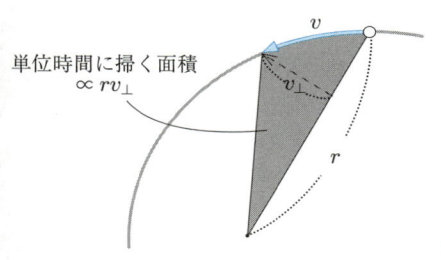

図 7.7　惑星運動の掃く面積

もしくは，
$$L = \text{一定} \tag{7.42}$$
となる．これは角運動量の保存則に他ならない．

中心力でない場合，
$$\bm{r} \times \frac{d\bm{p}}{dt} = \bm{r} \times \bm{F} = \bm{N} \text{ (力のモーメント)}$$
は 0 にならず，
$$\frac{d\bm{L}}{dt} = \bm{N} \tag{7.43}$$
となることに注意しよう．

☞ ケプラーの第 1 法則，第 3 法則は万有引力のような距離の 2 乗に反比例する力のもとでしか成立しない．一方，第 2 法則 (角運動量の保存則) はより一般的な中心力に対して成立する．

角運動量の世界　いまからおよそ 46 億年前，太陽系には太陽も惑星も存在しなかった．そこにあったのはちりやほこりのみであった．この名残はいまでも宇宙から降ってくる．いわゆる「宇宙塵」というものである．大気中に漂う微粒子はエアロゾルとよばれるが，これらはほとんどが地表で巻き上げられた細かいほこり，産業活動に伴うほこりや煙であるが，中には地球上で生成されたものとはことなる微粒子も含まれている．これが宇宙塵である．

宇宙塵は全体として，ゆっくり回転していた．つまり角運動量 $\bm{L}$ をもっていた．ちりの分布は所々に濃淡があったと考えられている (図 7.8)．こうしたちりの間にはごく僅かながら，万有引力が働く．そこで宇宙塵の濃い部分が他のちりを引きつけて，ますます濃くなっていく．特に回転の中心部分は，宇宙塵の濃度が極めて高くなり，太陽が誕生する．太陽のもととなった宇宙塵は角運動量をもっていたので，太陽自身も角運動量をもつことになる．これが太陽の自転となって表れる．

その他の宇宙塵の濃い部分は，やはり万有引力で他の宇宙塵を引きつけ，惑星の誕生となる．このとき，宇宙塵の角運動量を引き継ぎ，惑星は自転，公転を行う．このように太陽と惑星の角運動量の大きさと方向・向きは，合計すると太陽・惑星誕生以前の宇宙塵の角運動量 $\bm{L}$ と等しい．

こうした誕生のいきさつを考えると，惑星の公転面がほぼ等しく，回転方向も一致していることが理解できる．それにしても物理の法則が 50 億年以上も成立し続けているというのは驚くしかない．

しかしもっと驚くべきことがある．広大な宇宙の運動が運動量，角運動量の保存則にしたがっているだけでなく，ミクロな世界，すなわち原子や原子核の世界でもこれらの法則が成り立っているのである．原子は中心に原子核が存在し，そのまわりを電子が回転している．原子核の正の電気と電子の負の電気が互いに中心力で引き合い，角運動量の保存則が成立している．すべての原子の角運動量が 1 方向にそろっているとき，物質全体は磁

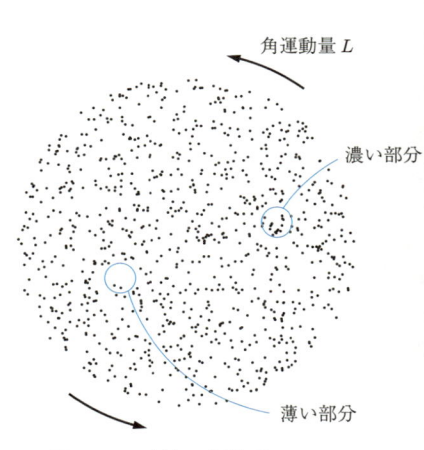

図 7.8　原始の太陽系

性をもつ (図 7.9). なぜなら，電子による微小な円電流がコイルとみなせ，それらの集合はコイルをたくさん重ねた状態となるからである．これが永久磁石のモデルである．

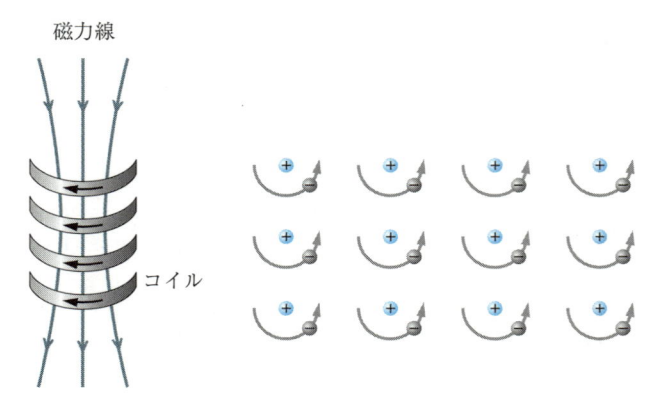

図 7.9 一定方向にそろった原子の角運動量と磁石．

スピン　フィギュアスケートの選手が，氷上で体をくるくる回すことをスピンという．選手は最初，腕を伸ばし回転を始めるが，腕を胸のところに組んで縮めると，スピンの回転速度は急に速くなる (図 7.10). 図のように腕の回転軸からの距離を r_A, r_B とおこう．図の A の場合は，腕の質量 m が回転軸から遠くにあるので $r_A > r_B$ である．

さて，このときの速度，角速度を $v_A, \omega_A, v_B, \omega_B$ とする．

$$v_A = r_A \omega_A , \; v_B = r_B \omega_B \tag{7.44}$$

である．角運動量はそれぞれ，$mr_A v_A , mr_B v_B$ である．角運動量保存則から，これらは等しい．上の関係を使うと，

$$\begin{aligned} mr_A v_A &= mr_B v_B \\ mr_A^2 \omega_A &= mr_B^2 \omega_B \\ r_A^2 \omega_A &= r_B^2 \omega_B \\ \therefore \; \frac{\omega_B}{\omega_A} &= \frac{r_A^2}{r_B^2} \end{aligned} \tag{7.45}$$

つまり，手を縮めると，回転速度 (角速度) は大きくなることがわかる．

地球，その他の惑星，太陽は自転しており，何十億年もの間，スピンをしつづけている．一方，ミクロの世界でもスピンが存在する．すなわち，電子や原子核，原子核をつくっているクォークも自転しているのである．特に電子は大きさがないと思われているのに，スピンをもっているというのが興味深い．これはいままで述べたことと矛盾している．角運動量は回転軸からの距離と速さの積なので，大きさがないものは速さ無限大で回転していない限り，スピンはもてないからだ．ミクロの世界は古典力学と違う法則が支配しているという典型的な例である．

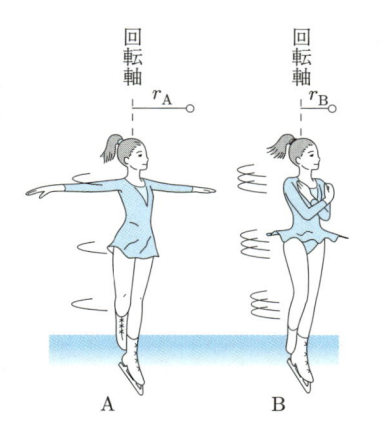

図 7.10 フィギュアスケートのスピン

☞ 電子が大きさをもたないことは，実験的にもかなりの精度で確認されている．

7.3 惑星の運動

エネルギーの保存則　惑星の運動についても，エネルギーの保存則が成り立つ．惑星の運動エネルギーを K，位置エネルギーを V とすると，$K+V=$ 一定，すなわち，

$$\frac{1}{2}mv^2 + \left(-G\frac{mM}{r}\right) = E = \text{一定} \tag{7.46}$$

という関係が成り立つ．これを書き直すと，

$$\frac{1}{2}mv^2 = E + \left(G\frac{mM}{r}\right) \geqq 0 \tag{7.47}$$

となる．最後の不等号は運動エネルギーが常に正であることからきている．つまり惑星の運動範囲は

$$E + \left(G\frac{mM}{r}\right) (\geqq 0) \tag{7.48}$$

を満たす領域でのみ可能である．そこで r を横軸に，$V(r)$ を縦軸にプロットしてみよう（図 7.11）．この場合，$E>0$ と $E<0$ ではようすが異なる．われわれの惑星についていえば，すべての惑星について $E<0$ である．それは以下のようにしてわかる．

上の不等式は $E-V>0$ のことであるから，y 軸の値が E をとる，x 軸に平行な直線を描くと，この直線が $V(r)$ よりも上のところにある領域が，運動の可能な領域である（可動域）．$E>0$ の場合，これはあらゆる r の領域が可動域である．一方，図 7.11 をみてかわるように，$E<0$ では，$r \leqq r_\mathrm{m}$ の範囲でのみ，惑星の運動が可能である．これはわれわれの惑星が無限遠に飛んでいかないことを意味している．

太陽に一度近づいて，その後，無限に飛び出してしまう星もある．これらは $E \geqq 0$ となっている．

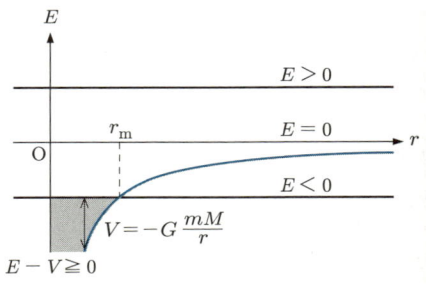

図 **7.11**　$E-V \geqq 0$ の範囲

☞ 太陽に近づくと，角運動量の保存則から，v が大きくなり，遠心力が働く．これにより惑星は太陽に衝突しない．

軌道方程式　万有引力のもとで，運動をする星々の軌道を表すのが，軌道方程式である．軌道方程式は，通常の x,y 座標でなく，角度 θ と中心からの距離 r で表すと便利である．これを極座標とよぶ（図 7.12）．このとき，惑星の軌道方程式は

$$r = \frac{l}{1+\epsilon \cos\theta} \quad (\epsilon \geqq 0) \tag{7.49}$$

と表せる．これは $\epsilon < 1$ の場合，楕円である．角運動量 L とエネルギー E を用いると，l, ϵ は

$$l = \frac{L^2}{GMm^2} \tag{7.50}$$

$$\epsilon = \sqrt{1 + \frac{2L^2 E}{G^2 M^2 m^3}} \tag{7.51}$$

と定義される．ϵ は離心率とよばれるが，その意味はすぐ後で述べる．

☞ このとき，原点（太陽の位置）は楕円の焦点である．楕円の中心でないことに注意．

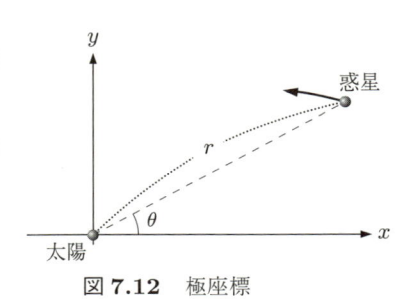

図 **7.12**　極座標

ところで $-1 \leq \cos\theta \leq 1$ であるから，軌道のようすは ϵ が 1 を境に大きく変わることがわかる．$\epsilon < 1$ の場合，太陽からの距離 r は

$$r = r_{\max} = \frac{l}{1-\epsilon} \tag{7.52}$$

$$r = r_{\min} = \frac{l}{1+\epsilon} \tag{7.53}$$

よって惑星は太陽から有限の距離にとどまる．$r_{\min}, r_{\max}$ はそれぞれ近日点，遠日点にあたる．一方，$\epsilon = 1, \epsilon > 1$ はそれぞれ放物線軌道，楕円軌道となる（図 7.13 参照）．

ϵ の意味をもう少し考察しよう．$\epsilon = 0$ に対応するのは円軌道である．式 (7.52) から

$$\frac{r_{\max}}{r_{\min}} = \frac{1+\epsilon}{1-\epsilon} \tag{7.54}$$

となり，ϵ は楕円の円からの「ゆがみ」，つまり「いびつさの程度」を表すことがわかる．離心率の"心"とは円のことで，ϵ は円軌道からどれだけずれているかを表している．

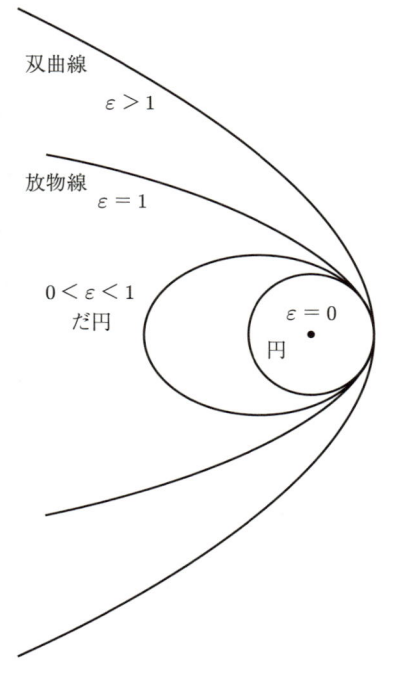

図 7.13 楕円軌道，放物軌道，双曲線軌道

第 1，第 2 宇宙速度　できる限り地表に近く，円軌道で地球を周回する人工衛星を打ち上げるのには，どのくらいの速度が必要であろうか．答えは水平方向に $v_1 = 7.9$ km/s である（図 7.14）．この速さを**第 1 宇宙速度**という．この速さをさらに増やして，ついに初速が $v_2 = 11.2$ km/s に達すると，ロケットは地球の引力圏を離れて宇宙の彼方に飛んでいく．このとき軌道は放物線となる．この速さを**第 2 宇宙速度**という．

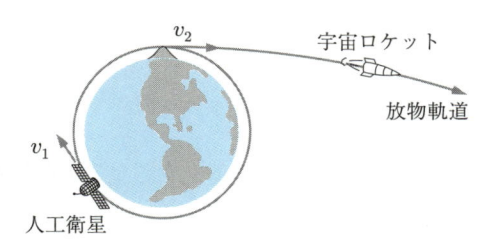

図 7.14 第 1 宇宙速度と第 2 宇宙速度

第 1 宇宙速度を導出しよう．人工衛星は地表近くにあるので，円運動の半径は $R = 6400$ km である．遠心力と重力がつり合うとすると

$$m\frac{v_1{}^2}{R} = mg$$
$$\therefore \quad v_1 = \sqrt{gR} \tag{7.55}$$

一方，第 2 宇宙速度は以下のようにして求められる．地表での力学的エネルギー E は

$$E = \frac{mv_2{}^2}{2} + \left(-G\frac{mM}{R}\right) \tag{7.56}$$

一方，無限遠にぎりぎり到達するとすると，その場合，速さは0になり，運動エネルギーは0，無限なのでポテンシャルエネルギーも0なので，$E=0$ である．力学的エネルギーの保存則を用いると，

$$0 = \frac{m v_2^2}{2} + \left(-G\frac{mM}{R}\right) \tag{7.57}$$

となり，

$$v_2 = \sqrt{\frac{2GM}{R}} \tag{7.58}$$

となる．式 (7.13) から

$$v_2 = \sqrt{2gR} = \sqrt{2}\,v_1 \tag{7.59}$$

$g = 9.8$ m/s^2, $R = 6.4 \times 10^6$ m を代入して，$v_1 = 7.9 \times 10^3$ m/s, $v_2 = 1.1 \times 10^4$ m/s を得る．

気象衛星，放送，通信用の衛星は地表に対して止まっていなければ不便である．これらは<u>静止衛星</u>とよばれる (図 7.15)．

☞ これはあくまで地球の引力圏を脱出する速度である．太陽系を脱出するにはさらに大きな速度が必要となる．

☞ 一方，スパイ衛星は地表近くを何度も周回するように打ち上げる．地表近くだと地球のまわりを第1宇宙速度で回ることで何周もできて，1日に何周もでき，また地球の自転により，少しずつ違う場所の画像もとれる．その上，近くなので写真もより鮮明である．

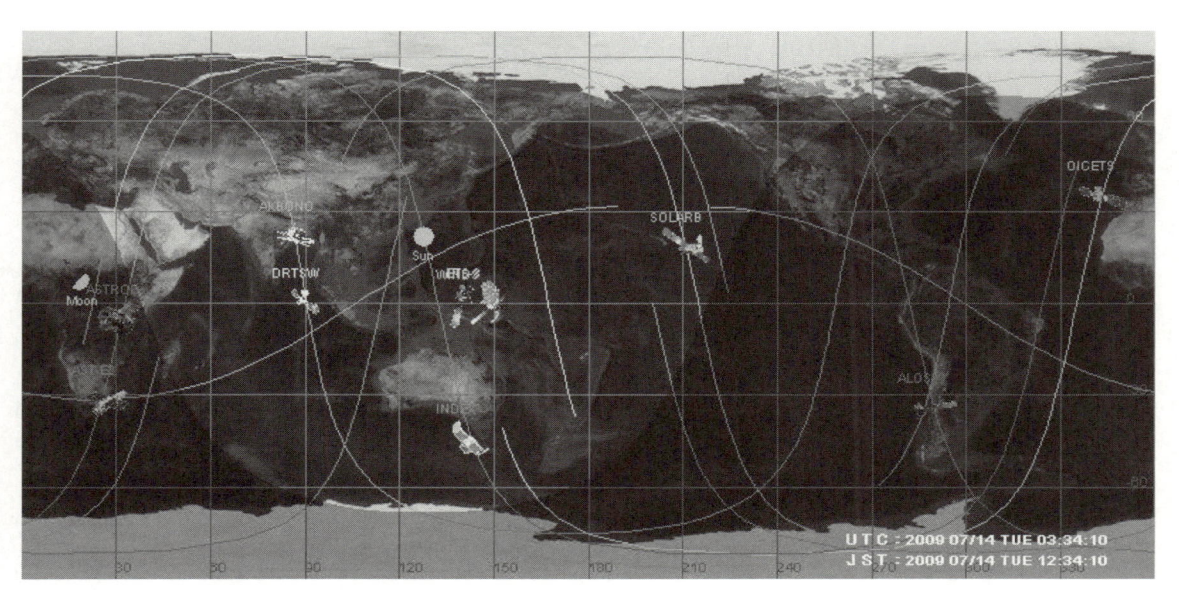

図 7.15 　静止衛星とスパイ衛星の違い．静止衛星は止まっているが，スパイ衛星はサイン関数のような軌道を描く．[JAXA]

静止衛星の地表からの距離を見積もってみよう．静止衛星の高度を h, 地球の半径を R, 自転周期 (24 時間) を T とすると，衛星の速度 v_s は

$$v_\mathrm{s} = \frac{2\pi(R+h)}{T} \tag{7.60}$$

遠心力と重力とのつり合いにより，

$$\frac{v_\mathrm{s}^2}{R+h} = G\frac{M}{(R+h)^2}$$

$$\therefore \quad (R+h)v_s{}^2 = MG = gR^2 \tag{7.61}$$

$$\therefore \quad R+h = \left(g\frac{R^2}{4\pi^2}T^2\right)^{1/3}$$

☞ $R = 6.4 \times 10^6$ m, $T = 24 \times 3600 = 86400$ s を代入する．なお 1 日は約 10^5 s (約 10 万秒)，1 年は約 3×10^7 s(約 3 千万秒) と覚えておくと便利である．

これから $R+h$ は約 42,000 km，h は約 36,000 km となる．これはかなりの距離である．衛星電波を送って，相手届くのに 70,000 km 以上かかる．往復で 140,000 km である．電波は光の一種で 1 秒間に 300,000 km 進む．よって，相手と話すと 0.5 秒の返答の遅れが生じることになる．

例題 7.2　人工衛星からのロケット

地球の半径を R とし，地球の中心から $6R$ の高度にある円軌道の人工衛星を打ち上げたい．この回転速度は第 1 宇宙速度の何倍か．この人工衛星からロケットを宇宙の彼方に飛ばすには，どれだけの速さが必要か．

解　万有引力と遠心力のつり合いから，

$$\frac{v^2}{6R} = G\frac{M}{(6R)^2}$$
$$\therefore \quad v = \sqrt{\frac{GM}{6R}} = \sqrt{\frac{gR}{6}} \tag{7.62}$$

よって，$\dfrac{1}{\sqrt{6}}$ 倍である．

一方，この人工衛星から打ち出すロケットの速さを V とすると，地球から見て，ロケットは $v+V$ の速さをもっている．このとき，力学的エネルギーは

$$E = \frac{m}{2}(v+V)^2 + \left(-G\frac{mM}{6R}\right) \tag{7.63}$$

ロケットが無限遠に到達するためには $E \geq 0$ なので，

$$v + V \geqq \sqrt{\frac{gR}{3}} \tag{7.64}$$

よって，

$$V = \frac{\sqrt{2}-1}{\sqrt{6}}\sqrt{gR} \tag{7.65}$$

となる．

宇宙ロケットの加速度　　第 1 宇宙速度，第 2 宇宙速度を与えることは，経済的にも技術的にも容易ではない．そのため，実際のロケットはガスを噴射しながら加速していくことで，宇宙速度にいきなりならなくても打ち上げられるように工夫している．

さらに第 1 宇宙速度程度の速さで地球の重力圏を脱出する工夫もなされている．わざとロケットを月や地球以外の惑星に接近させ，この惑星の重力によって引っ張ってもらい，加速させるのである．これを「スウィングバイ」とよぶ (図 7.16 参照)．

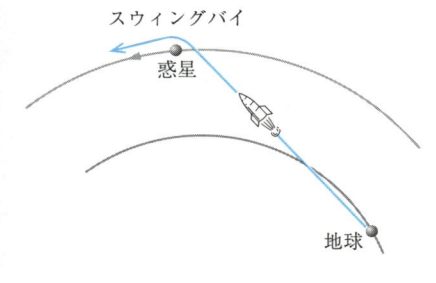

図 **7.16**　惑星を利用したロケットの加速，スウィングバイ．

演習問題 7

1. **恒星の質量の導出** ある恒星に1つの惑星があることが観測された．この軌道は円軌道で半径は r，公転周期は T であった．このことから，この恒星の質量を導出せよ．

2. **彗星の角運動量** 右図に示すように，太陽に向かって速さ v_0 で近づいていく彗星がある．この彗星が太陽に一番接近したときの速さは v，太陽からの距離は R であったとする．太陽への接近の仕方は図のように b だけずれていたとして，v_0 を求めよ．

3. **月の衛星** 地球の質量を M，半径を R，万有引力定数を G とする．
   (a) 地球の表面上での重力加速度 g を，M, R, G で表せ．
   (b) 質量 m の物体が地球の回りを速度の大きさ v で円運動しているとして以下の問いに答えよ．
      i. 円運動の半径 r を求めよ．
      ii. 円運動の周期 T を求めよ．
      iii. r と T の間の関係式を求めよ．
   (c) 人工衛星が地球の表面すれすれに円運動しているとして，そのときの速度を求めよ．$g = 9.8 \text{ m/s}^2$，$R = 6400$ km とすると秒速いくらになるか．
   (d) この人工衛星が地球を1周する時間はいくらか．
   (e) 静止衛星の位置は地球の中心からどの程度の距離にあるか？ケプラーの法則から求めよ．
   (f) 月の半径は地球の $\frac{1}{4}$，重力加速度は $\frac{1}{6}$ である．月の表面すれすれに円運動している月観測衛星 "かぐや" の周期は？
   (g) 上の数値から，月と地球の密度の比を求めよ．

4. **惑星からの脱出**
   (a) 地球の質量を M，半径を R，万有引力定数を G とする．地球の表面上での重力加速度 g を，M, R, G で表せ． ☞ 3.(a) を解いた人はとばしてよい．

   $t = 0$ において，地表から鉛直方向に速さ v_0 で質量 m の物体を打ち上げた．空気抵抗は無視できるとする．

   (b) 物体が地表からの高さ z（地球の中心からだと $R+z$）に達したとき，ポテンシャルエネルギーはいくらか．答えを m, g, R, z で表せ．
   (c) 物体が地表からの高さ z（地球の中心からだと $R+z$）に達したとき，速さはいくらか．答えを v_0, g, R, z で表せ．
   (d) $v_0 = V$ で，物体は無限遠に到達できるようになった．V の値は脱出速度とよばれる．V を g, R で表せ．

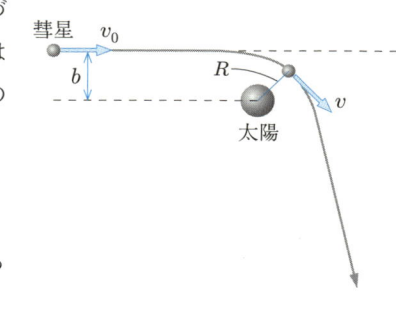

(e) この初速 V で打ち出したとき，高さ z における速度は
$$\frac{dz}{dt} = \sqrt{\frac{2gR^2}{z+R}}$$
となることを示せ．

(f) 上の微分方程式を解いて，
$$z = \left(\sqrt{R}^3 + \frac{3}{2}\sqrt{2gR^2}\,t\right)^{2/3} - R = R\left(1 + \frac{3}{2}\sqrt{\frac{2g}{R}}\,t\right)^{2/3} - R$$
を示せ．示せないときは，微分方程式に代入して示してもよい．

(g) z を t の2次までマクローリン展開 ($t=0$ のまわりのテーラー展開) を行い，1次，2次の項それぞれの物理的な解釈をせよ．また，3次の項の符号はプラスか，マイナスか．
ただし，マクローリン展開の公式
$$(1+x)^{2/3} = 1 + \frac{2}{3}x - \frac{1}{9}x^2 + O(x^3)$$
を用いてよい．

5. ブラックホールの半径 質量 M，半径 R の星を考える．万有引力定数を G とする．

(a) この星の表面から無限遠に行くためには，$v = \sqrt{\dfrac{2GM}{R}}$ の初速が必要であることを示せ．
この速さが光速を超えると，光でも表面から脱出できなくなる．そのとき $R < \dfrac{2GM}{c^2}$ である．この光さえ脱出できない天体が，ブラックホールである．

☞ この半径をシュヴァルツシルト半径とよぶ．

(b) 太陽の質量 M は 2×10^{30} kg である．太陽と同じ重さの星がブラックホールになるには，半径 R はいくら以下か？

6. 月の加速度

(a) 月の地球に対する加速度 $R_月 \omega^2$ を求めよ．$R_月$ は月までの距離で，約 39 万 km，$\omega = \dfrac{2\pi}{T}$，$T = 28$ 日とする．

(b) 地球が月に及ぼす力は $\dfrac{GMm}{R_月{}^2}$ である (M, m はそれぞれ地球と月の質量)．よって月の加速度は
$$\frac{GM}{R_月{}^2} = \frac{GM}{R^2}\left(\frac{R}{R_月}\right)^2 = g\left(\frac{R}{R_月}\right)^2$$
ここで R は地球の半径 6400 km である．これが (a) と一致していることを確かめよ (この一致から地表の重力と月への引力が同じ起源をもつとわかる)．

慣性力

8.1 慣性力

電車の中の力　一時代前の電車は加速，減速が急で人が倒れそうになることがよく起こった．さらに一時代さかのぼると，加速，減速はもっと乱暴で，汽車で寝ているとめがねが落ちてしまうほど急だったようだ．

現在はこのような急な加速，減速は事故，または事故を回避しようとした場合しか起こらないように操作されている．特に新幹線などは車酔いしないように工夫されている．

このような車内で感じる（生じるではなく「感じる」がポイントである）力は，実際に発生した力ではなく，列車が加速したときに現れる見かけ上の力である．このような力はどのようにして現れるのか？　図 8.1 を見てみよう．いま，列車は一定の加速度 α で発車したとしよう．t 秒後には，

$$l = \frac{1}{2}\alpha t^2 \tag{8.1}$$

だけ動く．もちろん，列車の椅子 A も同じだけ前に出る．

ところが，質量 m の頭は慣性の法則により，列車が動き出す前の位置にとどまろうとする．椅子 A が頭の位置に到達すると，頭を強打することになる．何らかの力が働いて頭が椅子にぶつかるというより，なにも力が働かないので頭がぶつかってしまったのだ．

☞ 新幹線の加速度は 1.6 km/h/s 程度である．これは，0.44 m/s^2 で重力加速度の 20 分の 1 以下である．非常にゆっくりした加速だが，100 秒後には時速 160 km になる．

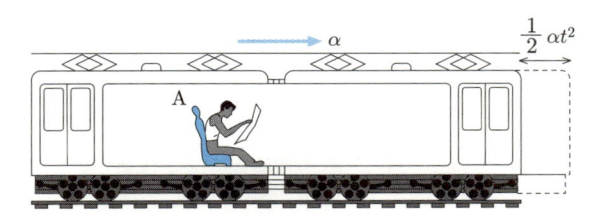

図 8.1　列車内での見かけの力

慣性力　いま，レール上の座標を x 軸，車内での座標を x' 軸とする（図 8.2）．列車は加速しているので，x' は加速している系で測定した座標である．これを**加速度系**とよぶ．はじめにそれぞれの原点 O, O' をそろえておく．t 秒後には O と O' は $l = \frac{1}{2}\alpha t^2$ だけずれる．これより図 8.2 を参考にして，

$$x = x' + \frac{1}{2}\alpha t^2 \tag{8.2}$$

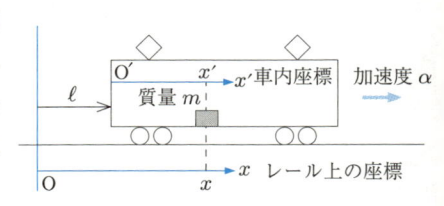

図 8.2　レール上の座標 x と車内の座標 x'

第 8 章 慣性力

となる．ところでニュートンの運動方程式

$$m\frac{d^2x}{dt^2} = F \tag{8.3}$$

は静止している (もしくは等速度運動している) 座標系で成り立つものである．この場合，レール上の座標 x は確かに静止している系での座標である．

☞ 3.2 でニュートンの運動方程式を導入したとき，このことを暗黙に仮定している．

加速度系ではかった座標 x' に関して，ニュートンの運動方程式がどのようになるかは，式 (8.2) を代入してみればよい．

$$m\frac{d^2x}{dt^2} = m\frac{d^2\left(x' + \frac{1}{2}\alpha t^2\right)}{dt^2} = F \tag{8.4}$$

よって，

$$m\frac{d^2x'}{dt^2} = F - m\alpha \tag{8.5}$$

この式が列車上の座標で記述した運動方程式である．すなわち **加速度系では**，「質量」×「加速度」の値に等しい力が，加速度の方向と反対に働く．この力はあくまで見かけ上の力である．真の力 F が働いていない場合，この見かけ上の力のみが働いているように見える．

このような見かけ上の力は，結局，列車内の質量 m の物体が，慣性の法則により静止状態を保つ (もしくは等速直線運動をつづけようとする) ために現れるので，慣性力とよばれる．慣性力 $\boldsymbol{F}_\mathrm{I}$ は，一般に

$$\boldsymbol{F}_\mathrm{I} = -m\alpha \tag{8.6}$$

と書ける．

エレベーターの中　エレベーターの上下運動では，鉛直方向の正と負の加速度が絶えず発生し，慣性力が感じられる．しかも重力が存在するので，その合成となる (図 8.3)．いま，エレベーターは地上の観測者 A からみて，加速度 α で上向きに動いているとする．

質量 m の人体にかかる力は，下向きの重力と上向きの床からの抗力 N である．鉛直上方向を正として，

$$m\alpha = N - mg(= F) \tag{8.7}$$

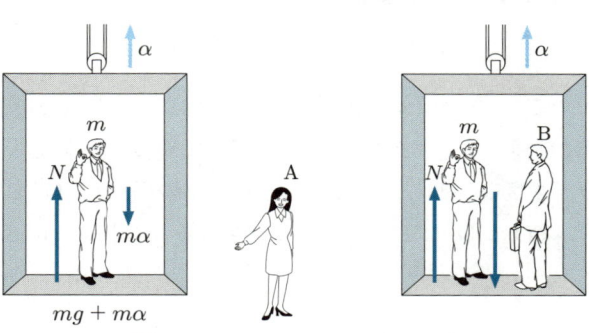

図 8.3　エレベーターの中での力

となる．一方，エレベータの中の観測者 B の立場では，つぎのようになる．B から観測すると，人体は静止しているので，加速度は 0 に見える．一方，力は上の式における F の他に，慣性力 $-m\alpha$ が加わる．よって，

$$0 = N - mg - m\alpha \tag{8.8}$$

$$\therefore \quad N = mg + m\alpha \tag{8.9}$$

α が負の場合，抗力 N は減る．特に $\alpha = -g$ の場合，抗力 N は 0 となる．このとき，人は「地に足がつかない」状態 (無重力状態) となる．

したがって，無重力状態を経験したり，各種の実験を行いたければ，なにも宇宙に命がけで行かなくてもよいことがわかる．北海道の廃坑を利用して無重力の実験を行える．この場合，無重力は数秒しか続かない．また，飛行機で上空にあがり，そこから下方に向かうことで無重力を 30 秒ほど体験できる．

例題 8.1　エレベーターの中の体重

エレベーターの中に置かれた体重計の上に，体重 60 kg の人が乗っている．エレベーターが一定の加速度 $0.98\,\mathrm{m/s^2}$ で下降するとき，体重計の目盛りは何 kg を指すか．

解　体重計と人との間の抗力の大きさ N が，体重計の示す体重である．エレベーターの中で見ると人は静止しているから，これに働く力はつり合っている．この人には，下向きを正として，抗力 $-N$，慣性力 $-m\alpha$ ($\alpha = 0.98\,\mathrm{m/s^2}$)，重力 mg が働いているので，

$$0 = mg - N - m\alpha$$

$$\therefore \quad N = mg - m\alpha$$

$$= 60 \times (9.8 - 0.98)$$

$$= 530\,\mathrm{N} = 54\,\mathrm{kg}重$$

砂の躍り　太鼓の皮 (膜) の上に砂をばらまき，太鼓をたたく．すると砂は激しく躍りながら，膜面に美しい模様をつくる (図 8.4)．

このとき，膜面の 1 点は上下に振幅 A の単振動をしている．膜面の高さを x とすると $x = A\sin(2\pi\nu t)$ である．その加速度 α は

$$\alpha = -A(2\pi\nu)^2 \sin(2\pi\nu t) \tag{8.10}$$

となる．ν は膜の振動数である．このため，砂が膜から受ける抗力は，エレベーターの場合を同じように，

$$N = mg - \alpha = mg + mA(2\pi\nu)^2 \sin(2\pi\nu t) \tag{8.11}$$

となる．

図 8.4　砂の躍り

この式からわかるように，$N \leqq 0$，すなわち

$$A(2\pi\nu)^2 \sin(2\pi\nu t) \leqq -g \tag{8.12}$$

のとき，砂に働く抗力は 0 となり，砂はまくから離れて「踊り出す」．
$\sin(2\pi\nu t) = -1$ となるときが，上式の左辺の最小値なので，
$$-A(2\pi\nu)^2 \leq A(2\pi\nu)^2 \sin(2\pi\nu t) \leq -g \tag{8.13}$$
これを書き直すと，
$$(2\pi\nu)^2 \geq \frac{g}{A} \tag{8.14}$$
すなわち，膜の振動数 ν が $\sqrt{\dfrac{g}{4\pi^2 A}}$ よりも大きいとき，または振幅 A が $\dfrac{g}{(2\pi\nu)^2}$ よりも大きいとき，砂は踊り出す．太鼓の振幅 A は場所によって異なる．太鼓の縁付近では小さく，真ん中付近で大きい．よって真ん中付近で砂が飛び跳ねる．

等価原理　「銀河鉄道」は，一定の加速度で無限に伸びた直線の線路を走り続ける．ここで生まれ育った人は，窓から星を見つめているが，自分が銀河鉄道に乗っているとは想像できない．この人には常に後方に力が働いているように感じられる．つまりすべてものが，列車の後方に「落下」する (図 8.5)．

図 **8.5**　銀河鉄道の中での物体の落下

この列車の中で育ったリンゴの木は，列車の後方に壁から垂直に伸び，リンゴの実は壁に垂直に落ちる．したがってここに住む人は，子どもの頃から，壁に垂直に立って生活するようになる．

しかもこの人は，子どもの頃から，自分のまわりに存在する力は，その質量 m に比例するということがわかる．このため，この人は地球の重力の下で育つ人と同じ経験をする．そのため，銀河鉄道で生まれ育った人にとっては，身の回りに働く力を実際の重力と考えてしまう．この人にとって，重力と加速度運動による見かけ上の力 (慣性力) を区別することはできないのである．

このように**原理的に**重力と慣性力は区別できないと要請するのが**等価原理**である．

もう少し，等価原理について考察してみよう．地球上の重力は
$$F = mg = -G\frac{Mm}{r^2} \tag{8.15}$$

である．m は物体の質量であるが，これは万有引力の中に現れるものであるから，重力を測定することによって決まる．こうして決まる質量を**重力質量**とよび，m_G と表す．

一方，慣性力によって表される質量は，ニュートンの運動方程式に現れる質量であり，これはもともとの物体の慣性を表すものである．このため，こうした質量を**慣性質量**とよび，m_I で表す．

$$m_G = m_I \tag{8.16}$$

ということは証明できない．等価原理はこの重力質量と慣性質量が等しいことを，物理学の基本法則として要請しているのである．

8.2 遠心力

ディズニーランド　ディズニーランドにスペースマウンテンというアトラクションがある．まわりは暗く，宇宙船は急加速．しかも横方向の加速度も加わり，内臓が飛び出すと思うほどである．

この横方向の加速度は，くねくねと曲がることによって生じる．この「くねくね」は円運動を組み合わせたものと考えられる（図 8.6）．そこでわかりやすくするために，円軌道を描く回転する小部屋 A を考えよう（図 8.7）．小部屋が「宇宙船」にあたる．時間が経つと，小部屋 A は A′ まで移動する．このとき，小部屋の中の質量 m の物体 B は，慣性の法則によって等速直線運動をするので B′ に移動する．この見方は小部屋の外にいる観測者によるものであることに注意したい．

図 **8.6**　スペースマウンテンの軌道．円軌道の組み合わせと考えられる．

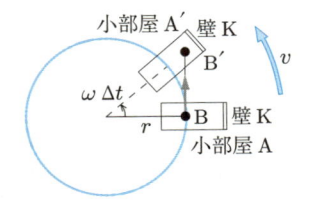

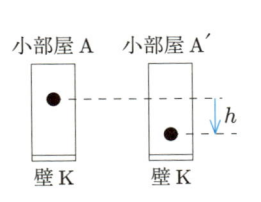

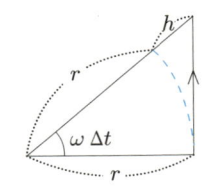

図 **8.7**　円運動する小部屋 A

ところがこの小部屋にいる人には，質量 m の物体が，時間が経つと壁 K に近づくように見える．この壁を「下」とすれば，物体は下に落下しているように見える．この落下は見かけの力であり，前節で述べた慣性力の一種によるものである．

すでに半径 r，速度 v の等速円運動の加速度は，動径方向に $\dfrac{v^2}{r}$ となることを知っているので，前節の説明を拡張して，慣性力は

$$F_I = -m\alpha = -m\frac{v^2}{r} \tag{8.17}$$

となる．これが**遠心力**である．

第 8 章 慣性力

遠心力　遠心力による加速度を導出しておこう．図 8.7 で，速さ v の等速円運動では，その角速度 ω は $\dfrac{v}{r}$ で与えられる．微小時間 Δt の間に，小部屋は $\omega\,\Delta t$ だけ回転する．この間に物体は h だけ，壁 K に向かって「落下」する．図を見て明らかなように，落下距離 h は

$$(r+h)\cos(\omega\,\Delta t) = r \tag{8.18}$$

☞ 式 (4.41) 参照

をみたし，Δt が小さいとき，$\cos(\omega\,\Delta t) \fallingdotseq 1 - \dfrac{(\omega\,\Delta t)^2}{2}$ を満たすので，

$$h \fallingdotseq \frac{1}{2} r(\omega\,\Delta t)^2 \tag{8.19}$$

☞ ここで h は r に比べて，$\omega\,\Delta t$ は 1 に比べてはるかに小さいとして，$h(\omega\,\Delta t)^2$ の項を無視した．

を得る．

一方，この物体に α という加速度が働いているとすると，物体は $\dfrac{\alpha\,\Delta t^2}{2}$ という距離だけ落下する．よって

$$\frac{1}{2} r(\omega\,\Delta t)^2 = \frac{1}{2}\alpha\,\Delta t^2$$
$$\therefore\quad \alpha = r\omega^2 \tag{8.20}$$

よって，

$$F_\mathrm{I} = -m\alpha = -mr\omega^2 \tag{8.21}$$

が得られる．

遠心力は円の中心から外側に向かって働くから，

$$\boldsymbol{F}_\mathrm{I} = m\omega^2 \boldsymbol{r} \tag{8.22}$$

と書ける．あるいは，この回転面を x-y 面とすると，

$$\boldsymbol{F}_\mathrm{I} = m\omega^2 (x, y) \tag{8.23}$$

である．

遠心力さまざま　洗濯機の機能の 1 つ，脱水は遠心力を利用して「水を切る」．脱水機の回転速度は速く，たとえば 1 秒間に 10 回転 ($= 20\pi$ ラジアン) とすると

$$\omega = 20\pi\,\mathrm{s}^{-1} \tag{8.24}$$

となる．脱水機の筒の半径を $50\,\mathrm{cm} = 0.5\,\mathrm{m}$ とすると，遠心力の加速度は

$$\alpha = r\omega^2 \tag{8.25}$$
$$= 0.5 \times (20\pi)^2 \tag{8.26}$$
$$= 1974\,\mathrm{m/s^2} \tag{8.27}$$
$$= 201g \tag{8.28}$$

つまり重力加速度のおよそ 200 倍である．これは水に加わる慣性力となるので，重力の 200 倍の慣性力が働くことになる．洗濯物を脱水装置にかけ

ずに干した場合，重力により水がしたたり落ちるが，脱水装置はその200倍の力で水を切ってくれるのである．

同じような装置に，液体中の各成分を仕分けるのに用いられる，**遠心分離機**というものがある．この原理も簡単である．コップに溶液を静かに放置すると，重いものほど下にたまる．たとえば，家庭でつくった生ジュースをコップに入れてテーブルに静かに置く．すると下澄みには，果物の皮などの重い成分がたまる．そして上澄みはほとんど透明な甘い水溶液となる．

この重力による仕分けを遠心力で行うのが遠心分離機である．遠心分離機を用いれば，重力中に静かに置いておくより，はるかに早く正確に仕分けを行える (図8.8)．

注1
http://www.araimasu.jp/
注2
http://www.med.nihon-u.ac.jp/department/saisei/index.html

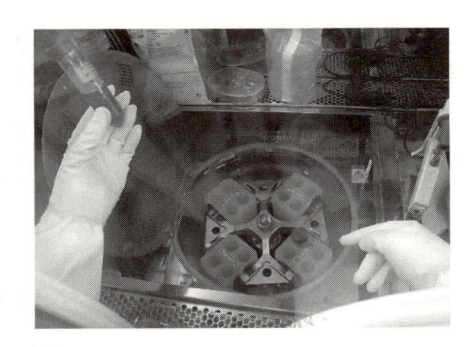

図 8.8 脱水機[注1] と遠心分離機[注2]

遠心分離機はさまざまな科学技術に応用されている．原子力発電の燃料に使う濃縮ウランを取り出すにも遠心分離機が使われる．遠心分離機はこのような用途にも使えるので，輸出に厳しい制限がかけられている．

遠心分離機は医学の分野にも応用されている．代表的な例が血液検査である．血液を遠心分離機にかけると，血球と血清とに分けられる．この血清部分を調べることで，肝臓，腎臓などの障害がわかるのである．

☞ ウランはさまざまな同位体からなる．同位体は化学的な性質は同じであるが，質量，核反応の性質が異なる．このうち，原子力発電に適した同位体だけを遠心分離機で抽出するのである．

例題 8.2　赤道と北極の重力加速度

赤道半径が北極方向の半径よりも $\frac{1}{300}$ 大きいとすると，赤道の重力加速度は何パーセント，小さくなるか？　赤道における遠心力の効果はどの程度か？

解　$|x|, |nx| \ll 1$ のとき，$(1+x)^n \fallingdotseq 1+nx$ を使うと，$\left(1-\frac{1}{300}\right)^2 \fallingdotseq 1-\frac{1}{150}$．
よって $\frac{1}{150} = 0.67\%$．重力加速度に直すと，$g \times \frac{0.67}{100} = 0.066 \text{ m/s}^2$．
遠心加速度は $\frac{v^2}{R} = R\omega^2$．$\omega = \frac{2\pi}{24 \cdot 60 \cdot 60} = 0.000073$ ラジアン/s．加速度は 0.034 m/s^2．

8.3 コリオリの力

傘回し　雨の日，子どもが傘を回しているようすを考えよう (図 8.9)．このとき，傘から水滴が飛び出していく．その方向は傘の骨と垂直な方向である．

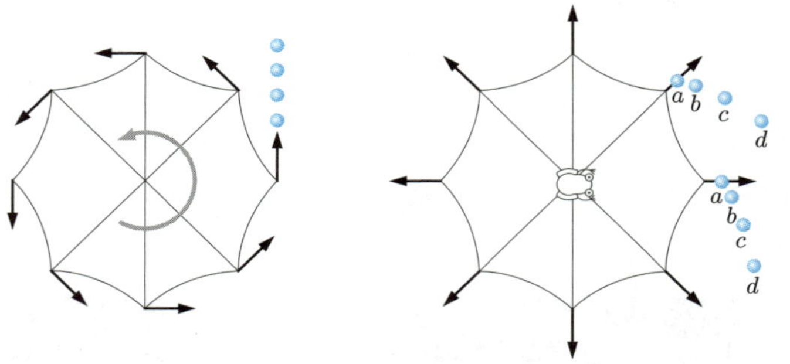

(a)　2 階から見た子どもの傘回し．水滴は回転速度の方向に飛ぶ．

(b)　傘の中心のカエルから見ると…．水滴は動径方向 (傘の骨の方向)，外側に飛ぶが…．

図 8.9　傘回しをしたときに水滴の飛ぶ方向

このようすを傘の中心にいる蛙から見たとしよう．この蛙からは水滴は骨の方向 (動径方向) に飛び出しているように見える．つまり遠心力が働いているように感じるのである．しかしそれだけではない．蛙自体，回転しているので，体がどんどん左回りにずれていく．このため，傘からいったん飛び出した水滴は，そのまままっすぐに飛んでいるようには見えず，少し右回りに軌道を描くように見えるはずである (図 8.9 の a, b, c, d, $\cdots$)．蛙にとっては，水滴には，遠心力の他に，軌道を右にずらす力が見かけ上，観測されるのである．

このことをもう少し，定量的に調べるために，一定の角速度 ω で回転する半径 r の円板を考える (図 8.10)．円板面の摩擦はないと考えると，中心 O から速さ v で点 A をめがけて打ち出された物体は，そのまま，慣性の法則で直線運動をして，はじめに A があった方向に向かう．これが地上に静止している観測者の観点である．しかしこの間に円板は回転しているので，

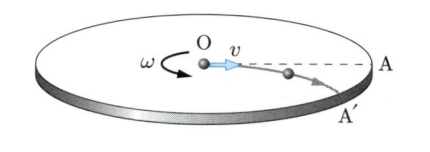

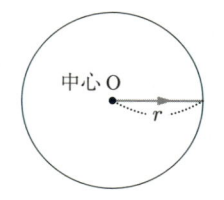

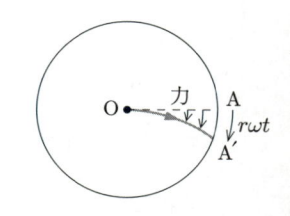

(a)　円板の外の観測者　　(b)　円板上の観測者

図 8.10　コリオリの力

A 点は動いてしまう．物体が $\dfrac{r}{v}$ だけの時間をかけて円の縁に到達したとき，そこははじめにねらっていた A 点ではなく，A′ の位置である．

これを円板の中心にいる観測者から見ると，点 A をねらって打ったのに，物体の軌道はそれて A′ に行ってしまうようになる．これは物体の軌道に垂直に，右向きの力が発生したためだと解釈してしまう．

円板の回転運動は，等速直線運動ではないので慣性力が働くことになる．この「右にずらす」力も慣性力の一種である．これを**コリオリの力**という．

コリオリの力　　ここでコリオリの力の大きさを求めよう．図 8.10 で A から A′ へと軌道をずらす力があるとして，それによる加速度を β とする．等加速度運動を考えると，この加速度によって動く距離は，$\dfrac{\beta t^2}{2}$ である．O から A′ に行くまでにかかる時間は，$\dfrac{r}{v}$ なので，軌道のずれは

$$h = \frac{1}{2}\beta t^2 = \frac{1}{2}\beta\left(\frac{r}{v}\right)^2 \quad \text{(中心 O にいる円板上の観測者)} \tag{8.29}$$

ところで図 8.10 からわかるように A と A′ の距離は，t が十分小さく弧の長さを直線で近似できるとすると，

$$h = \overline{\mathrm{AA'}} = r\omega t = \frac{\omega r^2}{v} \tag{8.30}$$

である．よって，

$$\frac{1}{2}\beta\left(\frac{r}{v}\right)^2 = \frac{\omega r^2}{v} \tag{8.31}$$
$$\therefore \quad \beta = 2\omega v$$

となる．よって慣性力の一種であるコリオリの力は

$$F_c = m\beta = 2m\omega v \tag{8.32}$$

コリオリの力の方向は，速度 $\boldsymbol{v}$ に垂直で，進行方向右向きである．いま，回転の角速度 ω を，ベクトル $\boldsymbol{\omega}$ に拡張する．大きさは ω，方向は円板に垂直で，円板の回転に対してねじが進む向きとする（図 8.11）．この場合，$\boldsymbol{\omega}$ は z 方向である．一方，回転が上から見て時計回りなら $\boldsymbol{\omega}$ は z 方向負の向きである．

このように考えると，$\boldsymbol{v}$ を y 軸，$\boldsymbol{\omega}$ を z 軸方向にとることができる．このとき，コリオリの力は x 軸を向いている．これをベクトル $\boldsymbol{F}_c$ で表すと，これは $\boldsymbol{v}, \boldsymbol{\omega}$，両方に対して垂直である．よって $\boldsymbol{F}_c$ は 7.2 節で説明したベクトル積を用いて，

$$\boldsymbol{F}_c = 2m(\boldsymbol{v} \times \boldsymbol{\omega}) \tag{8.33}$$

☞ これは円板の回転方向があくまで上から見て反時計回りだからである．時計回りの場合，進行方向左向きとなる．例題参照．

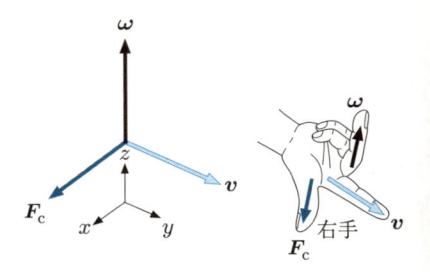

図 8.11 コリオリの力 $\boldsymbol{F}_c$ の向き

となる.

> **例題 8.3　地球上の水平面での円運動**
>
> 地球上のなめらかな水平面上を，速さ v で発射された質量 m の物体は，コリオリ力により円運動を行う．このときの円運動の半径を求めよ.

解　北半球を考える．鉛直方向を z 軸に，水平方向のうち東を x 軸，北を y 軸とする．緯度を α とすると，地球の自転の角速度ベクトルは $\boldsymbol{\omega} = \omega(0, \cos\alpha, \sin\alpha)$ である．物体の初速度をたとえば $\boldsymbol{v} = (v, 0, 0)$ とおくと，コリオリ力による加速度は，

$$\boldsymbol{a} = 2\boldsymbol{v} \times \boldsymbol{\omega} = 2v\omega(0, -\sin\alpha, \cos\alpha) \tag{8.34}$$

となる．z 成分は重力加速度よりもはるかに小さいので，無視できる．y 成分と遠心力のつり合いから，

$$\frac{mv^2}{r} = 2mv\omega\sin\alpha$$

$$\therefore \quad r = \frac{v}{2\omega\sin\alpha}$$

となる．なお，この円運動の角速度は $2\omega\sin\alpha$ である．

　博物館などで見かけるフーコーの振り子を考えてみよう．上の例題と同じように，北半球を考え，鉛直方向を z 軸に，水平方向のうち東を x 軸，北を y 軸とし，緯度を α とする．地球の自転の角速度ベクトルは $\boldsymbol{\omega} = \omega(0, \cos\alpha, \sin\alpha)$ である．振り子は微小振動しているとして，$\dot{z}$ を無視し，物体の速度を $\boldsymbol{v} = (\dot{x}, \dot{y}, 0)$ とおくと，運動方程式は

$$m\frac{\mathrm{d}^2 x}{\mathrm{d}t^2} = -mg\frac{x}{l} + 2m\omega\dot{y}\sin\alpha \tag{8.35}$$

$$m\frac{\mathrm{d}^2 y}{\mathrm{d}t^2} = -mg\frac{y}{l} - 2m\omega\dot{x}\sin\alpha \tag{8.36}$$

となる．第 1 式に $-y$ を，第 2 式に x を掛けて加えると，

$$x\ddot{y} - \ddot{x}y = -2\omega(x\dot{x} + y\dot{y})\sin\alpha \tag{8.37}$$

となる．これはちょうど

$$x\dot{y} - \dot{x}y = -\omega(x^2 + y^2)\sin\alpha + \text{定数} \tag{8.38}$$

を微分した形になっている．最下点を通ることを条件とすると $(x, y) = (0, 0)$ が上の方程式を満たすので，定数は実は 0 である.

　定数を 0 とした式に，極座標，$(x, y) = (r\cos\phi, r\sin\phi)$ を代入しよう．

$$\dot{x} = \frac{\mathrm{d}}{\mathrm{d}t}(r\cos\phi) = \dot{r}\cos\phi - r\dot{\phi}\sin\phi \tag{8.39}$$

$$\dot{y} = \frac{\mathrm{d}}{\mathrm{d}t}(r\sin\phi) = \dot{r}\sin\phi + r\dot{\phi}\cos\phi \tag{8.40}$$

なので，式 (8.38) は

$$r^2\dot{\phi} = -\omega r^2 \sin\alpha \tag{8.41}$$

となる．よって

$$\dot{\phi} = -\omega\sin\alpha \tag{8.42}$$

これは，振り子の振動面が $\omega \sin \alpha$ の角速度で回転していることを意味している．緯度30°ではちょうど2日で1周する．

以上より，地下にこもって空がまったく見えない状況でも，フーコーの振り子によって地球が自転していることを示すことができる．実験室にこもり万有引力定数を決定することで，地球の重さを決定したキャベンディッシュの実験(第7章)を思い出させる．

コリオリの力の世界　　地球上でコリオリの力が主役を演じるのは，気象現象である．たとえば，高気圧 (H) から低気圧 (L) に吹き込む風の動きに注目しよう．HとLを結ぶ直線方向に風が吹くならば，すぐのその気圧差は解消するはずである (図 8.12)．実際には，いったん発生した高気圧，低気圧は相当長い間，存在し続ける．

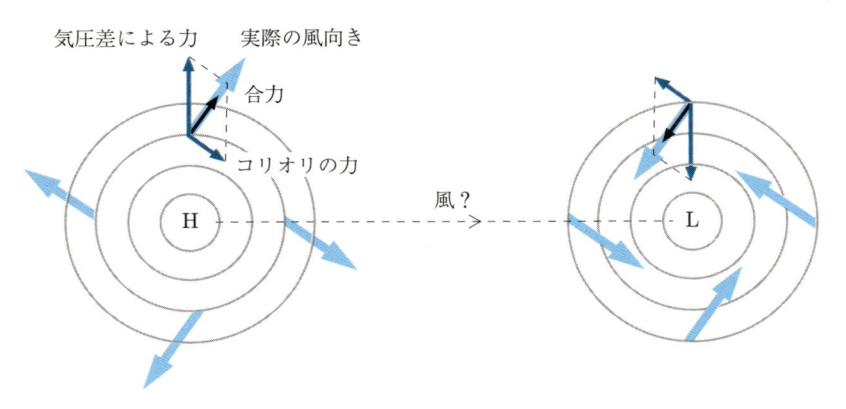

図 8.12 低気圧と高気圧

この長い持続時間の原因の1つは，コリオリの力のために，風の方向が曲がってしまうためである．図のように風は等高線に垂直には吹かないで，北半球では右にずれる．風は低気圧，高気圧の中心に吹き込むというより，そのまわりに渦を巻くように流れ，気圧差が簡単には解消しないのである．

熱帯性低気圧である台風(ハリケーン，サイクロンなど，地域によって名前はいろいろである)の目ができるのも，このコリオリの力による．

冬場の西高東低の気圧配置と風向きや，北半球中緯度における西から東への偏西風，低緯度における東から西への貿易風は，コリオリの力が原因の1つとなっている．

☞　風の向きは気圧差による力，コリオリ力，地面との摩擦力のつり合いで決まっている．

☞　偏西風のため，天気は西から変わってくる．また，ヨーロッパ，アメリカを結ぶ航空便は，西から東に行く方が，東から西よりも飛行時間が短い．ヨーロッパに行く場合，行きが12時間程度，帰りは11時間程度と，1時間ほどの差が出る．飛行機は音速近くで飛ぶので，偏西風がいかに大きい速度をもっているかがわかる．

―― 例題 8.4　台風の渦 ――――
北半球の台風の渦の巻き方を求めよ．また南半球ではどうなるか．

解　南半球では，角速度ベクトルが地面に対して下向きの成分をもっている．この場合，コリオリ力は式 (8.33) より，進行方向左向きに働く．よって台風の渦は，北半球では上空から見て反時計回りであるが，南半球では時計回りになる．

演習問題 8

1. **円錐振り子** 長さ l のひもに質量 m のおもりをつけ，ひもの運動が円錐面をなすように回したものが，円錐振り子である．円運動の角速度 ω と頂角 θ の関係を述べよ．

2. **電車の中の振り子** 長さ l のひもに質量 m のおもりをつけた振り子が電車の天井から吊されている．電車は加速度 a の等加速度運動を行っているとする．
   (a) おもりが重力と慣性力とでつり合って電車の中の人から見ると静止している．このときのひもの鉛直方向からの傾きを求めよ．
   (b) 振り子は上に求めた角度 θ のまわりに微小振動する．このときの振り子の振動の周期を求めよ．
   (c) おもりが進行方向と垂直 (図の場合，紙面に垂直) に振動する場合の周期はどうなるか．

3. **バケツの水の回転** 図のように水の入ったバケツを角速度 ω で回転させると，やがて内部の水も同じ角速度で回転するようになる．すると水の中心付近はくぼみ，水面は曲面になる．
   このとき，図に示すように回転軸からの距離を y，鉛直方向の距離を z とする．水面の関数形は $z = f(y)$ となる．
   いま，水面の微小部分のまわりの質量を Δm ととると，これに重力 $(\Delta m)g$ と遠心力 $(\Delta m)y\omega^2$ が働き，水圧とつり合っている．
   (a) このとき，
   $$\frac{\Delta z}{\Delta y} = \frac{y\omega^2}{g}$$
   となることを示せ．
   (b) この関係を与える関数形 $z = f(y)$ は放物線となることを示せ．

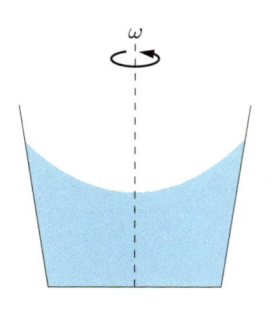

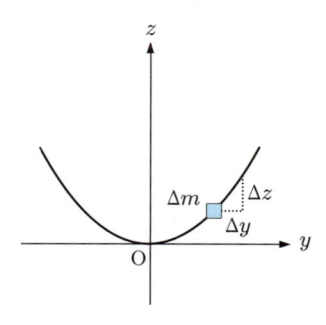

電車の中の振り子

バケツの中の水

9 剛体の運動

9.1 剛体の運動

剛体の運動　**剛体**は，かたい物体のことで，運動中に変形しないものをさす．剛体といえども，この中の微小部分を考えれば，それらはすべてニュートンの運動方程式にしたがって運動しているから，剛体全体の運動もニュートンの運動方程式から導出される．

いま，剛体がある回転軸 (一定軸＝方向が不変な軸) のまわりに，角速度 ω で回転している場合を考えよう (図 9.1)．このとき，剛体に考えた微小部分 (質量 Δm) もまた，角速度 ω で回転する．

角速度 ω を変化させるものは，各部分に加わる力のモーメントの総和である．微小部分に加わる力のモーメントを n と書くと，全体の力のモーメントの総和 N は，

$$N = n \text{ の総和} \tag{9.1}$$

となる．

さて，微小部分は角速度 ω，半径 r で円運動するから，その角運動量 l の時間変化率が力のモーメントになる (7.2 節の式 (7.43) 参照)．

$$\frac{dl}{dt} = n \tag{9.2}$$

あるいは，

$$(\Delta m) r^2 \frac{d\omega}{dt} = n \tag{9.3}$$

ここですべての微小部分について和をとる．ω はすべての微小部分で同じ値をとり，よって $\frac{d\omega}{dt}$ は共通であるので，

$$I \frac{d\omega}{dt} = N \tag{9.4}$$

の形が得られる．ここで I は $(\Delta m) r^2$ という値の総和で，**慣性モーメント**とよばれる．

まわりにくさの程度　上で求めた式で，N が一定の場合，I が大きいほど

$$\frac{d\omega}{dt} \propto \frac{1}{I} \tag{9.5}$$

となるので，$\frac{d\omega}{dt}$ は小さくなる．つまり，角速度の変化率は小さくなるわけである．このことから，I の大きさは，「回転しにくさ」を表していることがわかる．

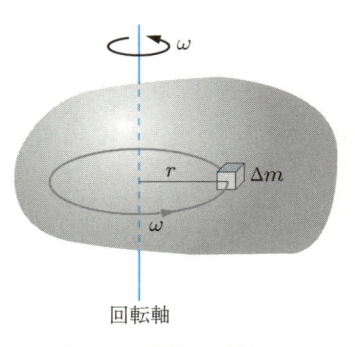

図 9.1　剛体の回転

ここでニュートンの運動方程式を考えてみよう.
$$m\frac{dv}{dt} = F \tag{9.6}$$
右辺の F が一定ならば, 上の式は,
$$\frac{dv}{dt} = \frac{F}{m} \tag{9.7}$$
を表す. つまり, m が大きいほど, 速度の変化率は小さい. この意味で質量 m は「加速されにくさ」「動きにくさ」を表していた.

このようにして m と I, v と ω, F と N が対応関係にある. また, N は F に対応しているとすると, 式 (9.2) より, 角運動量 $I\omega$ は運動量 p に対応することがわかる.

$$\begin{array}{ccc} m & \leftrightarrow & I \\ v & \leftrightarrow & \omega \\ p & \leftrightarrow & I\omega \\ F & \leftrightarrow & N \end{array} \tag{9.8}$$

たとえば, 質点の運動エネルギー K は
$$K = \frac{1}{2}mv^2 \tag{9.9}$$
であったから, 上記の対応から回転の運動エネルギーは
$$\text{回転の運動エネルギー}(K) = \frac{1}{2}I\omega^2 \tag{9.10}$$
となる.

☞ 原子力発電は, なるべく一定量の発電をするように運転した方が効率がよい. 昼はオフィス, 工場が電力を使うので電力消費量が多く, それをまかなうように発電するため, 夜間の電力は余ってしまうのである. そのため, 契約によっては夜間の電力を安くし, なるべく夜間に電力を使ってもらうようにしている.

☞ 回転でなく通常の運動エネルギーを蓄える場合, 非常に長い場所が必要となる. 一方, 回転運動の場合, 場所はコンパクトですむ.

慣性モーメントカー　　エコカーとして注目される電気自動車, あるいはハイブリッドカーは, 主に夜間に余った電気を充電したり, 減速走行中に充電して, バッテリーに電気を蓄え, これによりガソリンを節約する. ところがアメリカなどで研究されているのは, バッテリーという取り扱いにくいものを使わず, 大きな円板を夜間にモーターで回転させ, 回転の運動エネルギーをたっぷり蓄え, これによって昼間, 自動車を走らせるというものである.

これが可能ならば, 電力会社などでも, 夜間に余った電気を, 慣性モーメントが大きな円板の回転の運動エネルギーとして蓄え, 昼間このエネルギーで発電して家庭に送電すればよい. 実際にこのような「慣性モーメント充電」というべき蓄電方式は, 東京電力などで研究された.

これらの装置で大事なポイントは, 回転の運動エネルギーを大きくするために, 慣性モーメント I の大きいものをつくり, なおかつ, 夜間にこれをなるべく高速で回転させることである. しかし回転の角速度 ω をやたらに大きくはできない. ω が大きくなると, 騒音問題も発生する. よって, なるべく大きな I の物体をつくり, ω は大きくなくても回転の運動エネルギーは大きくできるものが必要となる.

このような大きな I を実現するためには，どのような質量分布がよいであろうか．

$$I = \Delta m\, r^2 \text{の総和} \tag{9.11}$$

であるから，質量が回転軸からなるべく遠く（r が大きな位置）に配分されていると，慣性モーメントが大きくなる．たとえば図 9.2 のように，質量が半径 a の円板に一様に分布しているよりは，質量が円板の縁にのみ分布している方が，I は大きい．自転車の車輪の形が図 9.2 の (b) のようなリング状になっているのはこのためである．

☞ 円板の慣性モーメントは演習問題 9.1 を参照．

(a) $I = \dfrac{1}{2} Ma^2$ (b) $I = Ma^2$

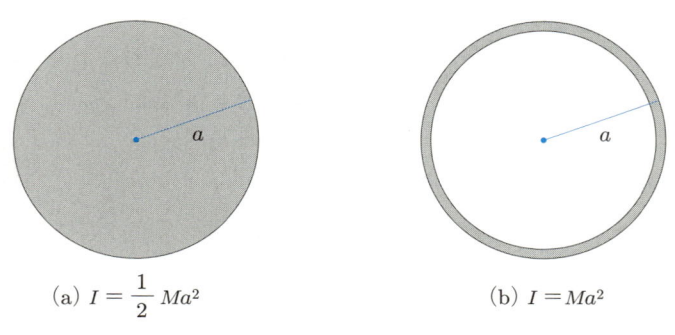

図 9.2 円板とリングの慣性モーメント

剛体の運動方程式　　剛体の運動方程式

$$I \frac{d\omega}{dt} = N \tag{9.12}$$

を，角運動量の総和 L を用いて，

$$\frac{dL}{dt} = N \quad (L = I\omega) \tag{9.13}$$

と書くことができる．ここに

$$L = l\text{の総和} = (\Delta m) r^2 \omega \text{の総和} \tag{9.14}$$

☞ これは $m\dfrac{dv}{dt} = \dfrac{dp}{dt}$ とすることに対応している．

である．もちろん，$N = 0$ の場合，$L = $ 一定 であり，角運動量の保存則が成り立つ．

先にスケートのスピンについて触れたが (7.2 節)，スケート選手が腕を伸ばしていると I は大きく，うでを縮めていると I は小さい．後者の方がスケート選手の身体の質量分布が回転軸の近くにあるためである．

$$L = I\omega = \text{一定} \tag{9.15}$$

より，I が小さい方が ω は大きくなる．

剛体の回転の運動方程式は一般化できる．力のモーメント $\boldsymbol{N}$ を

$$\boldsymbol{N} = \boldsymbol{r} \times \boldsymbol{F} \tag{9.16}$$

で定義する．角運動量ベクトル $\boldsymbol{L}$ は，角速度ベクトル $\boldsymbol{\omega}$ を用いて，

$$\boldsymbol{L} = I\boldsymbol{\omega} \tag{9.17}$$

☞ 式 (7.43) 参照.

と書ける．これより一般に

$$\frac{d\boldsymbol{L}}{dt} = \boldsymbol{N} \tag{9.18}$$

となる．あるいは,

$$I\frac{d\boldsymbol{\omega}}{dt} = \boldsymbol{N} \tag{9.19}$$

である．これは質点の運動方程式

$$m\frac{d\boldsymbol{v}}{dt} = \frac{d\boldsymbol{p}}{dt} = \boldsymbol{F} \tag{9.20}$$

に対応する．

運動方程式 (9.19) の中の $\frac{d\boldsymbol{\omega}}{dt}$ は，$\boldsymbol{\omega}$ の大きさの変化率だけでなく，$\boldsymbol{\omega}$ の方向の変化率も含んでいる．つまり，回転軸方向が時間的に変化する場合も記述できる．これらの運動はたとえば，コマの歳差運動でみられる．

9.2 慣性モーメントの計算

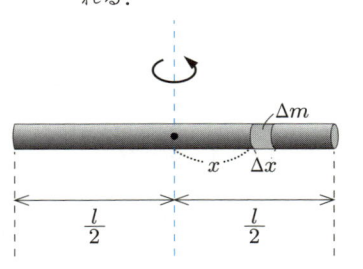

棒の慣性モーメント 　慣性モーメント I を計算するためには，剛体の微小部分について，$\Delta m\, r^2$ を足し合わせればよい．簡単なのは，長さ l の軽い棒の両端に質量 m の質点がついている場合である．重心のまわりの慣性モーメントは，この場合,

☞ この例は非常に簡単であるが，重要である．2 原子分子 O_2, N_2 分子などの運動はこの慣性モーメントで記述される．

$$I = 2 \times m \times \left(\frac{l}{2}\right)^2 = \frac{ml^2}{2} \tag{9.21}$$

となる．

次に質量 M，長さ l の棒を，棒の中心を通る軸のまわりで回転させる場合を考えよう (図 9.3)．回転軸から x の位置に Δx という微小部分を考えると，棒の線密度は $\frac{M}{l}$ であるので,

図 9.3　棒の慣性モーメント

$$\Delta m = \left(\frac{M}{l}\right)\Delta x \tag{9.22}$$

したがって,

$$\begin{aligned}I &= (\Delta m)r^2\text{の総和} \\ &= \left(\frac{M}{l}\right)x^2\Delta x\text{ の総和}\end{aligned} \tag{9.23}$$

となる．

ここで $x^2\Delta x$ の総和は積分で書けることに注意しよう．

$$x^2\Delta x\text{ の総和} = \int_{-l/2}^{l/2} x^2 dx = \frac{l^3}{12} \tag{9.24}$$

よって,

$$I_{棒} = \frac{M}{l}\frac{l^3}{12} = \frac{1}{12}Ml^2 \tag{9.25}$$

いろいろな形に対するの慣性モーメントは積分によって計算できる．表 9.1 にその結果を示す．

表 **9.1** いろいろな剛体に対する慣性モーメント．回転軸は重心を通るとする．そうでない場合も式 (9.27)，式 (9.28) から求めることができる．

剛体の形	回転軸 (重心を通るとする)	慣性モーメント I
長さ l の棒	棒に垂直	$\frac{1}{12}Ml^2$
長方形 (辺の長さ a,b)	辺 b に平行	$\frac{1}{12}Ma^2$
立方体 (辺の長さ a)	面に垂直	$\frac{1}{6}Ma^2$
半径 a の円板	面に垂直	$\frac{1}{2}Ma^2$
半径 a のリング	面に垂直	Ma^2
半径 a の球	任意	$\frac{2}{5}Ma^2$
半径 a の球殻	任意	$\frac{2}{3}Ma^2$

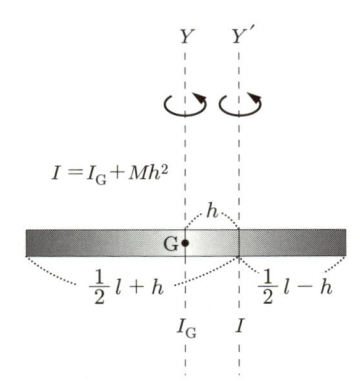

図 **9.4** 長さ l の棒の重心を通る軸と，それから h だけ離れ，平行な軸のまわりでの慣性モーメント

慣性モーメントの関係式 表 9.1 に示したのは，重心を通る回転軸のまわりの慣性モーメントである．もちろん，これとは別の任意の回転軸のまわりの慣性モーメントも，同じような積分をすることによって求められる．

たとえば，図 9.4 に示すように，長さ l の棒の重心のまわりの慣性モーメントがわかれば，そこから h だけ離れた回転軸のまわりの慣性モーメントは，原点を Y' にとると，

$$\begin{aligned}
I &= \frac{M}{l}\left\{\int_0^{\frac{l}{2}-h} x^2 \mathrm{d}x + \int_0^{\frac{l}{2}+h} x^2 \mathrm{d}x\right\} \\
&= \frac{M}{l}\frac{1}{3}\left\{\left(\frac{l}{2}-h\right)^3 + \left(\frac{l}{2}+h\right)^3\right\} \\
&= \frac{Ml^2}{12} + \frac{M}{l}(lh^2) = I_\mathrm{G} + Mh^2
\end{aligned} \quad (9.26)$$

となることがわかる．

一般に，重心を通る回転軸 Y のまわりの慣性モーメント I_G がわかると，この Y に平行で，それより h だけ離れている回転軸 Y' のまわりの慣性モーメント (図 9.5) は

$$I = I_\mathrm{G} + Mh^2 \quad (9.27)$$

なる関係式で求めることができる．

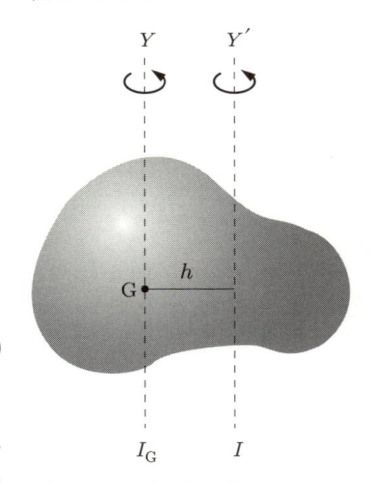

図 **9.5** 重心を通る軸とそれに平行な軸のまわりでの慣性モーメント

またうすい板の場合，板面に x, y 軸をとり，これに垂直に z 軸をとると (図 9.6)，それぞれのまわりでの慣性モーメント，I_x, I_y, I_z の間には，関係式

$$I_z = I_x + I_y \quad (9.28)$$

が成立している．

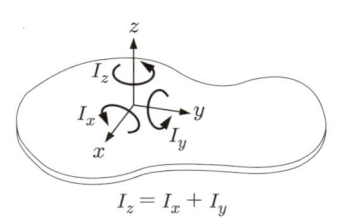

図 **9.6** うすい板での慣性モーメント，I_x, I_y, I_z

9.3 簡単な運動

滑車の運動　半径 a, 質量 M の滑車 (慣性モーメントは $I_G = \frac{1}{2}Ma^2$) に，ひもを巻き，これに質量 m のおもりをつるす (図 9.7)．このときのおもりの下降する加速度を求めてみよう．ただし，ひもはすべらないとする．滑車の回転の運動方程式は，

$$I\frac{d\omega}{dt} = N \tag{9.29}$$

である．ひもの張力を T とすると，

$$N = aT \tag{9.30}$$

である．

一方，下降するおもりの運動方程式は，鉛直方向下方を正として，

$$m\frac{dv}{dt} = mg - T \tag{9.31}$$

である．これらの関係式から N, T を消去して，

$$I\frac{d\omega}{dt} = a\left(mg - m\frac{dv}{dt}\right) \tag{9.32}$$

となる．ここで滑車にかかっているひもの速度は物体の落下速度に等しく，その大きさは $a\omega$ になっていることから

$$mga = \frac{1}{2}Ma\frac{dv}{dt} + ma\frac{dv}{dt}$$

$$\therefore \quad \frac{dv}{dt} = \frac{m}{m + \frac{M}{2}}g \tag{9.33}$$

となる．

図 9.7　滑車につるされるおもり

ヨーヨーの運動　ヨーヨーは上に述べた滑車をぶら下げたようなものである (図 9.8)．通常，糸は中心の回転軸のまわりの小さな円板に巻き付いているが，ここでは簡単のため，円板の外側に巻き付いているとする．

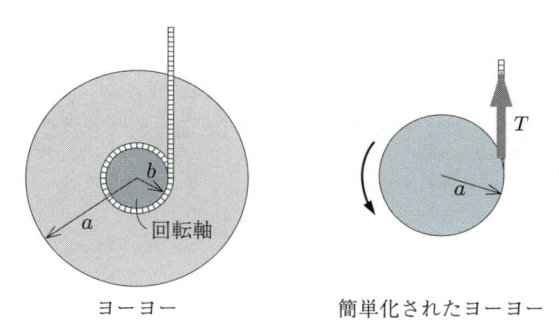

図 9.8　ヨーヨーの上下運動

円板の半径を a, 質量を M とすると，力のモーメントは，糸の張力を T として，$N = aT$ で与えられる．運動方程式は，

$$\left(\frac{1}{2}Ma^2\right)\frac{d\omega}{dt} = aT \tag{9.34}$$

一方，円板の中心は，加速度 $\dfrac{dv}{dt}$ で下降運動をする．その運動方程式は

$$M\frac{dv}{dt} = Mg - T \tag{9.35}$$

である．これらの式を組み合わせ，糸が滑らないとして $a\omega = v$ を使うと

$$\frac{1}{2}Ma\frac{dv}{dt} = a\left(Mg - M\frac{dv}{dt}\right)$$

$$\therefore \quad \frac{3}{2}\frac{dv}{dt} = g$$

よってヨーヨーの下降加速度は

$$\frac{dv}{dt} = \frac{2}{3}g \tag{9.36}$$

となり，自由落下のときに比べて，3 分の 2 に減少していることがわかる．

なお，糸の張力 T は，式 (9.34) より

$$T = \frac{M}{2}\frac{2g}{3} = \frac{Mg}{3} \tag{9.37}$$

となる．

☞ これよりヨーヨーを離し，ヨーヨーが上下運動を始めると，軽く感じることが説明できる．

坂道を転がるタイヤ 傾斜角 θ の坂道をタイヤが転がる場合も同様に考えることができる (図 9.9)．タイヤの質量を M, 半径を a とする．タイヤと坂道との間の摩擦力を F とすると，力のモーメントは

$$N = aF \tag{9.38}$$

である．よって回転の運動方程式は，

$$I\frac{d\omega}{dt} = aF \tag{9.39}$$

一方，タイヤは坂道に沿って下降運動するから，その重心の運動方程式は，

$$M\frac{dv}{dt} = Mg\sin\theta - F \tag{9.40}$$

となる．これらの式から F を消去して，$a\omega = v$(タイヤがスリップしないという条件) を使うと

$$M\frac{dv}{dt} = Mg\sin\theta - \frac{I}{a}\frac{d\omega}{dt}$$

$$= Mg\sin\theta - \frac{I}{a^2}\frac{dv}{dt}$$

よって

$$\left(M + \frac{I}{a^2}\right)\frac{dv}{dt} = Mg\sin\theta$$

$$\therefore \quad \frac{dv}{dt} = \frac{Mg\sin\theta}{M + \frac{I}{a^2}} \tag{9.41}$$

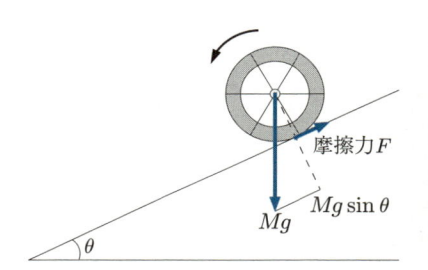

図 **9.9** 坂道を転がるタイヤ

ここでタイヤはほぼ一様な質量分布をしていると見なすと，慣性モーメントは円板と同じ $\dfrac{Ma^2}{2}$ になり，

$$\frac{dv}{dt} = \frac{2}{3} g \sin\theta \tag{9.42}$$

となる．これはヨーヨーの加速度の表式 (9.36) で g を $g\sin\theta$ に置き換えたものである．

演習問題 9

1. **円板の慣性モーメント** 質量 M，半径 a の円板の慣性モーメントを求めよ．

2. **薄い板の慣性モーメント** 表 9.1 を用いて，長方形の重心を通り，長方形に垂直な軸のまわりの慣性モーメントを求めよ．

3. **坂道を転がる自転車のタイヤ** 半径 a，質量 M の自転車のタイヤを考える．
   (a) スポークの重さは無視できるほど軽いとする．慣性モーメントはいくらか．
   (b) 式 (9.41) を使って，傾斜角 θ を転がり落ちる自転車のタイヤの加速度を求めよ．

熱力学とは　10

　日常，観測する現象の多くは，非常に多数の粒子の運動が元になっている．ものが暖かい，冷たいなども，それを構成している粒子の運動が原因である．気圧が高い，低いも突き詰めれば粒子の運動が原因である．

　では，ニュートンの運動方程式を解いて，膨大な数 (アボガドロ定数，6.022×10^{23} 程度) の原子・分子の運動を追えばよいのであろうか．そもそも解けるのか．残念ながら答えは NO である．粒子の数が 3 以上だと，多くの問題はコンピュータを使っても解けない．

　では温度とか，圧力とかを議論するのは不可能なのであろうか．しかし高校時代，圧力と温度，体積の関係を状態方程式で表した．これからわかるように，本来は膨大な数の粒子の運動で決まっている圧力や温度の関係式を，ミクロな粒子の運動には目をつぶって，議論することが可能なのである．こうした議論を行う物理の分野を熱力学とよぶ．

☞ コンピュータでは有限の精度の数字，たとえば 16 桁のものを扱う．しかし，粒子が 2 個よりも多いと，17 桁目以降の誤差が結果を大きく左右してしまうのである．こうした現象はカオスとして知られている．

10.1　温度と圧力

温度　熱いとか，冷たいとか，物体の温度について日常的に述べているが，これは原子・分子の運動の激しさを表している．しかし，人類は温度というものを原子・分子の存在が確立する前から使っていた．

　温度の高低はこのように定義できる．

物体 A と物体 B を接触させたとき，物体 A から物体 B にエネルギーの流れがあった場合，物体 A の方が物体 B よりも温度が高い．

　これは物体 A の方が原子・分子の運動が激しく，それらが物体 B の中の原子・分子と衝突することで，物体 B の原子・分子の運動も激しくなり，運動エネルギーが移動するからだと解釈できる．

平衡状態　では温度 T_A の物体 A と温度 T_B の物体 B を接触させて，しばらくの間，待ったとしよう．すると A と B との間でエネルギーのやりとりがなくなる．このとき，物体 A と物体 B は平衡状態，または熱平衡状態にあるという．

☞ 正確には，A から B へ流れるエネルギーと B から A に流れるエネルギーがつり合うということ．

圧力　圧力もわれわれは日常的に感じている．たとえばエレベータで低いところから高いところに移動すると，耳に異常を感じる．耳が急激な気圧の変化に順応しきれないためである．

　圧力の原因は，物体を構成している原子・分子の衝突である．圧力は，単

☞ 筆者の腕時計は気圧計がついている．高度が高いほど気圧は低くなり，10 m で 100 Pa (N/m²) 低くなる．気圧の変化からこの時計は高度計としても使え，重宝している．

位時間，単位面積あたりに粒子が壁に衝突して与える力積で決まる．粒子の力積は粒子の運動の激しさで決まるので，圧力は温度が高ければ高いほど，強くなる．また体積を変化させると，1 秒間あたりに衝突する粒子の数が変化するので，圧力が変わる．

状態方程式 圧力を気体の運動から簡単なモデルで求めてみよう．辺の長さが L_x, L_y, L_z の直方体を考え，L_x を x 軸に，L_y を y 軸に，L_z を z 軸に沿って置く (図 10.1)．質量 m，速度 $\bm{v} = (v_x, v_y, v_z)$ の粒子が，x 軸に垂直な壁に当たると，力積 $mv_x - (-mv_x) = 2mv_x$ が与えられる．簡単のため，$v_x > 0$ とする．この粒子は 1 秒間に v_x 進むので，この壁には $\dfrac{v_x}{2L_x}$ 回衝突する．よって，1 秒間に壁に与えられる力積 F は

$$F = 2mv_x \times \frac{v_x}{2L_x} = \frac{mv_x^2}{L_x} \tag{10.1}$$

である．単位時間あたりの力積なので，F は力そのものである．この壁の断面積は $L_y \times L_z$ なので，壁の圧力は直方体の体積 V を使って

$$P = \frac{F}{L_y \times L_z} = \frac{mv_x^2}{V} \tag{10.2}$$

である．粒子数が N 個の場合，

$$P = N\frac{\overline{mv_x^2}}{V} \tag{10.3}$$

である．$\overline{v_x^2}$ は，v_x^2 の N 個の粒子にわたる平均値を意味する．

ここで温度を粒子の運動と結びつけよう．粒子の運動の激しさは，その運動エネルギーの大きさから評価する．また，粒子の速さの統計平均は，方向によらないとする．つまり，

$$\overline{\bm{v}^2} = \overline{v_x^2 + v_y^2 + v_z^2} = 3\overline{v_x^2} \tag{10.4}$$

とする．このとき，温度を

$$k_\mathrm{B} T = m\overline{v_x^2} = \frac{m\overline{\bm{v}^2}}{3} \tag{10.5}$$

と定義する．温度は 0°C でも気体の原子・分子は運動している．それなのに式 (10.5) では運動エネルギーが 0 になっているように見えてしまう．実はこの式で定義される温度 T は **絶対温度** とよばれるもので，日常的に使われる摂氏とは違う．摂氏と絶対温度は

$$絶対温度 = 摂氏 + 273.15 \tag{10.6}$$

という関係があり，摂氏と区別するため，ケルビン [K] という単位を使う．

k_B は **ボルツマン定数** で，温度とエネルギーの比例関係の係数である．

$$k_\mathrm{B} = 1.3806503 \times 10^{-23} \mathrm{J/K} \tag{10.7}$$

以上から，気体の圧力，体積，温度の関係は

$$PV = Nk_\mathrm{B}T \tag{10.8}$$

となる．

気体の粒子数をアボガドロ数 (N_A) × モル数 (n) で表すと，上の式は

$$PV = nN_\mathrm{A}k_\mathrm{B}T = nRT \tag{10.9}$$

☞ 運動量の変化が力積である．ニュートンの運動方程式 (第 3.2 節) 参照

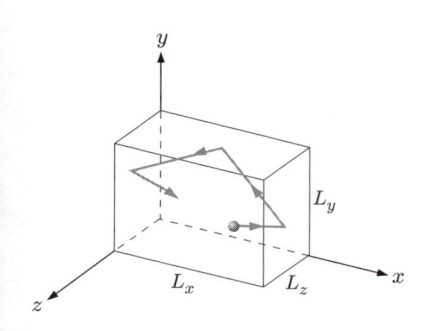

図 10.1 圧力と粒子の運動の関係．粒子が壁にぶつかり力積を与えることで圧力が生じる．

となる．

$$R = N_A \times k_B = 8.314 \,\mathrm{J/K} \tag{10.10}$$

は**気体定数**とよばれ，式 (10.9) は**状態方程式**とよばれる．1 気圧は $1.013 \times 10^5 \,\mathrm{Pa}$ と定義されている．$PV = RT$ より，0°C，1 気圧の原子・分子がしめる体積は $V = \dfrac{RT}{P} \simeq 2.24 \times 10^{-2} \,\mathrm{m}^3 = 22.4\,\mathrm{L}$ である．

☞ 歴史的には，温度，圧力，体積の関係が調べられ，それらの間の関係が状態方程式としてボイルやシャルルによって発見された．よってボルツマン定数よりも気体定数が先に定義されている．

内部エネルギー　気体の**内部エネルギー** U は

$$U = \sum_{i=1}^{N} \frac{1}{2} m \boldsymbol{v_i}^2 \tag{10.11}$$

である．v_i は i 番目の粒子の速度である．速度の 2 乗の平均値は

$$\overline{\boldsymbol{v}^2} = \frac{1}{N} \sum_{i=1}^{N} \boldsymbol{v_i}^2 \tag{10.12}$$

で定義されるので，

$$U = N \frac{1}{2} m \overline{\boldsymbol{v}^2} \tag{10.13}$$

となる．式 (10.5) を使うと，U は

$$U = \frac{3N}{2} k_B T = \frac{3n}{2} RT \tag{10.14}$$

となる．

内部エネルギーと状態方程式を組み合わせると

$$PV = \frac{2}{3} U \tag{10.15}$$

を得る．これは温度やモル数を含まないのでときとして便利な式である．

　粒子の運動エネルギーは，並進運動だけとは限らない．粒子が 2 原子分子の場合，2 つの原子を結ぶ直線を z 軸にとり，2 つの重心を原点にとると，x 軸のまわり，y 軸のまわりそれぞれに回転できる．並進運動のみ行う単原子分子と，並進運動に加えて回転を行えるようになる 2 原子分子は，運動の**自由度**が異なると熱力学では考える．単原子分子の自由度は 3 で，2 原子分子の自由度は 5 である．運動の方向が 3 方向あった場合，$U = \dfrac{3N}{2} k_B T$ であったことを考えると，2 原子分子の場合

$$U = \frac{5N}{2} k_B T = \frac{5n}{2} RT \tag{10.16}$$

となる．

☞ 分子は互いの距離が固定されているので，3 原子以上からなる分子の自由度は 6 である．なお，二酸化炭素のような直線状の分子だと 3 原子分子でも自由度は 5 のままである．これら自由度に加え，分子内の振動の自由度も存在する．

　運動エネルギーは各自由度に等しく $\dfrac{k_B T}{2}$ 分配される．これが**エネルギー等分配則**である．自由度 f の分子では，

$$U = \frac{f N k_B T}{2} \tag{10.17}$$

である．

ファン・デル・ワールスの状態方程式

粒子間に働く力を**相互作用**とよぶ．相互作用をおよぼし合っている粒子系は，解析的にも数値計算でも非常に扱いづらい．そこで近似的に相互作用がない場合を考える．こうした相互作用のない気体を**理想気体**とよぶ．原子1つからなる粒子の場合を**単原子理想気体**，原子2つからなる粒子の場合を **2 原子分子理想気体**とよぶ．状態方程式 (10.9) は理想気体に対してのみ成立する．

では理想気体からずれる場合，圧力，体積，温度の関係はどのように修正されるのであろう．まず実際の原子・分子は大きさをもっている．そのため，粒子が多いほど動き回りにくい．

$$V \to V - bN \tag{10.18}$$

とする．さらに，粒子が相互作用していると，圧力も変わる．相互作用による補正は粒子数密度 $\frac{N}{V}$ の2乗比例すると考え，

$$P \to P + a\left(\frac{N}{V}\right)^2 \tag{10.19}$$

とすると，状態方程式は

$$\left(P + a\left(\frac{N}{V}\right)^2\right)(V - bN) = nRT \tag{10.20}$$

となる．これを**ファン・デル・ワールスの状態方程式**とよぶ (図 10.2)．

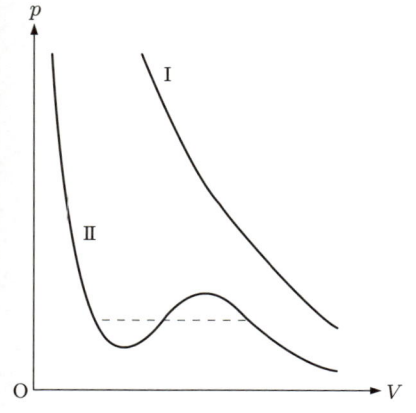

図 10.2 ファン・デル・ワールスの状態方程式．温度が高いとき (I) では極値をもたないが，温度を低くすると (II) 極値をもつようになる．この場合，圧力と体積は実際には点線のように変化する（点線はそれより上の面積と下の面積が等しいように引いたものである）．この場合，圧力が一定で体積が不連続に変化していることになるので，水蒸気から水への相転移のようなものが起きている．

☞ 相互作用を考える場合，必ず相手が必要なので粒子数密度に比例するのではなく，2 乗に比例する．

☞ 図 10.2 のように，P-V 曲線は温度を下げると極値をもつようになる．これは相転移 (たとえば水蒸気と水の間の) が起こっていることを表している．

☞ 高校までは，この内部エネルギーは運動エネルギーに限っていたが，これは理想気体にしか適用できない．より一般には，系を構成している粒子の力学的エネルギーである．

☞ ΔW を外部からされた仕事と定義するやり方も多い．この場合，$\Delta Q = \Delta U - \Delta W$ となる．

10.2 エネルギーの保存則と仕事

エネルギーの保存則 気体に熱を加えると体積が変化し，外部に仕事をすることが可能になる．逆に外部から正の仕事をされると，気体の温度は上昇する．この関係は**熱力学的エネルギーの保存則**で以下のように表すことができる．

$$\Delta Q = \Delta U + \Delta \widetilde{W} = \Delta U + P\Delta V \tag{10.21}$$

ΔQ は外から加えた**熱量**，ΔU は気体の内部エネルギーの変化，$\Delta \widetilde{W} = P\Delta V$ は外に向かって行った仕事である．この熱力学的なエネルギーの保存則を**熱力学の第 1 法則**とよぶ．

等温過程での仕事 熱力学の第 1 法則 (式 (10.21)) を使うためには，仕事を計算できるようになると便利である．

体積が変化することでまわりの気体を押しのけ，仕事が行われる．よって**定積変化**では仕事は行われない．

$$\text{定積過程での仕事 } \widetilde{W} = 0 \tag{10.22}$$

圧力が一定の過程 (**定圧変化**) の場合，過程の前後の体積をそれぞれ V_1, V_2 とすると，

$$\text{定圧過程での仕事 } \widetilde{W} = P(V_2 - V_1) \tag{10.23}$$

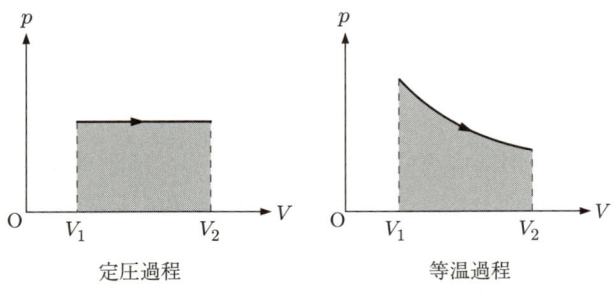

図 10.3　定圧過程, および等温過程での仕事

一方, 等温過程での仕事はやや難しい. 等温過程では状態方程式から $P \times V$ が一定である. 逆にいうと, P も V も変化する (図 10.3). このとき, 仕事は

$$\widetilde{W} = \sum P \Delta V = \sum \frac{nRT}{V} \Delta V \tag{10.24}$$

となる. 微小量の和を積分に直すと

$$\widetilde{W} = \int_{V_1}^{V_2} \frac{nRT}{V} \mathrm{d}V = nRT \int_{V_1}^{V_2} \frac{\mathrm{d}V}{V} \tag{10.25}$$

となる.

ここで積分 $\int \frac{\mathrm{d}x}{x}$ について考える. そのためにまず, 対数関数の微分,

$$\frac{\mathrm{d}\log x}{\mathrm{d}x}$$

を求めてみよう. $\log x = y$, 逆に $x = \mathrm{e}^y$ を使うと,

$$\frac{\mathrm{d}\log x}{\mathrm{d}x} = \frac{\mathrm{d}y}{\mathrm{d}x} = \frac{1}{\frac{\mathrm{d}x}{\mathrm{d}y}} = \frac{1}{\mathrm{e}^y} = \frac{1}{x} \tag{10.26}$$

よって,

$$\frac{\mathrm{d}\log x}{\mathrm{d}x} = \frac{1}{x} \tag{10.27}$$

である. 積分は微分の逆であるので,

$$\int \frac{1}{x} \mathrm{d}x = \log x + 定数 \tag{10.28}$$

が導かれる. これより

$$\int_{V_1}^{V_2} \frac{\mathrm{d}V}{V} = [\log V]_{V_1}^{V_2} = \log \left(\frac{V_2}{V_1}\right) \tag{10.29}$$

となるので, 等温過程の仕事は

$$\text{等温過程の仕事}\ \widetilde{W} = nRT \log \left(\frac{V_2}{V_1}\right) \tag{10.30}$$

となる.

断熱過程　等温過程では, 内部エネルギーは変化しない.

$$\Delta U_{\text{等温過程}} = 0 \tag{10.31}$$

内部エネルギーは温度のみの関数だからである. このとき, エネルギーの保存則 (10.21) より, 加えた熱量 Q と外にした仕事 $\widetilde{W}$ は等しい. よって,

式 (10.30) より
$$Q_{等温過程} = nRT \log\left(\frac{V_2}{V_1}\right) \tag{10.32}$$
となる．

　シリンダーに気体をつめて，ピストンをゆっくりと引き，気体の体積を V_1 から V_2 に変化させる．シリンダー (容器) が熱を非常によく通す場合，またはピストンを非常にゆっくり引く場合，気体の温度は容器のまわりと同じ温度に保たれる．しかし，容器の熱伝導はあまりよくなく，また，ピストンをゆっくり動かすことは実用的でない場合が多い．よって実際には気体の温度は変わってしまう．温度がどれくらい変わってしまうかを考えるために，容器は熱をまったく通さない状況を考えよう．これを**断熱過程**とよぶ．

　断熱過程は，$Q_{断熱過程} = 0$ を要請する．エネルギーの保存則 (10.21) より，
$$\Delta U + P \Delta V = 0 \tag{10.33}$$
となる．一方，単原子分子の理想気体の場合，式 (10.15) から，
$$\Delta U = \Delta\left(\frac{3PV}{2}\right) \fallingdotseq \frac{3}{2} P \Delta V + \frac{3}{2} \Delta P\, V \tag{10.34}$$

☞ $\Delta(PV) = (P+\Delta P)(V+\Delta V) - PV = P\Delta V + \Delta P\, V + \Delta P \Delta V$ となる．この最後の項は微小量の掛け合わせなので無視する．

である．この 2 つの式から，
$$0 = \frac{5}{2} P \Delta V + \frac{3}{2} \Delta P\, V$$
$$\Delta P\, V = -\frac{5}{3} P \Delta V$$
$$\therefore\quad \frac{\Delta P}{P} = -\frac{5}{3} \frac{\Delta V}{V} \tag{10.35}$$
となる．

　この式の意味は，体積を $r(\ll 1)$ の割合だけ増やすと，圧力は $\frac{5r}{3}$ の割合，小さくなるということである．等温過程の場合，体積を増やすと，同じ割合だけ圧力は減った．よって断熱過程の場合，圧力の減りがより大きいことがわかる (図 10.4)．これは等温過程の場合，圧力があまり減らないように容器の外から熱量を補給していたのに対して，断熱過程の場合，この補給がないからである．

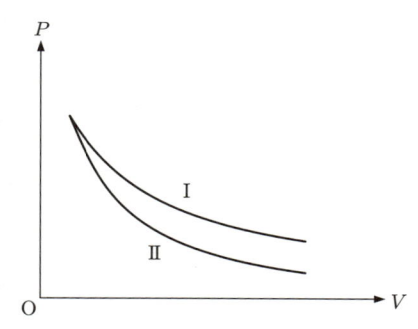

図 10.4　等温過程 (I) と断熱過程 (II)

　等温過程では $PV = $ 一定 であった．断熱過程で成り立っている $\frac{\Delta P}{P} = -\frac{5}{3}\frac{\Delta V}{V}$ はどのような関係式を意味しているのであろうか？そのために，式 (10.27) を微小変化 Δx に対しての対数関数の変化に書き直し，
$$\frac{\Delta \log x}{\Delta x} \fallingdotseq \frac{1}{x} \tag{10.36}$$
と記そう．これより，式 (10.35) は，
$$\Delta \log P = -\frac{5}{3} \Delta \log V$$
$$\Delta\left(\log P + \frac{5}{3} \log V\right) = 0 \tag{10.37}$$
$$\Delta\left(\log(PV^{5/3})\right) = 0$$

よって，
$$\therefore PV^{5/3} = \text{一定 (断熱過程)} \tag{10.38}$$
となる．先ほどは体積の変化の割合が小さいときに，圧力の変化の割合は $\frac{5}{3}$ 倍になると述べたが，この式は任意の体積変化に使える．

上の導出は単原子理想気体に対してなされた．分子を構成する原子数が増えると
$$PV^\gamma = \text{一定} \tag{10.39}$$
となる．γ の値は，気体が単原子分子か，2原子分子か，3原子分子かなどによってかわる．後述の定圧熱容量，定積熱容量を使うと
$$\gamma = \frac{C_P}{C_V} \tag{10.40}$$
となることがわかる．

―― 例題 10.1　断熱過程での圧力の変化 ――

単原子分子理想気体を考える．断熱過程で体積が 1.1 倍となるとき，圧力は何パーセント減少するか．また体積が 2 倍変化するとき，圧力はどうなるか．

解　膨張する前の体積を V_0，圧力を P_0，膨張後の体積を V_1，圧力を P_1 とする．
$$P_0 V_0^{5/3} = P_1 V_1^{5/3} \ \rightarrow\ P_1 = P_0 \times \left(\frac{V_0}{V_1}\right)^{5/3}$$
よって体積が 1.1 倍になると，圧力は $1.1^{-5/3} \fallingdotseq 0.853$ 倍，体積が 2 倍になると，$2^{-5/3} \fallingdotseq 0.315$ 倍になる．

―― 例題 10.2　2原子分子の場合 ――

式 (10.37) は単原子理想気体で成り立つ式 $\frac{3}{2}PV = U$ (式 (10.14)) から導かれた．2原子分子理想気体では，$U = \frac{5}{2}nRT$ (式 (10.16)) より，
$$\frac{5}{2}PV = U \tag{10.41}$$
となる．このとき，断熱過程での P と V の関係式が
$$PV^{7/5} = \text{一定} \quad (2原子分子) \tag{10.42}$$
となることを示せ．

解　式 (10.41) の微小変化をとると，式 (10.34) と同じように，
$$\Delta U = \Delta\left(\frac{5PV}{2}\right) \fallingdotseq \frac{5}{2}P\Delta V + \frac{5}{2}\Delta P V = \Delta U$$
断熱過程の場合，$\Delta U = -P\Delta V$ が成立しているので，
$$\frac{7}{2}P\Delta V + \frac{5}{2}\Delta P V = 0$$
である．これより，
$$\Delta \log P + \frac{7}{5}\Delta \log V = 0$$
$$\Delta\left(\log P + \frac{7}{5}\log V\right) = 0$$
$$\Delta\left(\log\left(PV^{7/5}\right)\right) = 0$$

を得る．よって
$$PV^{7/5} = \text{一定}$$
である．

定積熱容量と定圧熱容量　いままでは，主に体積を変化させるための仕事や熱量を求め，また圧力の変化を議論してきた．今度は，気体を暖める際に必要な熱量，つまり比熱を求めておこう．比熱 C は
$$\Delta Q = C \times \Delta T \text{ または}, C = \frac{\Delta Q}{\Delta T} \tag{10.43}$$
で定義される．問題は，ΔQ が系をどのように変化させたかによって大きく変わってしまうことである．たとえば，体積一定で温度を上げたとすると，エネルギーの保存則から
$$\Delta Q = \Delta U + P\,\Delta V = \Delta U \tag{10.44}$$
となり，比熱は
$$C_V = \frac{\Delta U}{\Delta T} \tag{10.45}$$
と書ける．この比熱を定積熱容量とよぶ．単原子分子の場合，$U = \dfrac{3nRT}{2}$ だったので，$C_V = \dfrac{3nR}{2}$ である．一方，2原子分子の場合，$C_V = \dfrac{5nR}{2}$ である．モル数で規格化したものを定積モル比熱とよび，小文字の c で表す．

一方，圧力を一定として変化させた場合，エネルギーの保存則から
$$\Delta Q = \Delta U + P\,\Delta V \tag{10.46}$$
となる．P は一定なので，$P\,\Delta V = \Delta(PV)$ である．このことと状態方程式を組み合わせると，
$$P\,\Delta V = \Delta(PV) = \Delta(nRT) = nR\,\Delta T \tag{10.47}$$
が導かれるので，
$$\Delta Q = \Delta U + nR\,\Delta T = (C_V + nR)\Delta T \tag{10.48}$$
よって
$$C_P = \frac{\Delta Q}{\Delta T} = C_V + nR \tag{10.49}$$

☞ マイヤーの関係式は高温ほどよく成り立つ．

C_P を定圧熱容量とよぶ．理想気体に関する C_P と C_V のこの関係式は，マイヤーの関係式とよばれている．

定圧熱容量を1モルあたりに直したものが，定圧モル比熱である．モル比熱でいうと
$$c_P = c_V + R \tag{10.50}$$
となる．

表 10.1 気体の定積モル比熱，定圧モル比熱の例．25 °C での値である．単位は J/K·mol．

気体	c_V (理想気体)	c_P (理想気体)	c_V (実測値)	c_P (実測値)
He	$3R/2 \fallingdotseq 12.5$	$5R/2 \fallingdotseq 20.8$	12.5	20.1
H_2	$5R/2 \fallingdotseq 20.8$	$7R/2 \fallingdotseq 29.1$	21.1	29.4

例題 10.3　2 原子分子の定積モル比熱，定圧モル比熱

ある気体を断熱圧縮したところ，
$$PV^{1.39} = 一定$$
となった．この気体はどのような分子からなっていると推定されるか．

解　式 (10.39)，(10.40) より，単原子気体，2 原子分子気体，3 原子分子気体における γ の値は，理想気体ではそれぞれ，$5/3 (\fallingdotseq 1.667)$，$7/5 (= 1.4)$，$8/6 \fallingdotseq 1.33$ となる．実測値からこの気体を構成する分子は，2 原子分子だと推定される．

例題 10.4　部屋を暖める

高さ 2 m，広さ 20 m^2 の部屋の温度を 1 度あげるには，何 J 必要か．

解　体積 40 m^3，常温，常圧で 1 モルの原子，分子がしめる体積は 22×10^{-3} m^3．よって，部屋の中には 1800 モルの気体が存在する．これらは酸素，窒素などの 2 原子分子なので定積比熱は $5R/2$．よって，
$$\frac{5R}{2} \times 1800 = 3.7 \times 10^4 \, \text{J}.$$
である．1 kW のエアコンの場合，37 秒かかる．10 度あげるには 6 分程度かかる．

☞ 実際には 1 kW のエアコンはヒートポンプ (後述) により，より効率よく部屋を暖めることができる．

準静的過程　以上，等温過程，断熱過程，定積過程，定圧過程などを調べてきたが，これらの過程はすべて，熱平衡状態を保ちながら動かすことを前提としていた．こうした熱平衡状態を保ちながら変化させるにはゆっくりと系を変化させることが必要なので，**準静的過程**とよばれている．

10.3 熱機関と効率

サイクル　定圧過程，定積過程，定温過程，断熱過程を組み合わせて，ある状態 A_0 を A_1, A_2, $\cdots$, A_i と変化させ，最後にもとの状態 A_0 に戻す過程を**サイクル**とよぶ．状態は粒子数が不変な場合，温度 T，体積 V，圧力 P のうち，2 つを決定すれば一意的に決まる．残りの変数は状態方程式で決まってしまうからである．

仕事は $P\Delta V$ で表される．サイクルを P-V 平面で表すと，P-V 曲線の描く面積が仕事に対応することから便利である (図 10.5)．

例として，図 10.6 のようなサイクルを考える．中に入っている気体は単原子理想気体とする．

はじめ，圧力 P_0，体積 V_0 にあった系 (状態 A_0) に，熱を加えて体積 V_1

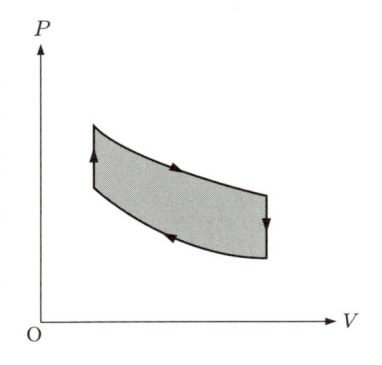

図 10.5　P-V 図で描いたサイクル．囲む面積が仕事になる．

まで膨張させたとしよう．この状態を A_1 とする．膨張の過程は等温過程とする．つぎに圧力一定で体積を V_0 まで減らしたとしよう (状態 A_2)．次に圧力を加えて A_2 を体積一定のまま，A_0 に戻す．

A_0 から A_1　この過程は等温過程なので，U の変化は 0 である．仕事 $\widetilde{W}$ はエネルギーの保存則から，外から加えた熱量に等しい．式 (10.30) より，$\widetilde{W} = nRT \log \dfrac{V_1}{V_0}$ である．一方，$P_0 V_0 = nRT$ なので，

$$Q_{A_0 \to A_1} = \widetilde{W} = P_0 V_0 \log \frac{V_1}{V_0} \tag{10.51}$$

となる．

A_1 から A_2　A_1 での圧力 P_1 は $P_0 V_0 = P_1 V_1$ より，$P_0 \dfrac{V_0}{V_1}$ である．よって仕事 $\widetilde{W}_{A_1 \to A_2}$ は

$$\widetilde{W}_{A_1 \to A_2} = P_1 (V_0 - V_1) = \frac{P_0 V_0 (V_0 - V_1)}{V_1} \tag{10.52}$$

である．$V_0 < V_1$ なので，仕事は負である．一方，A_1 での温度は $T = \dfrac{P_0 V_0}{nR}$ であり，A_2 の温度 T' は，状態方程式から $T' = T \times \dfrac{V_0}{V_1}$ となる．よって，内部エネルギーの変化 ΔU は

$$\Delta U = \frac{3nR}{2}\left(\frac{V_0 - V_1}{V_1}\right) T = \frac{3 P_0 V_0}{2}\left(\frac{V_0 - V_1}{V_1}\right) \tag{10.53}$$

となる．仕事と内部エネルギーの変化の和が熱量にあたるので，

$$Q_{A_1 \to A_2} = \Delta U + \widetilde{W}_{A_1 \to A_2} = \frac{5 P_0 V_0}{2}\left(\frac{V_0 - V_1}{V_1}\right) \tag{10.54}$$

となる．

A_2 から A_0　体積の変化はないので，仕事は 0 である．温度は T_2 から T へと変化するので，内部エネルギーの変化 ΔU は

$$\Delta U = \frac{3nR}{2} \times (T - T') = \frac{3 P_0 V_0}{2}\left(\frac{V_1 - V_0}{V_1}\right) \tag{10.55}$$

である．エネルギーの保存則から

$$\begin{aligned} Q_{A_2 \to A_0} &= \Delta U + 0 \\ &= \frac{3nR}{2} \times (T - T') = \frac{3 P_0 V_0}{2}\left(\frac{V_1 - V_0}{V_1}\right) \end{aligned} \tag{10.56}$$

以上を表にまとめると表 10.2 のようになる．内部エネルギー (2 列目) と仕事 (3 列目) の和は，エネルギーの保存則より熱量 (最後の列) に等しい．また，サイクルは最初の状態に戻ってくるので，内部エネルギーの変化を加える (2 列目の要素の和をとる) と 0 になる．

このようにサイクルは熱を与えて，仕事をさせる機関である．このような機関を**熱機関**とよぶ．車のエンジンは典型的な熱機関である．

効率　サイクルを動かすには外から熱を加えて，系に仕事をさせる．1 サイクルで元に戻るとすると，内部エネルギーの変化はないので，エネルギー

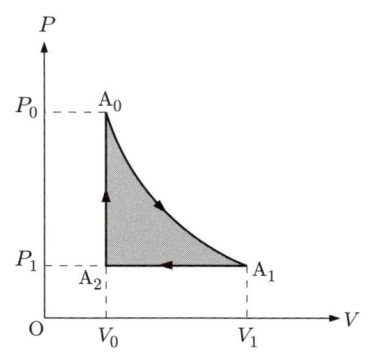

図 10.6　等温，定圧，定積過程からなるサイクル

☞ 定圧熱容量を使うと
$Q_{A_1 \to A_2} = \dfrac{5nR(T' - T)}{2}$
である．$T = \dfrac{P_0 V_0}{nR}, T' = T \times \dfrac{V_0}{V_1}$ を用いることで，熱量を求めることもできる．

表10.2 図10.6における内部エネルギーの変化ΔU, 外部に対して行った仕事$\widetilde{W}$, 外部から吸収した熱量Q. すべて$P_0 V_0$を単位としている.

過程	ΔU	$\widetilde{W}$	Q
$A_0 \to A_1$	0	$\log \dfrac{V_1}{V_0}$	$\log \dfrac{V_1}{V_0}$
$A_1 \to A_2$	$\dfrac{3(V_0 - V_1)}{2V_1}$	$\dfrac{(V_0 - V_1)}{V_1}$	$\dfrac{5(V_0 - V_1)}{2V_1}$
$A_2 \to A_0$	$\dfrac{3(V_1 - V_0)}{2V_1}$	0	$\dfrac{3(V_1 - V_0)}{2V_1}$

の保存則より

(加えた熱量) − (放出された熱量) = (外部に行った力学的な仕事) (10.57)

が成り立つ. 加えた熱量が燃料を与えたことになるので, **効率** η を

$$\eta = \frac{\text{外部に行った力学的な仕事}}{\text{加えた熱量}} \quad (10.58)$$

で定義する.

図10.6の等温, 定圧, 定積過程からなるサイクルでは, 与えた熱量は, 等温過程と定積過程での熱量の和

$$P_0 V_0 \left(\log \frac{V_1}{V_0} + \frac{3(V_1 - V_0)}{2V_1} \right) \quad (10.59)$$

で外部にした仕事は等温過程と定圧過程に行った

$$P_0 V_0 \left(\log \frac{V_1}{V_0} - \frac{V_1 - V_0}{V_1} \right) \quad (10.60)$$

なので,

$$\eta = \frac{\log \frac{V_1}{V_0} - \frac{V_1 - V_0}{V_1}}{\log \frac{V_1}{V_0} + \frac{3(V_1 - V_0)}{2V_1}} \quad (10.61)$$

となる.

例題 10.5　等温, 定圧, 定積過程からなるサイクルの効率

V_1がV_0に近いとき, $\log \dfrac{V_1}{V_0} \fallingdotseq \dfrac{V_1 - V_0}{V_1} + \dfrac{(V_1 - V_0)^2}{2V_1^2}$ と近似できる. このとき, 式(10.61)はいくらになるか.

解 $\Delta = \dfrac{V_1 - V_0}{V_1}$ とおくと, 分母は $\dfrac{5}{2}\Delta + \dfrac{\Delta^2}{2}$, 分子は $\dfrac{\Delta^2}{2}$ となる. これより $\eta \fallingdotseq \dfrac{\Delta}{5}$ である.

☞ $\dfrac{\frac{\Delta^2}{2}}{\frac{5}{2}\Delta + \frac{\Delta^2}{2}} = \dfrac{\Delta}{5 + \Delta}$

分母のΔは5に比べて小さいとして無視した.

なお, 温度で書くと

$$\eta = \frac{1}{5}\left(1 - \frac{T'}{T} \right) \quad (10.62)$$

である.

コラム 風力発電の効率

効率について理解できたところで，最近話題になっている再生可能エネルギーの1つ，風力発電の効率について述べよう．

風力発電の効率は，単位時間あたりに風車に当たる風のエネルギー E_{Wind} と，風が行った仕事 W の比で定義される．いま，単位面積あたりに発生する仕事を考えよう．エネルギーの保存則より仕事 W は，風車を通過する前と後での風の運動エネルギーの変化に等しい．運動エネルギーは「質量」×「速さの2乗」である．ここでの質量は「密度」×「風速」となることに注意しよう．

以上より，風車に当たる前と後の風の速さを V_0, V_2 とし，風車を通過する風の平均速度を V_1，空気の密度を ρ とすると，

$$E_{\text{Wind}} = \frac{1}{2}(\rho V_0)V_0^2$$
$$W = \frac{1}{2}\rho V_1(V_0^2 - V_2^2)$$

となる．ここで風車を通過する風の平均速度 V_1 を $\frac{V_0 + V_2}{2}$ とおこう．これより効率 η は

$$\eta = \frac{W}{E_{\text{Wind}}} = \frac{1}{2}\left(1 + \frac{V_2}{V_0} - \left(\frac{V_2}{V_0}\right)^2 - \left(\frac{V_2}{V_0}\right)^3\right)$$

となる．$x = \frac{V_2}{V_0}$ として，η を x で微分して極大値を求めると

$$x = \frac{V_2}{V_0} = \frac{1}{3}, \eta = \frac{16}{27} = 0.592\cdots$$

となる．すべての風のエネルギーを吸収してしまうと (すなわち $V_2 = 0$ の場合)，風車を通過する風の平均速度が落ちてしまい，効率が下がることに注意しよう．実際の風車の効率は50%を越えるので，すでに風車の効率は上記の理論的最大値に近づいている．

では風車の効率はこれ以上の改善は望めないのであろうか？ 問題は複数の風車が並んでいるときである．土地の有効利用や送電網の観点から，複数の風車を1カ所に並べることが望ましい．ところが，ある風車の存在が他の風車のまわりの風の流れに影響を与えてしまい，風車1つで得られていた効率が，風車が複数になると下がるのである．

複数の風車からなる大規模な風力発電所 (ウィンドファーム) において効率よい風車の配置を決めるのに，空気の流れを解析する流体力学のコンピュータシミュレーションが活躍している．

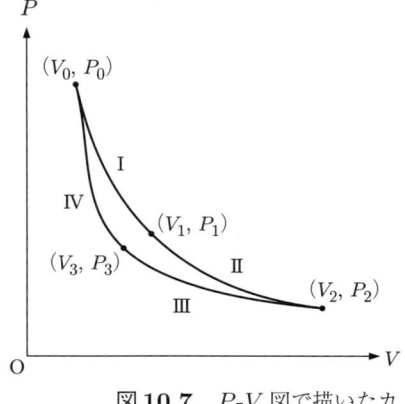

図10.7 P-V 図で描いたカルノーサイクル

カルノーサイクル 図10.6の等温，定圧，定積過程からなるサイクルよりも効率のよい熱機関の例として，カルノーサイクルがある．これは以下の4つの過程からなる (図10.7)．

過程 I) 圧力と体積がそれぞれ P_0, V_0，温度 T の気体を等温過程で膨張させ P_1, V_1 とする．膨張なので $V_1 > V_0$ である．

過程 II) 断熱過程でさらに膨張させ，圧力と体積を P_2, V_2 に変える．$V_2 > V_1$ である．体積が増えているので，外に仕事をしている．断熱過程なので，この仕事を行った分，内部エネルギーは減少している．この温度を T' とする．

過程 III) 温度 T' のまま，すなわち等温過程で，P_3, V_3 に変化させる．
過程 IV) 断熱過程で P_0, V_0 に戻す．

過程 I)，過程 III) はおなじみの等温過程である．過程 II) の断熱過程は一見難しそうであるが，断熱過程なので，熱の出入りがないこと，よってエネルギーの保存則より

$$(外部に行った仕事) + (内部エネルギーの変化分) = 0 \qquad (10.63)$$

を考えれば，外に行った仕事は，内部エネルギーの変化 $C_V(T'-T)$ にマイナスをつけたものだとわかる．

$P_0V_0 = nRT, P_2V_2 = nRT'$ を使って，カルノーサイクルでの内部エネルギーの変化，仕事，熱量をまとめると表 10.3 のようになる．

表 10.3 カルノーサイクルにおける内部エネルギーの変化 ΔU，外部に対して行った仕事 $\widetilde{W}$，外部から吸収した熱量 Q．

過程	ΔU	$\widetilde{W}$	Q
I)	0	$nRT\log\dfrac{V_1}{V_0}$	$nRT\log\dfrac{V_1}{V_0}$
II)	$C_V(T'-T)$	$C_V(T-T')$	0
III)	0	$-nRT'\log\dfrac{V_2}{V_3}$	$-nRT'\log\dfrac{V_2}{V_3}$
IV)	$C_V(T-T')$	$C_V(T'-T)$	0

カルノーサイクルの熱効率を求めてみよう．温度 T で吸収した熱量は，過程 I) における

$$Q_{\mathrm{I}} = nRT\log\frac{V_1}{V_0} \qquad (10.64)$$

である．一方，全サイクルで行った仕事は，

$$\widetilde{W} = nRT\log\frac{V_1}{V_0} - nRT'\log\frac{V_2}{V_3} \qquad (10.65)$$

である．

仕事をもう少し簡単に書き直してみよう．断熱過程では $PV^\gamma = $ 一定 であった (式 (10.37))．これは状態方程式 $P = \dfrac{nRT}{V}$ より，

$$TV^{\gamma-1} = 一定 \qquad (10.66)$$

となる．そこで過程 II) の前後で

$$TV_1^{\gamma-1} = T'V_2^{\gamma-1} \qquad (10.67)$$

過程 IV) の前後で

$$TV_0^{\gamma-1} = T'V_3^{\gamma-1} \qquad (10.68)$$

が成り立つ．この 2 つを割り算して，

$$\left(\frac{V_1}{V_0}\right)^{\gamma-1} = \left(\frac{V_2}{V_3}\right)^{\gamma-1}$$

$$\therefore \frac{V_1}{V_0} = \frac{V_2}{V_3} \qquad (10.69)$$

> **コラム　熱と電気**
>
> 行った仕事よりもより高いエネルギーをもたらしてくれるヒートポンプ，初めて習うと「エネルギーの保存則 (熱力学の第 1 法則) に反している」と思いがちである．夢のようなヒートポンプであるが，いまでは町にあふれている．エアコンの室外機だけではなく，飲料水の自動販売機にもこの技術が使われいる．冷たい飲み物を冷たく保ち，暖かい (熱い) 飲み物を熱く保つのにもヒートポンプを使うのである．ヒートポンプの原理は，カルノーサイクルの理論で 19 世紀に確立していたが，このように日常生活に応用されたのは，20 世紀後半である．20 世紀後半になり，電気を利用した熱機関が日常的に使われるようになった．
>
> 熱機関はフロンや代替フロンなどを用いたかなり大掛かりなものが一般的であるが，最近では，ペルチェ効果を使い小型化が進んでいる．ペルチェ効果とは，電流を流すと熱の流れが生じるという現象で，コンピュータの中央演算素子 (CPU) を冷やすのにも用いられる．
>
> ペルチェ効果と逆の現象で，温度差のある金属では電圧が生じる．これはゼーベック効果とよばれ，温度の測定器などに応用されている．耳式体温計は，この効果を利用している．

となる．結局，

$$\widetilde{W} = nR(T - T') \log \frac{V_1}{V_0} \tag{10.70}$$

☞ 放出した熱 Q' はエアコンを議論する際に大切である．

であることがわかる．なお，温度 T' の等温過程で放出した熱量 Q' は，エネルギーの保存則より

$$Q' = Q - \widetilde{W} = nRT' \log \frac{V_1}{V_0} \tag{10.71}$$

となる．

以上より，カルノーサイクルの効率は

$$\eta_{\text{カルノー}} = \frac{\widetilde{W}}{Q} = \frac{T - T'}{T} = 1 - \frac{T'}{T} \tag{10.72}$$

となる．カルノーサイクルの効率は，高温熱源と低温熱源の温度 T, T' のみで決まり，温度差が大きいほど，効率がよいことがわかる．

ヒートポンプ　カルノーサイクルは，高温のときに熱をもらい，仕事をして，低温のとき仕事をされて，熱を放出する．これを逆回転させると，低温のとき，仕事を行い，熱を吸収し，高温時に熱を放出して，仕事をされることになる．熱を加えて外部に仕事をするのではなく，外部から仕事をして，熱を無理矢理放出させるのである．

この逆カルノーサイクルを使うと，低温から高温に熱を移すことができてしまう．温度の低いところから高いところに熱を移動するのは不可能のように思えるが，仕事を行うことでこのことを可能としているのである．この原理を利用したものが，ヒートポンプである．逆カルノーサイクルでは，外部でなく内部に仕事をし，高温の熱源に Q の熱を放出し，低温の熱源から Q' の熱を奪い取る．

10.3 熱機関と効率

エアコンの効率　エアコンは，夏は外に比べて涼しい部屋から，無理矢理熱を奪い取り，暑い外へと熱を運ぶ．冬は寒い外から無理矢理熱を奪い取り，暖かい部屋に熱を運ぶ．まさにこの逆カルノーサイクルのように振る舞っている．そこで，エアコンの電力と，部屋が涼しくなったり，暖かくなったりする関係を求めてみよう．

夏にエアコンを稼働して，逆カルノーサイクルで部屋の温度を下げたとする．部屋の温度を T'，外の温度を T とする．欲しいのは電力のする仕事 $\widetilde{W}$ と部屋から奪う熱 Q' の関係なので，式 (10.72) の $\widetilde{W} = \eta \times Q$ を少々変形する必要がある．

$$\widetilde{W} = \eta \times Q = \eta \times (Q' + \widetilde{W})$$
$$\therefore \quad Q' = \frac{1-\eta}{\eta}\widetilde{W} = \frac{T'}{T-T'}\widetilde{W} \tag{10.73}$$

T と T' の差が小さければ，エアコンは非常に効率よく部屋を冷やせる．

例題 10.6　冷房の電力

部屋を $27\,°\mathrm{C}$，外を $37\,°\mathrm{C}$ としよう．部屋の中の気体のエネルギーを 1 J 奪うには，エアコンはどれだけの仕事をする必要があるか．

解　$Q' = 1\,\mathrm{J}$, $\widetilde{W} = \dfrac{\eta Q'}{1-\eta} = Q' \times \dfrac{T-T'}{T'} = 1 \times \dfrac{10}{300} = \dfrac{1}{30}\,\mathrm{J}$ となる．

次に冬場にエアコンを稼働したとしよう．外が寒く，内が暖かい状況では，何もしなければ熱は逃げていく．ところが，仕事 (これがエアコンの電力にあたる) を行うことで，寒い外の熱を奪って外をさらに寒くし，部屋をさらに暖かくすることができる．このときの効率は加えた仕事 $\widetilde{W}$ に対する，熱量 Q なので，

$$Q = \frac{1}{\eta}\widetilde{W} = \frac{T}{T-T'}\widetilde{W}\;(>\widetilde{W}) \tag{10.74}$$

となる．最後の不等式が必ず成立していることに注意しよう．

電気ストーブは電力を熱に変えているだけなので，$\widetilde{W} = Q$ である．それにくらべてエアコンは $\dfrac{1}{\eta} = \dfrac{T}{T-T'}$ 倍も効率がよい．不思議な気がするが，外は寒くても絶対零度よりははるかに高温なので，エネルギーに満ちあふれていることを利用しているのである．

☞ 冬場のエアコンの室外機から出てくる風は本当に冷たい．筆者は 2 月の寒い夕方，温度計を室外機の前に置いてみた．室外機を動かす前は $5\,°\mathrm{C}$ だったのが，エアコンを運転させると室外機からでる冷たい風で温度計は 5 分で $-1\,°\mathrm{C}$ まで下がった．

例題 10.7　暖房の電力

外気温が $7\,°\mathrm{C}$，室温が $27\,°\mathrm{C}$ で，部屋を 1 J 暖めるのに必要なエネルギーを求めよ．

解　$\dfrac{20}{300} = \dfrac{1}{15}\,\mathrm{J}$.

演習問題 10

1. **断熱過程** ┃ 理想気体が状態 A(T_A, V_A, P_A) から状態 B(T_B, V_B, P_B) に断熱過程で変化する場合を考える．
   (a) 気体が外からされた仕事 (W_{AB}) を求めよ．
   (b) 内部エネルギーの変化分 (ΔU) を求めよ．
   (c) 温度 300 K, 体積 V_0 の単原子理想気体を $8V_0$ まで断熱膨張させた後の気体の温度を求めよ．

2. **熱機関の効率，温度，仕事** ┃ 以下では，カルノーサイクルを考える．
   (a) 冷却器の温度が 15 °C, 効率が 20% のカルノーサイクルを考える．効率を 80% にするためには，高温熱源の温度をどれだけ上げればよいか？
   (b) カルノーサイクルの効率を $\dfrac{1}{6}$ とする．低温熱源の温度を 45 °C だけ下げたとき，その効率は 2 倍にとなる．高温熱源および低温熱源の温度を求めよ．

エントロピー 11

11.1 熱力学の第2法則

不可逆過程　P, V, T, U などは高校時代からなじみのあった量である．しかし熱力学を議論するには，まだこれだけでは足りない．

たとえば図 11.1 のような壁で仕切られた箱を考えよう．壁の両側で体積は V とする．壁の右側は粒子 A が，左側には粒子 B で満たされていたとする．

ここで壁を取り去る．粒子 A も粒子 B も箱の中を均等に占めるようになる．この過程の逆，すなわち粒子 A が自然と右側に集まり，粒子 B が自然と左側を占めることはない．このように向きがある過程を**不可逆過程**とよぶ．考えてみると不思議なことである．運動方程式は時間の向きを変えても成立する．熱的な振る舞いが原子・分子の運動方程式から決まるなら，逆もあってもよさそうなのに．

☞ これは $m\dfrac{\mathrm{d}^2 x}{\mathrm{d}t^2} = F$ が，$t \to -t$ という変換に関して不変であることに起因する．

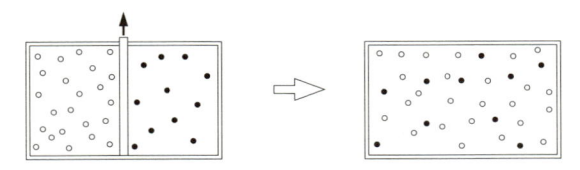

図 11.1　壁で仕切られた箱．最初，右側は粒子 A で，左側は粒子 B で満たされている．次にこの壁を取り去る．

暖かいものと冷たいものを接触させた場合も不可逆過程である．この場合，暖かいものは冷たく，冷たいものは熱くなり，最後に温度は同じになる．これとは逆に，温度が一定のものが自然とある側が冷たく，反対側が暖かくなることはない．ある場所で発生した臭いが広がっていくことはあるが，広がっていった臭いが自然と元の場所に戻ることはない．

このような現象を記述するためには，質点の力学で考えていた，力積 (圧力)，運動エネルギー (温度) だけでは不十分なことがわかる．このように不可逆な過程を記述する量が**エントロピー**である．

熱力学の第2法則　このような不可逆な過程は**熱力学の第2法則**で記述される．

熱力学の第2法則の法則には2通りの述べ方がある．

1. **トムソンの原理**: ある熱源から熱を取り出し，これを仕事だけに変換することはできない．

2. **クラウジウスの原理**: 温度の低い熱源から，仕事をしないで温度の高い熱源に熱を移すことはできない．

この2つが同等であることは背理法で示すことができる．そのために，まず，図 11.2 のような熱機関を簡単に模式化したものを考えよう．熱源はそれぞれ T, T' の温度で，これらは十分大きく，熱を取り去っても温度は変わらないとする．$T > T'$ とする．温度 T の熱源から熱量 Q を奪う．一方，温度 T' の熱源には熱量 Q' を捨てる．この間に熱機関は仕事 $\widetilde{W}$ を外部に行う．このサイクルは可逆とする．つまり，Q' の熱を低温熱源から奪い，仕事を加えて，高温熱源に Q を与えることも可能であるとする．

抽象的でわかりづらい人は，前章で述べたカルノーサイクルを考えればよい．まず，等温過程で膨張する際に高温熱源から熱をもらう．これが Q にあたる．断熱過程の後，等温過程で収縮する際に低温熱源に熱をはき出す．これが Q' である．サイクル完了後，仕事 $\widetilde{W}$ が外部に行われる．前章の例だけでなく，一般にこのような**可逆なサイクル**すべてを**カルノーサイクル**とよぶ．

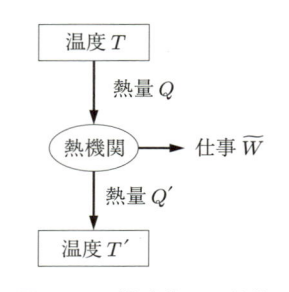

図 11.2 模式化した熱機関

トムソンの原理とクラウジウスの原理の同等性　　まず，トムソンの原理が破れていたとする．すると低温熱源から仕事だけを取り出せる．取り出した仕事で高温熱源を暖めてやれば (仕事が取り出せているので，こすって摩擦熱を発生させればよい)，高温熱源に熱を与えることができる．結局，低温熱源から高温熱源に外から仕事をしないで熱を移せることになり，クラウジウスの原理に反する．よって，クラウジウスの原理が成り立てば，トムソンの原理も正しい．

☞ 対偶命題の証明

逆にクラウジウスの原理が破れていたとすると，低温熱源から熱を取り出し，高温熱源に熱を運べる．この運んだ熱量を使って，上の述べたカルノーサイクルを動かし，仕事を外部に行う．高温熱源は熱量をもらい，同じ熱量を使って仕事をしているので，同じ状態のままである．すると低温熱源から熱を取り出し，これを仕事に変換できたことになる．これはトムソンの原理に反する．よって，トムソンの原理が成り立っていれば，クラウジウスの原理も成立している．以上より，2つの原理は同等であることがわかった．

難しく述べたが，暖かいものと冷たいものを接触させると，熱は暖かいものから冷たいものへ自然に移動すると主張しているのである．

永久機関　　何もしていないのに動く永久機関は人類の夢であるが，あくまで夢でしかない．永久機関には2種類ある．第1種永久機関と第2種永久機関である．

第1種永久機関はエネルギーの保存則 (熱力学の第1法則) を破ってしま

うものであり，すぐに見破れる．それに比べて，第2種永久機関は熱力学の第2法則を破っているが，エネルギーの保存則は破っていないので，見破りにくい．

逆に前章で述べたエアコンが温度に低いところから高いところに熱を運ぶのは，一見クラウジウスの原理に反しているようであるが，電力を使って仕事をしているので決してこの原理に反してはいない．

11.2　可逆過程と不可逆過程

クラウジウスの不等式　あるサイクル C を考える．このサイクルは過程 1 で温度 T_1 の熱源から Q_1 の熱量をもらい，過程 2 で温度 T_2 の熱源から Q_2 の熱量を受け取るとする．これを繰り返し，たとえば過程 i では温度 T_i の熱源から熱量 Q_i を受け取るとする．サイクルが熱量を放出する場合は，$Q_i < 0$ とする (図 11.3)．図 11.2 は $N = 2$ の場合である．

このとき，以下の不等式が成り立つ．

$$\sum_i^N \frac{Q_i}{T_i} \leqq 0 \tag{11.1}$$

これを**クラウジウスの不等式**とよぶ．等号はサイクルが可逆のときに成り立つ．

これを証明するには，温度 T_0 の熱源 (熱源 T_0 とよぼう．熱源 T_1 等も同じ意味とする．) を考え，それと i 番目の熱源を組み合わせたサイクル C_i を考える (図 11.4)．この際，$T_0 > T_i$ が熱源 T_i すべてに成り立っているとする．$(T_0 > T_1, T_2, \cdots, T_N)$ サイクル C_i は前章で述べたカルノーサイクルの例だとする．熱源 i は C に Q_i を供給しているので，それを補うように C_i から Q_i をもらうとする．このとき，熱源 T_0 は Q_i' の熱をサイクル C_i に与える．カルノーサイクルの効率，式 (10.72) より，

$$Q_i' = \frac{T_0}{T_i} Q_i \tag{11.2}$$

である．このとき，仕事

$$\widetilde{W}_i = Q_i' - Q_i = \frac{T_0}{T_i} Q_i - Q_i \tag{11.3}$$

が外部に対して行われる．

一方，サイクル C が外部に対して行う仕事はエネルギーの保存則より，

$$\widetilde{W} = \sum_i Q_i \tag{11.4}$$

である．

熱源 T_0 を含めた系全体で見ると，熱量 $\sum_i Q_i' = \sum_i \frac{T_0}{T_i} Q_i$ を受け取って，それを $\widetilde{W} + \sum_i \widetilde{W}_i$ の仕事に変換したことになる．そこでもし外部に

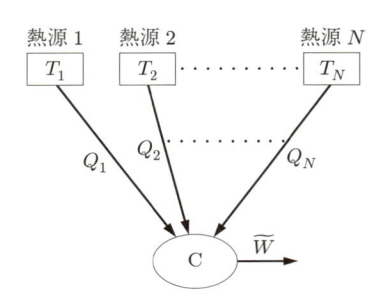

図 11.3　いろいろな熱源と接触するサイクル C

☞ 以下の議論はやや難しいので，最初に勉強するときはとばして，
(クラウジウスの不等式が等式になる)=(サイクルが可逆)と覚えてしまってよい．

仕事ができてしまうと，トムソンの原理に反してしまう．よって

$$\widetilde{W} + \sum_i \widetilde{W}_i = \sum_i \frac{T_0}{T_i} Q_i \leqq 0$$

$$\therefore \quad \sum_i \frac{Q_i}{T_i} \leqq 0 \tag{11.5}$$

である．

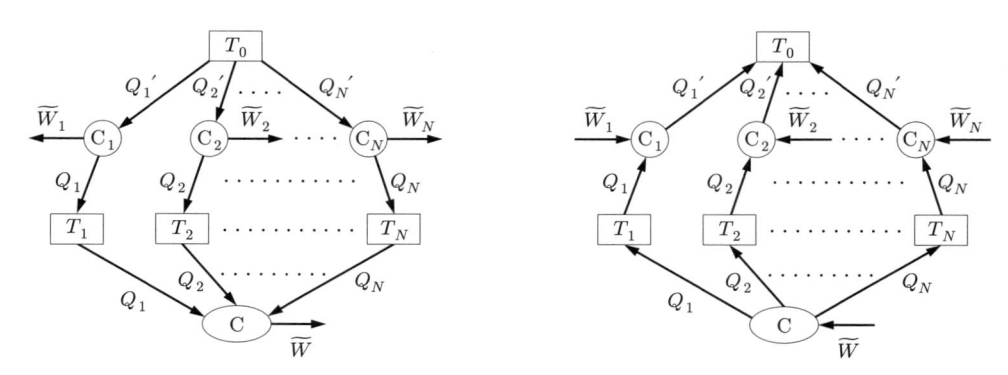

図 11.4 サイクル C, C_i とそれらを逆に動かしたもの．後者では矢印の向きが逆であることに注意．

サイクルが可逆の場合は，これらのプロセスをすべて逆にできる．この場合，外部からされた仕事の和は $\widetilde{W} + \sum_i \widetilde{W}_i$ であり，これはエネルギーの保存則より温度 T_0 の熱源に入る熱量 $\sum_i Q_i'$ に等しい．よって前と同様，

$$\widetilde{W} + \sum_i \widetilde{W}_i = \sum_i Q_i' \tag{11.6}$$

が成り立つ．もし $\sum_i Q_i'$ が負だと，温度 T_0 から熱を奪い取ることになる．奪い取った熱は外部からされた仕事 $\widetilde{W} + \sum_i \widetilde{W}_i$ となる．式 (11.6) から，これは $\sum_i Q_i'$ に等しいので，外部からされた仕事は負，つまり外部に仕事をしたことになる．結局，温度 T_0 の熱源から熱量を奪い，それをそのまま外に対する仕事にしたことになり，トムソンの原理と矛盾する．よって

$$\sum_i Q_i' = \sum_i \frac{T_0}{T_i} Q_i \geqq 0 \tag{11.7}$$

でなければならない．これより

$$\sum_i \frac{Q_i}{T_i} \geqq 0 \tag{11.8}$$

となる．

以上より，C が可逆なサイクルの場合，

$$\sum_i \frac{Q_i}{T_i} \leqq 0 \quad \text{かつ} \quad \sum_i \frac{Q_i}{T_i} \geqq 0 \tag{11.9}$$

が成立していることになるので,

$$\sum_i \frac{Q_i}{T_i} = 0 \tag{11.10}$$

である.

一般的なサイクルの熱効率　一般的なカルノーサイクルの効率は $\frac{\widetilde{W}}{Q}$ で与えられる．これは

$$\eta = \frac{Q - Q'}{Q} = 1 - \frac{Q'}{Q} \tag{11.11}$$

となる．可逆サイクルの場合，クラウジウスの不等式は等式になるから

$$\frac{Q}{T} = \frac{Q'}{T'} \tag{11.12}$$

である．よって

$$\eta_{カルノー} = 1 - \frac{T'}{T} \tag{11.13}$$

となる．特殊な例として前章で計算したカルノーサイクルの効率は，実は可逆過程すべてで成立しているのである.

一方，不可逆なサイクルの場合，クラウジウスの不等式は

$$\frac{Q}{T} + \frac{-Q'}{T'} < 0$$

$$\frac{T'}{T} - \frac{Q'}{Q} < 0$$

$$\therefore \quad \frac{T'}{T} < \frac{Q'}{Q} \tag{11.14}$$

なので，効率は

$$\eta = \frac{\widetilde{W}}{Q} = \frac{Q - Q'}{Q} = 1 - \frac{Q'}{Q} < 1 - \frac{T'}{T} = \eta_{カルノー} \tag{11.15}$$

となる.

このようにどのようなサイクルもカルノーサイクルの効率 (=可逆なサイクルの効率) は超えられないのである.

11.3　エントロピー

エントロピーの概念　前節で見たように不可逆なサイクルでは,

$$\sum_i \frac{Q_i}{T_i} < 0 \tag{11.16}$$

可逆なサイクルでは

$$\sum_i \frac{Q_i}{T_i} = 0 \tag{11.17}$$

である．可逆，不可逆を定量的に区別するためには,

$$\frac{Q}{T} \tag{11.18}$$

という量が重要であることがわかる．温度，熱量が連続的に変化するような場合は，この量を微小熱量の和に分割して,

$$\int \frac{\mathrm{d}Q}{T} \tag{11.19}$$

とすればよい．ただし，ここでいう T は**系の温度**である．熱源の温度とは必ずしも一致しない．こうしておけば，熱源に接していないときもエントロピーを定義できる．

この積分より，エントロピーを

$$S_{\mathrm{A}\to\mathrm{B}} = S(\mathrm{B}) - S(\mathrm{A}) = \int_{\mathrm{A}}^{\mathrm{B}} \frac{\mathrm{d}Q}{T} \tag{11.20}$$

と定義する．温度が一定の場合，

$$S_{\mathrm{A}\to\mathrm{B}} = S(\mathrm{B}) - S(\mathrm{A}) = \frac{Q_{\mathrm{A}\to\mathrm{B}}}{T} \tag{11.21}$$

となる．微小変化の場合，

$$\Delta S = \frac{\Delta Q}{T} \tag{11.22}$$

となる．

エントロピーの計算を例で見てみよう．

温度を一定として，体積を増やす場合　　まず等温過程において気体が膨張したときのエントロピーの変化を計算しよう．

モル数 n，体積 V_1，温度 T の理想気体を，温度 T を一定に保ちながら体積 V_2 に変化させる．

体積が V から $V + \Delta V$ にわずかに変化する場合を考えよう．等温過程なので，内部エネルギーは変化しない．よって系に加えた熱量 Q は

$$Q = \Delta U + \widetilde{W} = P\,\Delta V = \frac{nRT\,\Delta V}{V} \tag{11.23}$$

である．よってエントロピーの変化は

$$\Delta S = \frac{nR\,\Delta V}{V} \tag{11.24}$$

である．体積 V_1 から体積 V_2 へと変化させた場合はこれを積分して，

$$S_2 - S_1 = \int_{V_1}^{V_2} \frac{nR\,\mathrm{d}V}{V} = nR\log\frac{V_2}{V_1} \tag{11.25}$$

となる．

体積を一定として，温度を上げる場合　　熱容量 C，温度 T の固体を温度 T' に上昇させたとする．ここで固体を考え，体積はほとんど変化しないとし，外部に行う仕事は無視する．$\mathrm{d}Q = C\,\mathrm{d}T$ なので，

$$S = \int_{T}^{T'} \frac{\mathrm{d}Q}{T} = \int_{T}^{T'} C\frac{\mathrm{d}T}{T} = C\log\frac{T'}{T} \tag{11.26}$$

☞ 液体もほとんど体積は変わらないので，ここでの議論が使える．また気体でも定積過程ならここで求めた結果となる．

となる．温度が高い方がエントロピーが大きい．これは温度が高いほど「散らかっている」という印象と一致している．

> **例題 11.1　定積変化の理想気体**
> n モルの単原子分子理想気体を考える．体積を一定として温度を T_1 から T_2 にすると，エントロピーはどれだけ変化するか．

解　n モルの単原子理想気体の熱容量は，
$$C_V = \frac{3n}{2}R$$
である．式 (11.26) に代入して，
$$S_2 - S_1 = \frac{3nR}{2}\log\left(\frac{T_2}{T_1}\right) \tag{11.27}$$
である．

カルノーサイクルでのエントロピーの変化　カルノーサイクルでのエントロピーの変化を追うのは簡単である．表 10.3 を見ながら追ってみよう．

過程 I)　系に加えられた熱量は $nRT\log\frac{V_1}{V_0}$ である．等温過程なので，エントロピーの変化はこれを T で割り算した，
$$S_\text{I} = nR\log\frac{V_1}{V_0} \tag{11.28}$$
となる．

過程 II)　断熱過程なので $Q=0$．よってエントロピーの変化は 0 である．

過程 III)　熱量は $nRT'\log\frac{V_3}{V_2}$，これを T' で割り算したものがエントロピーの変化なので，
$$S_\text{III} = -nR\log\frac{V_2}{V_3} \tag{11.29}$$
となる．

この式は，温度が一定で体積を増やすとエントロピーは増大することを表している．これも直感的な印象とあっている．

過程 IV)　断熱過程なので，エントロピーは変化しない．

以上から，カルノーサイクルでのエントロピーの変化は
$$S_{\text{カルノー}} = nR\left(\log\frac{V_1}{V_0} + 0 - \log\frac{V_2}{V_3} + 0\right) \tag{11.30}$$
である．式 (10.69) より，$\frac{V_1}{V_0} = \frac{V_2}{V_3}$ なので，
$$S_{\text{カルノー}} = 0 \tag{11.31}$$
となる．

簡単なサイクルでのエントロピーの変化　クラウジウスの不等式に現れる $\int \frac{dQ}{T}$ とエントロピーの違いを明確にするため，前章で学んだ図 10.6，表 10.2 のような等温，定圧，定積過程からなるサイクルを考えよう．

はじめにエントロピーの変化を追う．

A_0 から A_1　この過程は等温過程であり，温度 T の熱源に接している．よって，

$$S(\mathrm{A_1}) - S(\mathrm{A_0}) = \frac{Q_{\mathrm{A_0 \to A_1}}}{T} = \frac{P_0 V_0}{T} \log \frac{V_1}{V_0}$$
$$= nR \log \frac{V_1}{V_0} = nR \log \frac{T}{T'} \tag{11.32}$$

となる．最後の式では，$T' = T \times \dfrac{V_0}{V_1}$ を用いた．

$\mathbf{A}_1$ から $\mathbf{A}_2$　機関の内部の温度は連続的に変わっている．熱量と温度の関係は $dQ = \dfrac{5nR}{2} dT$ である．よってエントロピーの変化は

$$S(\mathrm{A_2}) - S(\mathrm{A_1}) = \frac{5nR}{2} \int_T^{T_2} \frac{dT}{T} = \frac{5nR}{2} \log \frac{T'}{T} \tag{11.33}$$

となる．

$\mathbf{A}_2$ から $\mathbf{A}_0$　定積変化なので，$dQ = \dfrac{3nR}{2} dT$ である．エントロピーの変化は

$$S(\mathrm{A_2}) - S(\mathrm{A_1}) = \frac{3nR}{2} \int_{T_2}^T \frac{dT}{T} = \frac{3nR}{2} \log \frac{T}{T'} \tag{11.34}$$

エントロピーの変化を合計すると，

$$nR \log \frac{T}{T'} + \frac{5nR}{2} \log \frac{T'}{T} + \frac{3nR}{2} \log \frac{T}{T'} = 0 \tag{11.35}$$

となり，エントロピーはサイクルを1周すると0になることがわかる．

一方，クラウジウスの不等式を計算してみよう．この場合，$\dfrac{Q}{T}$ に現れる温度は熱源の温度であることに注意しよう．

$\mathbf{A}_0$ から $\mathbf{A}_1$　この過程は等温過程であり，温度 T の熱源に接している．よって，

$$\frac{Q_{\mathrm{A_0 \to A_1}}}{T} = nR \log \frac{V_1}{V_0} = nR \log \frac{T}{T'} \tag{11.36}$$

となる．エントロピーの変化と同じである．

$\mathbf{A}_1$ から $\mathbf{A}_2$　この場合，熱源 T_2 に接しているので，

$$\frac{Q_{\mathrm{A_1 \to A_2}}}{T'} = \frac{\frac{5 P_0 V_0}{2} \left(\frac{V_0 - V_1}{V_1} \right)}{T'} = \frac{5nR}{2} \frac{V_0 - V_1}{V_0} = \frac{5nR}{2} \frac{T' - T}{T'} \tag{11.37}$$

となる．

$\mathbf{A}_2$ から $\mathbf{A}_0$　この場合，温度 T の熱源に接触しているので，

$$\frac{Q_{\mathrm{A_2 \to A_0}}}{T} = \frac{P_0 V_0 \frac{3(V_1 - V_0)}{2 V_1}}{T} = \frac{3nR}{2} \frac{V_1 - V_0}{V_1} = \frac{3nR}{2} \frac{T - T'}{T} \tag{11.38}$$

よって，

$$\frac{Q_{\mathrm{A_0 \to A_1}}}{T} + \frac{Q_{\mathrm{A_1 \to A_2}}}{T'} + \frac{Q_{\mathrm{A_2 \to A_0}}}{T}$$
$$= nR \log \frac{T}{T'} + \frac{5nR}{2} \frac{T' - T}{T'} + \frac{3nR}{2} \frac{T - T'}{T} \tag{11.39}$$

である．定数 nR で規格化し，$x = \dfrac{T}{T'}$ とすると，この値は

$$f(x) = \log x + \frac{5}{2}(1-x) + \frac{3(x-1)}{2x} \tag{11.40}$$

となる．$f(1) = 0$，および $x > 1$ に対して，

$$\frac{\mathrm{d}f(x)}{\mathrm{d}x} = \frac{1}{x} - \frac{5}{2} + \frac{3}{2x^2} = \left(\frac{1}{x} - 1\right) + \frac{3}{2}\left(\frac{1}{x^2} - 1\right) < 0$$

から，$f(x) < 0 \,(x > 1)$ である．よって確かにクラウジウスの不等式を満たしいる (等号は成り立っていない)．

状態量 前章で圧力や体積，温度，内部エネルギーを定義した．簡単のため，粒子数が一定の系をこれからは考える．このとき，系の熱力学的な状態は，体積と温度を決めれば変わる．たとえば，

$$P = F_P(V, T) \tag{11.41}$$

であり，

$$U = F_U(V, T) \tag{11.42}$$

となる．最初の式を V について解くと

$$V = F_V(P, T) \tag{11.43}$$

となる．これを使うと，

$$U = F_U(V(P,T), T) = G_U(P, T) \tag{11.44}$$

となる．あまり実用的でないが，温度を U と V で表すことも可能である．このように，2つの熱力学的な変数を指定すると状態が決まる量を，**状態量**とよぶ．

このように書くと熱力学で出てくる量はすべて状態量のように思えてしまうが，たとえば**熱とか仕事は状態量ではない**．ある体積と温度を指定しても，その体積や温度にどのようにしてもって行ったかに熱や仕事は依存してしまうからである．

例で見たように，サイクルを1周すると，エントロピーは元に戻る．**エントロピーは状態量**である．

孤立系におけるエントロピー増大の法則 クラウジウスの不等式の応用として，以下のサイクルを考える．

1. 状態 A から状態 B へと適当に変化させる．
2. B から A に戻す．このとき，熱源を十分沢山用意し，B から A に移る過程では，系の温度と熱源の温度は等しいようにする．

このとき，クラウジウスの不等式は

$$\int_A^B \frac{\mathrm{d}Q}{T} + \int_{\text{熱源の温度=系の温度}} \frac{\mathrm{d}Q}{T} \leq 0 \tag{11.45}$$

である．第2項の過程では熱源の温度と系の温度は等しいので，$S(\mathrm{A}) - S(\mathrm{B})$ と書ける．よって，

$$\int_\mathrm{A}^\mathrm{B} \frac{dQ}{T} + S(\mathrm{A}) - S(\mathrm{B}) \leqq 0 \tag{11.46}$$

となる．これより

$$S(\mathrm{B}) - S(\mathrm{A}) \geqq \int_\mathrm{A}^\mathrm{B} \frac{dQ}{T} \tag{11.47}$$

☞ 右辺の温度は熱源の温度であることに注意

である．

他と相互作用しない系を**孤立系**とよぶ．孤立系では外との熱のやりとりはない．よって右辺は0であり，

$$S(\mathrm{B}) \geqq S(\mathrm{A}) \tag{11.48}$$

よって，孤立系ではエントロピーは決して減少しない．これが**エントロピー増大の法則**である．

11.4　熱力学関数

示量変数と示強変数　　物体Aに物体Bを加えるとする．たとえば20℃，1気圧，1Lの気体に，20℃，1気圧，2Lの気体を加えたとする．このとき，粒子数，体積は加えられ，足し算で増える．しかし，温度，圧力は変化しない．このように粒子数・体積と，温度・圧力は，性質が違うものである．系Aと系Bを加えあわせたとき，足し算で増える量を**示量変数**，加えても変化がないものを**示強変数**と定義する．

例題 11.2　示量変数，示強変数

内部エネルギー，温度，エントロピーそれぞれは示量変数か，示強変数か．

解　同じ温度，体積，圧力にある系Aと系Bを加え合わせたとき，どうなるかを考えればよい．内部エネルギーは倍になるので，示量変数である．温度は変わらないので示強変数である．エントロピーは熱量(示量変数)を温度(示強変数)でわったものなので，示量変数である．実際，式(11.25)はモル数n(つまり粒子数)に比例している．

☞ 温度は気体を構成する分子1つあたりの運動エネルギーなので，系を倍にしても変化しない．

熱力学関数　　内部エネルギーの変化と与えられた熱量，外部にした仕事の関係はエネルギーの保存則より，

$$\Delta U = Q - P\Delta V \tag{11.49}$$

である．エントロピーの表式(11.22) $Q = T\Delta S$ より

$$\Delta U = T\Delta S - P\Delta V \tag{11.50}$$

Uの変化を見るためには，エントロピーの変化を見なければいけないという，実際には困難なことをこの式は主張している．そこで，

$$F = U - TS \tag{11.51}$$

を定義する．これは**ヘルムホルツの自由エネルギー**とよばれている．この微小変化は

$$\Delta F = \Delta(U - TS) = \Delta U - \Delta(TS)$$
$$\fallingdotseq T\Delta S - P\Delta V - T\Delta S - S\Delta T$$
$$= -P\Delta V - S\Delta T \tag{11.52}$$

$\Delta(TS) = (T+\Delta T)(S+\Delta S) - TS = T\times\Delta S + \Delta T\times S + \Delta T\Delta S \fallingdotseq T\times\Delta S + \Delta T\times S$ を用いた．

となり，体積と温度の微小変化で表される．

体積でなく，圧力を変数としたものが扱いやすい場合がある．それには，

$$H = U + PV \tag{11.53}$$

を考えればよい．H は**エンタルピー**とよばれる．エンタルピーの微小変化は

$$\Delta H = \Delta(U + PV) = \Delta U + \Delta(PV)$$
$$\fallingdotseq T\Delta S - P\Delta V + P\Delta V + V\Delta P$$
$$= T\Delta S + V\Delta P \tag{11.54}$$

である．

同様にヘルムホルツの自由エネルギー F に PV を加えたものを**ギブスの自由エネルギー**とよび，G で表す．

$$G = F + PV = U - TS + PV \tag{11.55}$$

$$\Delta G = \Delta(F + PV)$$
$$\fallingdotseq -P\Delta V - S\Delta T + P\Delta V + V\Delta P$$
$$= -S\Delta T + V\Delta P \tag{11.56}$$

ギブスの自由エネルギーの微小変化は温度と圧力の変化で表される．

ここで導入した4つの熱力学関数を表にまとめておく．

表 11.1

記号	定義	微小変化	変数の組
U		$T\Delta S - P\Delta V$	(S, V)
F	$U - TS$	$-S\Delta T - P\Delta V$	(T, V)
G	$U - TS + PV$	$-S\Delta T + V\Delta P$	(T, P)
H	$U + PV$	$T\Delta S + V\Delta P$	(S, P)

自由エネルギーの性質　　F, G になぜ自由エネルギーという名前がついているのであろうか．

まず，熱源 T に接している状態 A と状態 B を考える．このとき，クラウジウスの不等式の応用 (11.47) から，

$$T(S(B) - S(A)) \geqq Q \tag{11.57}$$

が導かれる．内部エネルギーの変化は $U(\mathrm{B}) - U(\mathrm{A})$ である．エネルギーの保存則 $Q = U(\mathrm{B}) - U(\mathrm{A}) + \widetilde{W}$ より，

$$T(S(\mathrm{B}) - S(\mathrm{A})) \geqq U(\mathrm{B}) - U(\mathrm{A}) + \widetilde{W} \tag{11.58}$$

となる．これより，

$$F(\mathrm{A}) - F(\mathrm{B}) \geqq \widetilde{W} \tag{11.59}$$

☞ ここでは A は状態 A を指定する変数の組，$V_\mathrm{A}, T_\mathrm{A}$ の意味とする．

となる．つまり，一定温度の熱源に接しながら状態 A から状態 B に移って仕事をしたとき，ヘルムホルツの自由エネルギーが減ったとする．その減り分は仕事の上限値を与えているのである．すなわち，系が一定熱源に接しているとき，仕事として自由に取り出せるエネルギーを表しているのが，F である．

孤立系で外部に仕事をしない場合は $\widetilde{W} = 0$ となる．すると

$$F(\mathrm{A}) \geqq F(\mathrm{B}) \tag{11.60}$$

となるので，状態 B の自由エネルギーは状態 A 以下である．温度 T の熱源にずっと接していると，自由エネルギーは必ず下がり，最小値をとって安定するのである．よって，**熱平衡状態ではヘルムホルツの自由エネルギーが最小**となっているのである．

圧力一定で仕事をしている場合，

$$F(\mathrm{A}) - F(\mathrm{B}) \geqq \widetilde{W} = P(V(\mathrm{B}) - V(\mathrm{A})) \tag{11.61}$$

である．

$$F(\mathrm{A}) + PV(\mathrm{A}) \geqq F(\mathrm{B}) + PV(\mathrm{B}) \quad \therefore \quad G(\mathrm{A}) \geqq G(\mathrm{B}) \tag{11.62}$$

となっている．よって圧力と温度が一定の環境に放置して置くと，ギブスの自由エネルギーがどんどん小さくなり，最小値に落ち着く．

マクスウェルの関係式　　表 11.1 のたとえば，内部エネルギー U の微小変化を考えよう．すると，

$$\Delta U = T \Delta S - P \Delta V \tag{11.63}$$

であるから，V を固定し，S で偏微分すると，

$$\left(\frac{\partial U}{\partial S}\right)_V = T \tag{11.64}$$

この温度は (S, V) の関数である．温度をさらに V で偏微分すると

$$\frac{\partial^2 U}{\partial V \partial S} = \left(\frac{\partial T}{\partial V}\right)_S \tag{11.65}$$

となる．一方，S を固定し，U を V で偏微分すると，

$$\left(\frac{\partial U}{\partial V}\right)_S = -P \tag{11.66}$$

である．P も (S,V) の関数なので，これをさらに S で偏微分すると

$$\frac{\partial^2 U}{\partial S \partial V} = -\left(\frac{\partial P}{\partial S}\right)_V \tag{11.67}$$

偏微分は順序によらない．よって，

$$\left(\frac{\partial T}{\partial V}\right)_S = -\left(\frac{\partial P}{\partial S}\right)_V \tag{11.68}$$

が導ける．

同様に $\Delta F, \Delta G, \Delta H$ から，

$$\left(\frac{\partial S}{\partial V}\right)_T = \left(\frac{\partial P}{\partial T}\right)_V \tag{11.69}$$

$$\left(\frac{\partial S}{\partial P}\right)_T = -\left(\frac{\partial V}{\partial T}\right)_P \tag{11.70}$$

$$\left(\frac{\partial V}{\partial S}\right)_P = \left(\frac{\partial T}{\partial P}\right)_S \tag{11.71}$$

が得られる．これらはマクスウェルの関係式とよばれる．

たとえば，温度一定での内部エネルギーの体積変化，$\left(\frac{\partial U}{\partial V}\right)_T$ を求めたいとする．このとき，

$$\left(\frac{\partial U}{\partial V}\right)_T = T\left(\frac{\partial S}{\partial V}\right)_T - P \tag{11.72}$$

となるが，$\left(\frac{\partial S}{\partial V}\right)_T$ は簡単には測定できない．そこで式 (11.69) を用いて，

$$\left(\frac{\partial U}{\partial V}\right)_T = T\left(\frac{\partial P}{\partial T}\right)_V - P \tag{11.73}$$

とするのである．体積一定での圧力の温度依存性なら簡単に測定できる．

このようにマクスウェルの関係式は熱力学量の測定に役立つ．

演習問題 11

1. **温度が異なる物体の接触** ▍ 熱容量 C をもつ同じ物体を用意し，片方を温度 T，もう片方を温度 $T'(>T)$ にする．2つを接触させると温度は $\dfrac{T+T'}{2}$ となる．このとき，接触前と後でエントロピーはどのように変化したか．

2. **T-S 面で描いたカルノーサイクル** ▍
   (a) カルノーサイクルを P-V 面でなく，温度とエントロピー S を使って，T-S 面で表すとどのようになるか．
   (b) 曲線で囲まれた面積は何を表すか．

3. **マクスウェルの関係式** ▍ 式 (11.69), (11.70), (11.71) を導け．

12 クーロンの法則

本章から電磁気学の基本を学んでいく．電磁気現象は，静電気，電流，磁気，電磁誘導，電磁波と多岐にわたる．この章では，最も簡単な静電気の法則について学ぶ．

12.1 クーロンの法則と電場

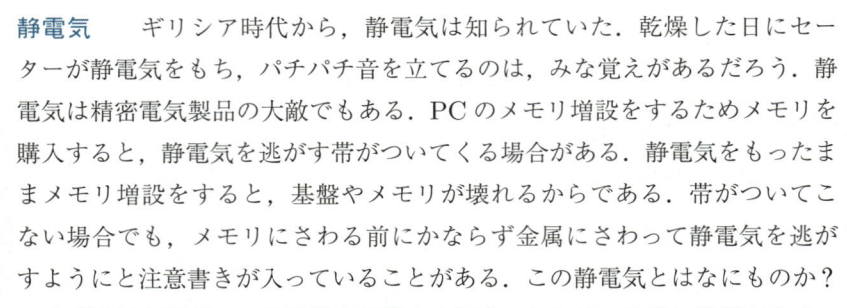

静電気　ギリシア時代から，静電気は知られていた．乾燥した日にセーターが静電気をもち，パチパチ音を立てるのは，みな覚えがあるだろう．静電気は精密電気製品の大敵でもある．PCのメモリ増設をするためメモリを購入すると，静電気を逃がす帯がついてくる場合がある．静電気をもったままメモリ増設をすると，基盤やメモリが壊れるからである．帯がついてこない場合でも，メモリにさわる前にかならず金属にさわって静電気を逃がすようにと注意書きが入っていることがある．この静電気とはなにものか？

まず電気を帯びている状態を**帯電**とよぼう．これは，物質に**電荷**がたまっている状態である．すると電荷とは何かという質問がわく．電荷は，質量と同様，物質を構成している電子や陽子の基本的な性質の1つである．原子は，陽子，中性子，電子から構成されるが，このうち陽子はプラスの電荷をもち，電子はマイナスの電荷をもつことが知られている．陽子の電荷と電子の電荷の絶対値は等しい．その値は

$$e = 1.60217646 \times 10^{-19}\,\text{C} \tag{12.1}$$

である．e は**素電荷**とよばれる．Cは電荷の単位，クーロンである．この素電荷を使うと，陽子の電荷は $+e$，電子の電荷は $-e$ と表される．電荷は消滅したり，生成されたりはしない．あらゆる自然現象において，**電荷の保存則**が成立していることが確かめられている．

陽子と電子の電荷の絶対値は厳密に等しいので，原子は中性である．原子，分子が集まって物質となるので通常の物質は電気的に中性である．しかしそれらをこすり合わせると，電子の一部が移動し，帯電することがある．たとえば，毛皮，セーターでガラス，プラスチックをこすると，これらは帯電する．

クーロンの法則　たまっている電荷の量を**電気量**とよび，Q と表す．電気量は陽子の数から電子の数を引き，それに素電荷を掛けたものである．しかし素電荷の値があまりに小さく，電子と陽子の数は膨大なため，通常，Q

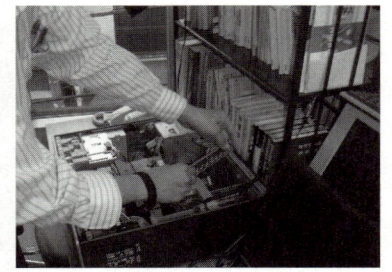

静電防止リストバンド．手首に巻き付け，体から金属製のラックに静電気を逃がす．

☞ 陽子，電子の質量はばらばらであるが，電荷の絶対値は厳密に等しい．

☞ 陽子，中性子は $\frac{2e}{3}$ の電荷をもったuクォークと，$-\frac{e}{3}$ の電荷をもったdクォークからなっている．たとえば，陽子は uud の組み合わせ，中性子は udd の組み合わせからなっている．一方，電子はそれ自身が基本粒子である．

は連続変数とみなす．この電気量を用いて，帯電した粒子，物質（まとめて物体とよぼう）の間に働く力を記述するのが，**クーロンの法則**

$$F = k\frac{Q_1 Q_2}{r^2} \tag{12.2}$$

である．ここで Q_1, Q_2 は 2 つの物体の電気量，r は物体間の距離である．2 つの物体は大きさが無視できるとしている．こうした大きさが無視できる電荷を**点電荷**とよぶ．

$$k = 8.987742438 \times 10^9 \,\mathrm{N\cdot m^2/C^2} \tag{12.3}$$

であり，これは**クーロン定数**とよばれる．クーロン定数は**真空の誘電率** ϵ_0 と

$$k = \frac{1}{4\pi\epsilon_0} \tag{12.4}$$

という関係がある．

$$\epsilon_0 = 8.854187817 \times 10^{-12} \,\mathrm{C^2/(N\cdot m^2)} \tag{12.5}$$

である．

☞ 大きさが無視できるとは，正確には物体の大きさに比べて，物体間の距離がはるかに大きいという意味である．

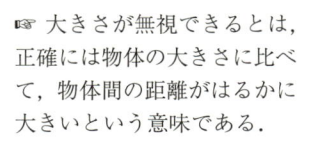

☞ 誘電率については第 14 章参照

☞ ϵ_0 の値はややこしいが，これは実は光速を c として，$\dfrac{10^7}{4\pi c^2}\mathrm{C^2/(N\cdot m^2)}$ となっている．$10^7/4\pi$ という係数は，自然法則から導かれるというよりも，単位系により決まっている．この選び方は国際単位系 (SI 単位系) によるものである．

　クーロンの法則が万有引力 (式 (7.9)) に似ていることに注意しよう．万有引力における質量が電荷になり，万有引力定数がクーロン定数になっただけで，距離依存性は同じである．違いは，電荷には正負があることである．これによりクーロン力は引力になったり斥力になったりするが，万有引力は常に引力である．

　力は方向をもったベクトル量である．クーロン力も万有引力と同様，物体間を結ぶ直線上にそっている (図 12.1)．これを式で表すと，

$$\boldsymbol{F}_{Q_1} = \frac{1}{4\pi\epsilon_0}\frac{Q_1 Q_2}{r_{12}^3}\boldsymbol{r}_{12} = \frac{1}{4\pi\epsilon_0}\frac{Q_1 Q_2}{r_{12}^2}\widehat{\boldsymbol{r}}_{12}$$
$$\boldsymbol{F}_{Q_2} = -\frac{1}{4\pi\epsilon_0}\frac{Q_1 Q_2}{r_{12}^3}\boldsymbol{r}_{12} = -\frac{1}{4\pi\epsilon_0}\frac{Q_1 Q_2}{r_{12}^2}\widehat{\boldsymbol{r}}_{12} \tag{12.6}$$

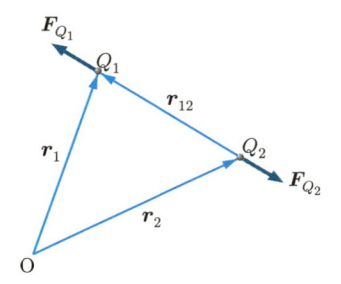

である．$\boldsymbol{F}_{Q_1}$ は Q_1 に働く力，$\boldsymbol{F}_{Q_2}$ は Q_2 に働く力である．また，$\boldsymbol{r}_{12}$ は Q_2 から Q_1 に向かうベクトルで，

$$\boldsymbol{r}_{12} = \boldsymbol{r}_1 - \boldsymbol{r}_2, \quad \widehat{\boldsymbol{r}}_{12} = \frac{\boldsymbol{r}_{12}}{r_{12}} \tag{12.7}$$

である．$\widehat{\boldsymbol{r}}_{12}$ は Q_2 から Q_1 に向かう**単位ベクトル**である．

図 12.1 クーロン力

12.2 電場

クーロン力と電場　このクーロン力を別の見方をしてみる．すなわち，電荷 Q_2 が**電場**

$$\boldsymbol{E} = \frac{1}{4\pi\epsilon_0}\frac{Q_2}{r_{12}^2}\widehat{\boldsymbol{r}}_{12} \tag{12.8}$$

をつくる．そこに電荷 Q_1 が置かれ，

$$F_{Q_1} = Q_1 \times E \tag{12.9}$$

をうけるという見方である．このように電磁気学では力を求める前に電場を求めておき，その電場に電荷を掛けて力を導く．

力で見た場合，2つの電荷の間だけに電気力が存在しているような記述になる．一方，電場から解釈すると，**電荷の存在により空間のあらゆる場所に電場が生成されており，そこに別の電荷が置かれると力が働く**という記述になる．後者の見方をする場合，クーロンの法則は電荷がつくる電場を求める法則と解釈できる．

場　クーロンの法則により，電場ベクトルが求められた．この電場ベクトルは，1つではなく，**考えている空間上すべての点において定義されてる**．このような空間の関数を場とよぶ．ベクトルの場合，特にベクトル場とよぶ．

たとえば，力学で議論した粒子の位置，速度はその粒子がある位置だけで定義されるので，場ではない．一方，力，ポテンシャルは粒子がなくても定義されるので，場である．川の流れの場合，流れている粒子の時間発展を追ってもよいが，川の位置を指定して，そこでの密度，速度を与えてもよい．後者が場の考え方である．

☞ ネオンサインの電気が右から左に1つずつついては消えるようすを思い浮かべよう．これはある場所で光っているか，消えているかという場の量が変化していると考えることができる．ネオンサインを考えず光だけに注目していると，あたかも光った粒子が運動しているように見える．このように粒子の運動も場による記述が可能である．

複数の電荷　電荷がたくさんあった場合，電場は個々の電荷のつくる電場の**重ね合わせ**（足し算）となる．位置 r_i に存在する電荷 $Q_i (i = 1, 2, \cdots, N)$ が，位置 r につくる電場は，重ね合わせより以下の表式で与えられる．

$$\begin{aligned}E &= \frac{1}{4\pi\epsilon_0}\frac{Q_1}{R_1^2}\widehat{R}_1 + \frac{1}{4\pi\epsilon_0}\frac{Q_2}{R_2^2}\widehat{R}_2 + \cdots + \frac{1}{4\pi\epsilon_0}\frac{Q_N}{R_N^2}\widehat{R}_N \\ &= \sum_{i=1}^{N} \frac{1}{4\pi\epsilon_0}\frac{Q_i}{R_i^2}\widehat{R}_i\end{aligned} \tag{12.10}$$

となる．ここで $R_i = r - r_i$ である．これにより，位置 r に電荷 Q を置いたときに，この電荷が受ける力は QE として計算できる．

12.3　静電ポテンシャル

位置エネルギーと静電ポテンシャル　実際には式 (12.10) を用いて電場を求めるのは困難である．この式はベクトルの足し算で方向などを考慮しなくてはならないからだ．

そこで力学の場合を思い出してみよう．力を直接求めず，まず位置エネルギーを求めると，ベクトルの和でなく，エネルギーという方向をもたない量の和を求めればよくなり，問題が簡単になった．また，エネルギーの保存則を用いて現象を解釈できるようになった．そこで電磁気にも位置エネルギーを導入しよう．クーロン力に逆らって仕事をすると位置エネルギーが

たまる．この位置エネルギーを表すのに静電ポテンシャルを定義する．位置エネルギーと静電ポテンシャルの関係は，

$$(位置エネルギー) = (電荷) \times (静電ポテンシャル) \tag{12.11}$$

である．

静電ポテンシャル (電位ともよばれる) は

$$\Phi(\boldsymbol{r}) = \sum_{i=1}^{N} \frac{1}{4\pi\epsilon_0} \frac{Q_i}{R_i} \tag{12.12}$$

で定義される．これより電場は

$$\boldsymbol{E} = -\mathrm{grad}\,\Phi(\boldsymbol{r}) \tag{12.13}$$

となる．

連続的な分布　電荷は素電荷からなっているので，電気量は離散的な値 (e の整数倍) しかとらない．よって，式 (12.10) を計算する必要がある．しかし，実際には帯電した物質では電子の電荷は 10^{-10} m 間隔で分布しているので，これらを遠く ($\gg 10^{-10}$ m のスケール) から見る限り，連続分布と思ってよいのである．黒板の字を思い描いてみよう．目を近づけてみれば粉のあるところとないところがはっきりと見えるが，チョークの粉の間隔よりも十分離れてみればチョークの濃淡は連続的に変化して見える．同じように原子間隔よりも大きなスケールから眺めると，電荷は連続的に変化しているように見えるのである (図 12.2)．

こうした状況は電荷密度を使って記述される．電荷密度 $\rho(\boldsymbol{r})$ を用いると，$\boldsymbol{r}$ 付近の微小体積 ΔV の中にある電荷 ΔQ は

$$\Delta Q = \rho(\boldsymbol{r})\Delta V \tag{12.14}$$

で与えられる．

連続的な電荷密度が与えられたときの静電ポテンシャルの表式を求めよう．位置 $\boldsymbol{r}_i$ における微小体積 ΔV_i 中の電荷が ΔQ_i だとする．この場所の電荷密度は $\rho_i = \dfrac{\Delta Q_i}{\Delta V_i}$ である．

$$\Phi(\boldsymbol{r}) = \frac{1}{4\pi\epsilon_0} \sum_i \frac{\Delta Q_i}{|\boldsymbol{r}-\boldsymbol{r}_i|} = \frac{1}{4\pi\epsilon_0} \sum_i \frac{\rho_i \Delta V_i}{|\boldsymbol{r}-\boldsymbol{r}_i|} \tag{12.15}$$

である．体積を無限小にもっていくことで，微小体積の和は体積積分になり，

$$\Phi(\boldsymbol{r}) = \frac{1}{4\pi\epsilon_0} \int \frac{\mathrm{d}Q(\boldsymbol{r}')}{|\boldsymbol{r}-\boldsymbol{r}'|} = \frac{1}{4\pi\epsilon_0} \int \frac{\rho(\boldsymbol{r}')\mathrm{d}V'}{|\boldsymbol{r}-\boldsymbol{r}'|} \tag{12.16}$$

となる．ここで電荷密度を考えたが，表面電荷密度

$$\mathrm{d}Q(\boldsymbol{r}') = \sigma(\boldsymbol{r}')\mathrm{d}S' \tag{12.17}$$

や線電荷密度

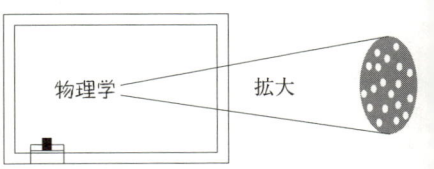

図 12.2　近づいてみると黒と白の点だが，遠くから見るとグレーに見える．グレーの濃淡は黒点 (白点) の密度で決まっている．

$$dQ(\boldsymbol{r}') = \lambda(\boldsymbol{r}')d r' \tag{12.18}$$

を考えるほうが便利な場合は，

$$\varPhi(\boldsymbol{r}) = \frac{1}{4\pi\epsilon_0} \int \frac{dQ(\boldsymbol{r}')}{|\boldsymbol{r}-\boldsymbol{r}'|} = \frac{1}{4\pi\epsilon_0} \int \frac{\sigma(\boldsymbol{r}')dS'}{|\boldsymbol{r}-\boldsymbol{r}'|} \tag{12.19}$$

$$\varPhi(\boldsymbol{r}) = \frac{1}{4\pi\epsilon_0} \int \frac{dQ(\boldsymbol{r}')}{|\boldsymbol{r}-\boldsymbol{r}'|} = \frac{1}{4\pi\epsilon_0} \int \frac{\lambda(\boldsymbol{r}')dr'}{|\boldsymbol{r}-\boldsymbol{r}'|} \tag{12.20}$$

となる．

電場を求めるにはこれらの勾配を求めればよい（式 (12.13) を使う）．$\boldsymbol{r} - \boldsymbol{r}' = \boldsymbol{R}$ とすると

☞ grad については，第6章の保存力のところで説明した．$\mathrm{grad}\, V$（V はスカラー関数）は，∇V とも書かれる．ここではなれるために ∇ を使って書く．

$$\nabla \frac{1}{R} = -\frac{\widehat{\boldsymbol{R}}}{R^2} \tag{12.21}$$

から，式 (12.13) と組み合わせて，電場は

$$\boldsymbol{E}(\boldsymbol{r}) = \frac{1}{4\pi\epsilon_0} \int \frac{\widehat{\boldsymbol{R}}}{R^2} \rho(\boldsymbol{r}')dV' \tag{12.22}$$

となる．

表面電荷密度が与えられている場合は

$$\boldsymbol{E}(\boldsymbol{r}) = \frac{1}{4\pi\epsilon_0} \int \frac{\widehat{\boldsymbol{R}}}{R^2} \sigma(\boldsymbol{r}')dS', \tag{12.23}$$

線電荷密度が与えられている場合は

$$\boldsymbol{E}(\boldsymbol{r}) = \frac{1}{4\pi\epsilon_0} \int \frac{\widehat{\boldsymbol{R}}}{R^2} \lambda(\boldsymbol{r}')dr', \tag{12.24}$$

となる．ポテンシャルに比べて電場は，はるかに計算しづらい表式になってしまうことに注意しよう．

電場から電位を求める　電位から電場は式 (12.13) から求められる．一方，電場から電位を求めるには，逆に積分してやればよい．

☞ 力から仕事を計算するのと同じやり方（式 (6.60) 参照）である．

$$\varPhi = -\int \boldsymbol{E} \cdot d\boldsymbol{r}' \tag{12.25}$$

無限遠で 0 で，原点 O のまわりで球対称の電場の場合，

$$\varPhi = -\int_\infty^r E(r')\,dr' \tag{12.26}$$

となる．

─ 例題 12.1　一様に帯電した無限大の平面がつくる電場 ─

一様な表面電荷密度 σ をもつ平面がつくる電場を求めよ．

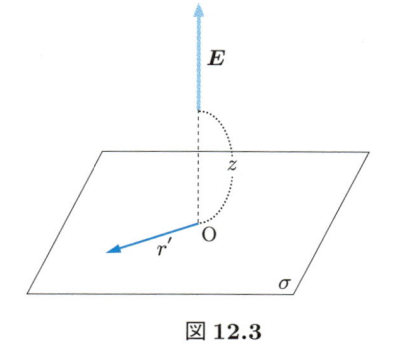

解　電場を求めようとする位置の真下に原点をとって，この垂線を z 軸にとる．原点から r 以上，$r + \Delta r$ 以下の領域の面積は $2\pi r\, \Delta r$ である．このとき，ポテンシャルは式 (12.19) より

図 12.3

$$\varPhi(\boldsymbol{r}) = \frac{\sigma}{4\pi\epsilon_0} \int \frac{dS'}{|\boldsymbol{r}-\boldsymbol{r}'|} = \frac{\sigma}{4\pi\epsilon_0} \int \frac{2\pi r' dr'}{\sqrt{r'^2 + z^2}} \tag{12.27}$$

となる．r' に関する積分はそのまま 0 から無限大まで積分すると発散してしまう．そこで 0 から Λ までの積分だと思い，

$$\int_0^\Lambda \frac{r'\mathrm{d}r'}{\sqrt{r'^2+z^2}} = \sqrt{r'^2+z^2}\Big|_0^\Lambda = \sqrt{\Lambda^2+z^2} - |z| \tag{12.28}$$

とする．よって

$$\Phi(\boldsymbol{r}) = \frac{\sigma}{2\epsilon_0}(\sqrt{\Lambda^2+z^2} - |z|) \tag{12.29}$$

となる．

Φ は x, y に依存しないので，それぞれで偏微分すると 0 である．

$$E_x = -\frac{\partial \Phi}{\partial x} = 0 \,,\, E_y = -\frac{\partial \Phi}{\partial y} = 0$$

また，Λ が大きい極限で，

$$E_z = -\lim_{\Lambda \to \infty} \frac{\sigma}{2\epsilon_0}\left(\frac{\partial}{\partial z}\sqrt{\Lambda^2+z^2} - \frac{\partial |z|}{\partial z}\right) = \begin{cases} \dfrac{\sigma}{2\epsilon_0} & z > 0 \\ -\dfrac{\sigma}{2\epsilon_0} & z < 0 \end{cases} \tag{12.30}$$

である．

☞ 平面から高さ z にいるとしよう．無限に広がった電荷の場合，x, y どの方向を見ても同じ電荷分布が見えるはずなので，それらは打ち消しあう．一方，z 方向は ($z > 0$ の場合) 上には何もなく，下に平面が広がっている．よって電場の z 成分 E_z は有限となる．

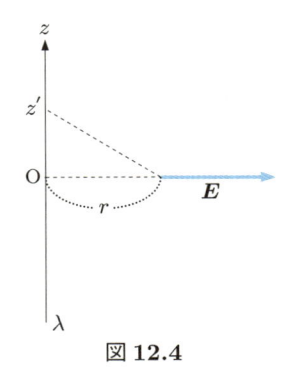

── 例題 12.2 一様に帯電した線がつくる電場 ──
次に一様な線電荷密度 λ をもつ線がつくる電場を求めよ．

解 この帯電した線を z 軸にとる．このとき，ポテンシャルは式 (12.20) より

$$\Phi(\boldsymbol{r}) = \frac{\lambda}{4\pi\epsilon_0}\int_{-\infty}^{\infty}\frac{\mathrm{d}z'}{|\boldsymbol{r}-\boldsymbol{r}'|} = \frac{\lambda}{2\pi\epsilon_0}\int_0^{\infty}\frac{\mathrm{d}z'}{\sqrt{r^2+z'^2}} \tag{12.31}$$

となる．z' に関する積分は発散してしまうので，その上限を Λ とおき，

$$\int \mathrm{d}z' \frac{1}{\sqrt{r^2+z'^2}} = \ln(z' + \sqrt{z'^2+r^2}) \tag{12.32}$$

を用いると，

$$\Phi = \frac{\lambda}{2\pi\epsilon_0}(\ln(\Lambda + \sqrt{\Lambda^2+r^2}) - \ln r) \tag{12.33}$$

である．

線から放射状に伸びた方向にのみポテンシャルが依存するので，電場は放射状方向 (動径方向という) のみにできる．この大きさを E_r とすると，E_r は Λ が無限大の極限で

$$\begin{aligned}E_r &= -\lim_{\Lambda \to \infty}\frac{\partial \Phi}{\partial r} \\ &= -\lim_{\Lambda \to \infty}\frac{\lambda}{2\pi\epsilon_0}\left(\frac{1}{\Lambda + \sqrt{\Lambda^2+r^2}}\frac{r}{\sqrt{\Lambda^2+r^2}} - \frac{1}{r}\right) \\ &= \frac{\lambda}{2\pi\epsilon_0 r}\end{aligned} \tag{12.34}$$

となる．

図 12.4

☞ この積分公式を確かめるには，$\ln(z' + \sqrt{z'^2+r^2})$ を z' で微分してみればよい．

☞ 縦に伸びた帯電した線を考える．線から r 離れた場所からは，上にも下にも同じように線が伸びているように見えるので，線に沿った方向の電場は上下で打ち消す．一方，放射状の方向は打ち消さない．

演習問題 12

1. **水素原子における重力とクーロン力** 水素原子のモデルとして，陽子のまわりを電子が回っていると考える．その回転半径は $0.5\,\text{Å} = 5\times 10^{-11}$ m である．このとき，クーロン力と重力の比を求めよ (陽子の質量 $M_\text{p} = 1.7\times 10^{-27}$ kg，電子の質量 $m_\text{e} = 9.1\times 10^{-31}$ kg).

2. **静電ポテンシャルと電場** 式 (12.13) に式 (12.12) を代入してクーロンの法則を導け．

3. **ポテンシャルと運動エネルギー** 図のような位置 A, B, C に正の電気量 $Q\,(>0)$ の電荷が置かれている．点 ABCD は正方形をつくり，その中心は原点 O である．正方形の 1 辺の長さは $2a$ で，点 A, B, C, D の座標は図のように与えられている．

   電荷 Q が距離 R だけ離れた位置につくる電場 E の大きさは
   $$E = k\frac{Q}{R^2}$$
   であり，無限遠での電位を 0 とおくと，この電荷 Q がつくる電位 Φ は
   $$\Phi = k\frac{Q}{R}$$
   である．

   (a) 原点 O における電場ベクトルを求めよ．
   (b) 点 D における電場ベクトルを求めよ．
   (c) 原点における電位を求めよ．
   (d) 点 D における電位を求めよ．
   (e) 自由に動くことのできる，質量 m，電気量 $q\,(>0)$ の点電荷を，原点に O にそっとおき，手を離した．すると点電荷は徐々に動き出し，十分距離が離れた位置で一定の速さで運動した．その速さと向きを答えよ．

4. **電場を直接求める** 例題で扱った面密度 σ で一様に帯電した平面のつくる電場 (式 (12.30))，線密度 λ で一様に帯電した線がつくる電場 (式 (12.34)) を，式 (12.23), (12.24) より求めよ．

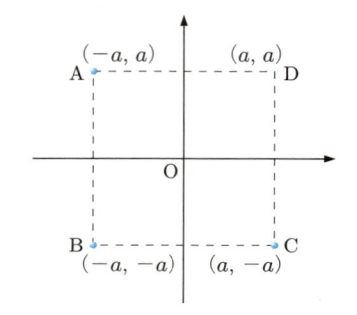

ガウスの法則と導体

13

電荷 q の点電荷を考える．このまわりの電場はクーロンの法則，式 (12.10) で簡単に計算できる．複数の点電荷がつくる電場も同様に計算できる．では，逆に与えられた電場から電荷の大きさとその位置を推測することができるであろうか．答えはイエスである．これがガウスの法則と名付けられている．

13.1 ガウスの法則

電気量 Q の点電荷を中心とした半径 r の球を考えよう．この球面上の電場は $\dfrac{Q}{4\pi\epsilon_0 r^2}$ なので，球の表面積を掛けると $\dfrac{Q}{\epsilon_0}$ となる．これは半径に依存しない．

では球面でない場合はどうだろう？ これを説明する前に立体角という概念を説明する．

立体角 ある場所からものを眺めたとき，それがどれくらいの視野を占めるかを定量的にあらわしたものが立体角である (図 13.1)．この立体角に対応する平面の角がラジアンである．ラジアンは円弧の長さで定義された．立体角は

$$d\omega = \frac{\cos\theta \, dS}{r^2} \tag{13.1}$$

と定義される．dS は微小面積である．θ は面の法線ベクトルと視線の方向の角度を表す．$\cos\theta$ はどんなひねくれた方向を向いた面でも球面に射影することを意味する．どんなに大きな面積でも見る方向に沿っておかれてはあまり視野を妨げない．また，r^2 でわることは単位球に変換することを意味している．単位円の円周を積分すると 2π になるように，立体角を積分すると 4π になる．**閉じた曲面の中にある点のまわりの立体角の合計は必ず 4π である．**

ガウスの法則の導出 点電荷のまわりの任意の曲面を考え，その面での電場を考える．面と電場は一般には垂直でない．ここでその垂直成分，E_n を考える (図 13.2)．$\boldsymbol{n}$ を曲面に垂直な単位ベクトルとすると，

$$E_n = \boldsymbol{E} \cdot \boldsymbol{n} \tag{13.2}$$

が成り立つ．E_n を曲面すべてに関して積分した値，

$$\int E_n \, dS = \int \boldsymbol{E} \cdot \boldsymbol{n} \, dS = \int \frac{Q}{4\pi\epsilon_0} \frac{\cos\theta}{r^2} dS \tag{13.3}$$

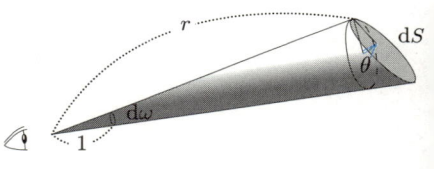

図 13.1 立体角の定義

☞ ラジアンについては，4.4 節参照．

☞ 月と太陽の面積の比は約 160000 倍，距離は約 400 倍なので，立体角がほとんど同じである．そのため見た目の大きさが変わらず，皆既日食が起こる．

☞ 閉じた曲面を考える場合，$\boldsymbol{n}$ の向きは，面の内側から外側に向かっているとする．

は，$\frac{\cos\theta}{r^2}\,\mathrm{d}S$ が立体角 $\mathrm{d}\omega$ なので

$$\int E_\mathrm{n}\,\mathrm{d}S = \frac{Q}{4\pi\epsilon_0}\int \mathrm{d}\omega \tag{13.4}$$

になる．$\int \mathrm{d}\omega = 4\pi$ なので，結局

$$\int E_\mathrm{n}\,\mathrm{d}S = \frac{q}{\epsilon_0} \tag{13.5}$$

が導かれる．

いま，点電荷1つを考えたが，ある閉曲面の中に N 個の電荷，$Q_1,\cdots,Q_N$ が存在しても (閉曲面の中である限り，場所はばらばらでよい)，重ね合わせの原理から同じことがいえる．結局，

$$\int E_\mathrm{n}\,\mathrm{d}S = \frac{Q}{\epsilon_0}, \quad Q = \sum_{i=1}^{N} Q_i \tag{13.6}$$

となる．積分は，閉曲面上に関して行う．和は閉曲面内のすべての電荷について行う．これがガウスの法則である．

点電荷の集まりでなく，連続的な電荷分布の場合はどうなるであろうか？この場合，電荷密度 ρ を使って

$$\int E_\mathrm{n}\,\mathrm{d}S = \int \frac{\rho}{\epsilon_0}\mathrm{d}V \tag{13.7}$$

となる．

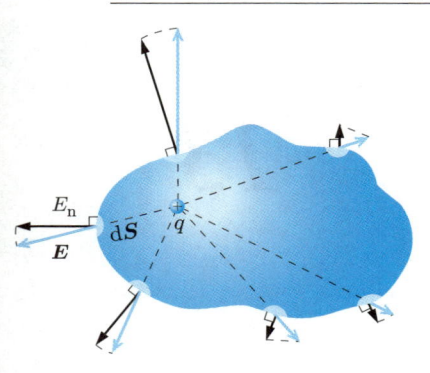

図 13.2 ガウスの法則

13.2 ガウスの法則の応用

ガウスの法則がいかに役に立つか，例をあげてみてみよう．

例1：一様な直線電荷のつくる電場　線密度 λ で一様に帯電した電線を考える．空間の対称性から電場は放射状にできる．直線からの距離を r として，この直線を軸とする円柱を考えるとその側面に対する積分はガウスの法則から円柱内の電荷である．円柱の高さを h とすると，

$$2\pi r h E_r = \frac{h\lambda}{\epsilon_0} \tag{13.8}$$

なので

$$E_r = \frac{\lambda}{2\pi\epsilon_0 r} \tag{13.9}$$

となる．これは第 12 章，例題 12.2 で導いた式 (12.34) と一致する．

例2：電荷密度が一様な球のつくる電場　電荷密度 ρ で一様に帯電した半径 R の球を考える．中心から r 離れた電場を求めよう．この場合，$r>R$，$r<R$ で別々に考察する．

1. $r>R$ の場合，

$$4\pi r^2 E = \frac{Q}{\epsilon_0} = \frac{4\pi R^3 \rho}{3\epsilon_0} \tag{13.10}$$

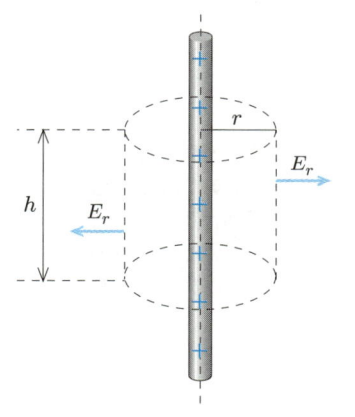

図 13.3 直線上に一様に分布した電荷のつくる電場．仮想的に点線のような直線を軸とする半径 r，高さ h の円柱を考える．

より
$$E = \frac{Q}{4\pi\epsilon_0 r^2} \quad (13.11)$$
となる.

2. $r < R$ の場合,
$$4\pi\epsilon_0 r^2 E = \frac{4\pi r^3 \rho}{3} \quad (13.12)$$
より,
$$E = \frac{Q}{4\pi\epsilon_0 R^3} r \quad (13.13)$$
である.

この場合の電位 Φ を求めておこう. 式 (12.26) より, $\Phi(r) = -\int_\infty^r E(r')\,\mathrm{d}r'$ を計算する. $r > R$ の場合,
$$\Phi(r) = -\int_\infty^r \frac{Q}{4\pi\epsilon_0 r'^2}\,\mathrm{d}r' = \frac{Q}{4\pi\epsilon_0 r} \quad (13.14)$$

一方, $r < R$ の場合,
$$\Phi = -\int_\infty^R E(r')\,\mathrm{d}r' - \int_R^r E(r')\,\mathrm{d}r' = \frac{Q}{4\pi\epsilon_0 R}\left(\frac{3}{2} - \frac{r^2}{2R^2}\right) \quad (13.15)$$
となる.

☞ この関数依存性は地球の外部, 内部の重力の大きさと同じ振る舞いである. 重力も電磁気力も逆2乗の法則に従うので当然である.

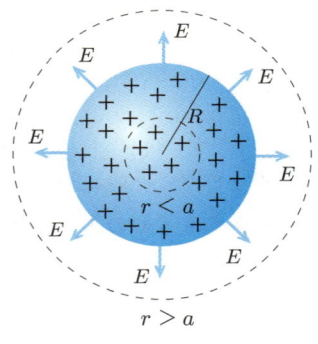

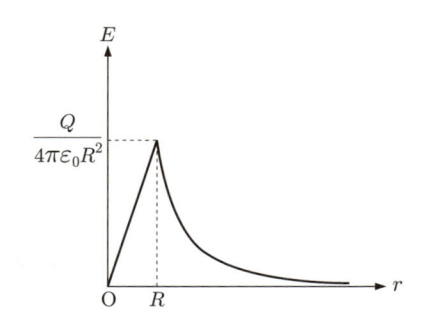

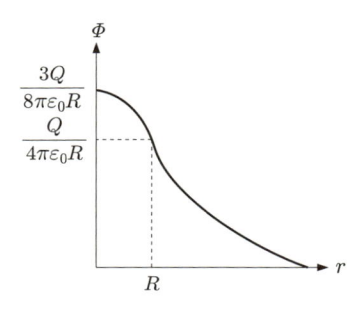

図 13.4 球内に一様に分布した電荷のつくる電場 E と電位 Φ. 球の内部と外部で振る舞いが異なることに注意.

アーンショー (Earnshaw) の定理

ガウスの法則を使うとアーンショーの定理を導くことができる.

アーンショーの定理: 電荷をどのように配置しても, 電荷のない空間 (真空) に試験電荷が安定になる場所は存在しない.

試験電荷 (test charge) とは, 電場を調べるために置く非常に小さい (はじめにあった電場に影響を与えない) 電荷である. ある意味でこれは困った事情を表している. 電荷を空中に閉じこめることは不可能ということである.

これは背理法で証明できる. もし安定なつり合いの位置が存在するとする. そこに試験電荷を置くと, 試験電荷をその位置からどの方向にずらし

ても，もとのつり合いの位置に戻そうとする力が働く (安定の条件)．よってそのまわりで，電場がその安定点に向かっていなければならないか，安定点から外側に向かっていなければいけない．そのつり合いの点を含む閉曲面を考え，電場を面積分すると，この値は 0 には決してならない．この状況だと，電場の法線成分は常に同じ符号となるからである．よってガウスの法則からこの領域に電荷が含まれていることになる．これは真空ということに矛盾する．言い換えると，電荷がない領域ではポテンシャルは極大にも極小にもならない．

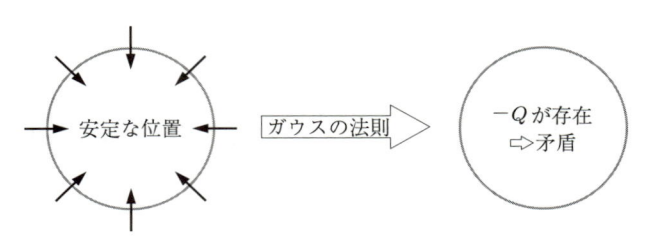

図 13.5 アーンショウの定理の証明．もし安定的なつり合いの位置が存在すると，電場はその方向に向かっている必要がある．その電場は中に電荷が存在していることを意味してしまうので，真空という条件と矛盾する．

たとえば，$(a,0,0),(-a,0,0),(0,a,0),(0,-a,0)$ に正電荷をおくと一見，原点から x,y 方向に電荷を動かすと復元力を受けるような気がする．だが，z 方向には復元力は働かず，ずるずると原点から遠ざかってしまう．

13.3 導体

導体と電場　　**導体** (金属，半導体) とは電気を通す物質で，一般に自由に動き回る電荷が存在するものである．導体に電荷を与えるとどのように分布するであろうか？　**導体内では，電場は存在しない**．電場が瞬間的に存在しても，すぐに自由電荷がそれを打ち消すように再配置してしまうからである．

☞ 自由に動き回る電荷とは多くの場合，電子である．

導体内部で電場は存在しないので，導体内でどのような閉曲面を考えても，その面の式 (13.7) の左辺は 0 である．よって，導体内部では電荷は存在しない．こうして**導体内で電荷が分布するのは表面のみ**だとわかる．

導体の表面に沿って電場が存在しても，自由電荷がそれを打ち消すように再配置する．よって導体表面に沿った電場は存在しない．**導体表面では電場は導体に垂直の向き**ということである．このことから**導体全体が等電位**になっていることがわかる．

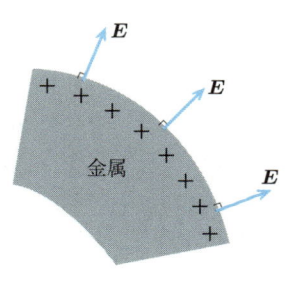

図 13.6 導体表面での電場の向きは，必ず面に垂直である．また電荷は表面のみに表れる．

まとめると以下のようになる．
1. 導体内部に電場は存在しない．
2. 導体では表面にのみ電荷が存在する．
3. 導体表面での電場の向きは，必ず面に垂直である．

4. 導体全体は等電位になっている．

導体表面の電荷密度と電場　導体表面に面密度 σ で電荷が分布しているとする．上に述べたように電場は表面と垂直である．この表面と平行な面積 S の上底，下底をもつ円筒を考える (図 13.7)．

この円筒に対して，ガウスの法則を適用すると

$$\int \mathrm{d}S\, E_n = (上底の寄与) + (下底の寄与) + (側面の寄与)$$
$$= E \times S + 0 + 0$$
$$= \frac{\sigma S}{\epsilon_0}$$
$$\therefore\quad E = \frac{\sigma}{\epsilon_0} \tag{13.16}$$

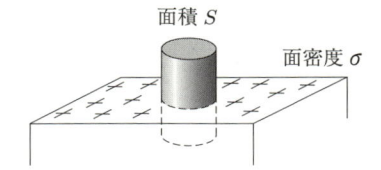

図 13.7　金属表面の電場の求め方．仮想的に金属表面に面積 S の上底，下底をもつ円筒を考え，ガウスの法則を適用する．

となる．下底は導体内なので電場は 0，側面での電場は 0(導体内) か側面に平行 (導体外) なので，積分に寄与しないことに注意しよう．第 12 章の例題 12.1 で導いた式 (12.30) とここでの結果が 2 倍ずれるのは，下底が真空か導体かの違いによる．

空洞をもつ導体　空洞をもつ導体中では，外の電荷がどんな値や配置をとっていようと空洞内の電場は 0 である．

空洞内部に電荷があった場合はどうなるか？　この場合，空洞内部の電場は

1. 導体の外側の電荷とこれによって導体表面上に誘起された電荷とがつくる電場
2. 空洞中の電荷とこれによって導体表面上に誘起された電荷とがつくる電場

の重ね合わせである．前者は空洞中で常に 0 であるので，外にどんな電荷があろうと，空洞内の電場は影響を受けない．これを<u>静電遮蔽</u>とよぶ．

☞ 空洞に電場があるとすると，これは空洞を作っている面のどこかから始まり，表面のどこかで終わることになる．これは空洞を囲む表面が等電位であることと矛盾する．

導体と映像電荷　静電気学の多くの場合，導体の表面のポテンシャルと導体外の電荷分布を与えて，電場を求める．たとえば，導体を<u>接地</u>した場合，地球と導体は同じポテンシャルをもつ．地球のポテンシャルを通常 0 とするので，導体のポテンシャルも 0 となる．

導体内での電場は 0 なので，導体全体が導体表面のポテンシャルと同じポテンシャルをもつ．

接地した導体の近くに電荷を置いた場合，クーロンの法則を使うのでは電場を求めづらい．なぜかというと，クーロンの法則は電荷が与えられている場合に電場を決定する法則であり，導体表面にどのように電荷が分布しているかわからないと，役に立たないからである．そのような場合に有効なのが，<u>映像電荷</u> (または<u>鏡像電荷</u>) である．例をみてみよう．

映像電荷の例 点電荷 Q が接地した (ポテンシャルが 0 の) 無限に大きな導体平面から d だけ離れているとする．この平面上でポテンシャルを 0 にするには，無限に大きな導体平面の代わりに点電荷 Q に対してちょうど鏡の像の位置に $-Q$ 電荷の電荷をおいてやればよい．この仮想的な電荷が映像電荷である．

電荷 Q が導体平面から受ける力は，距離 $2d$ 離れた $\pm Q$ の電荷が引き合う力となるので，

$$F = \frac{Q^2}{4\pi\epsilon_0 (2d)^2} = \frac{Q^2}{16\pi\epsilon_0 d^2}$$

である．方向は導体表面に向かって垂直方向となる．

このとき，ポテンシャルは 2 つの点電荷からの寄与の和となるので，

$$r_\pm = \sqrt{(z \mp d)^2 + r^2}, \quad \Phi(\boldsymbol{r}) = \frac{Q}{4\pi\epsilon_0}\left(\frac{1}{r_+} - \frac{1}{r_-}\right) \tag{13.17}$$

で与えられる ($r = \sqrt{x^2 + y^2}$)．導体表面上の電場は

$$\boldsymbol{E} = \left(0, 0, -\frac{Qd}{2\pi\epsilon_0 R^3}\right), \quad R = \sqrt{r^2 + d^2} \tag{13.18}$$

となる．

表面電荷は式 (13.16) より，

$$\sigma = \epsilon_0 E_z = -\frac{Qd}{2\pi R^3} \tag{13.19}$$

となる．

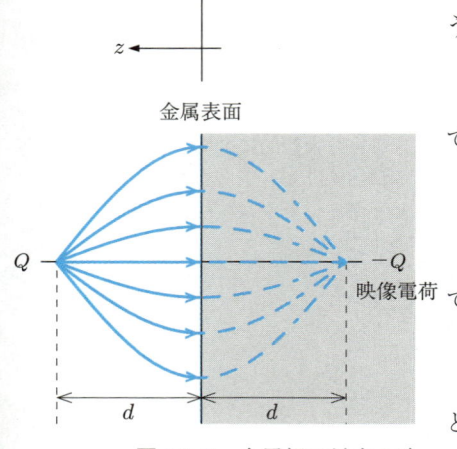

図 13.8 金属板に対する映像電荷

例題 13.1 金属表面の電荷

境界面上で σ を積分し，これが $-Q$，すなわち映像電荷に等しいことを示せ．

解 (13.18) で表される境界上の電荷面密度を面積分する．

$$\begin{aligned}
Q_{\text{境界}} &= \int dS\, \sigma \\
&= \int_0^\infty \sigma 2\pi r\, dr \\
&= \int_0^\infty dr\, 2\pi r \frac{-Qd}{2\pi\sqrt{r^2 + d^2}^3} \\
&= Qd \left[\frac{1}{\sqrt{r^2 + d^2}}\right]_0^\infty = -Q
\end{aligned} \tag{13.20}$$

よって，ちょうど映像電荷分が実際に表面に誘起されている．

次に，原点に半径 a の導体球がおいてあり，電荷 q の点電荷が r_q に置いてあるとする (図 13.9)．

はじめ，球が接地されているとする．このとき球の表面で電位は 0 になる．試しに中心と点電荷を結んだ直線上 (z 軸にとる)，$(0, 0, r_\mathrm{I})$ に電荷 q_I を置く．このとき，球の表面でポテンシャルが 0 になる条件は

☞ この軸上に置くのは対称性からである．

$$0 = 4\pi\epsilon_0 \Phi(\boldsymbol{r}) = \frac{q}{\sqrt{a^2 + r_q^2 - 2ar_q\cos\theta}} + \frac{q_\mathrm{I}}{\sqrt{a^2 + r_\mathrm{I}^2 - 2ar_\mathrm{I}\cos\theta}} \tag{13.21}$$

である.これより

$$\frac{q_\mathrm{I}}{r_\mathrm{I}} = -\frac{q}{a}, \quad \frac{r_q}{a} = \frac{a}{r_\mathrm{I}} \tag{13.22}$$

ととればよい.よって映像電荷の大きさは

$$q_\mathrm{I} = -\left(\frac{a}{r_q}\right)q \tag{13.23}$$

で位置は

$$r_\mathrm{I} = \frac{a^2}{r_q} \tag{13.24}$$

である.

接地されていない場合,球のポテンシャルは0とは限らない.このときは球の中心にもう1つの映像電荷を置いてやって,ポテンシャルを調節すればよい.

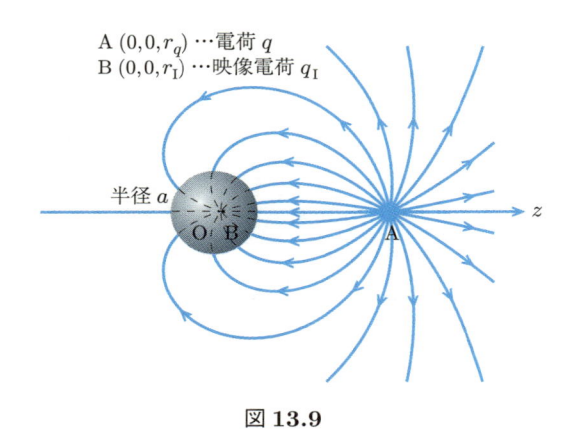

☞ この場合も球面上に実際に映像電荷分が誘起されている.これは球面を覆う面を考えて,ガウスの法則を考えればすぐにわかる.映像電荷で考えても実際の電荷でも球の外側にある電場は同じなので,球の中にある電気量も等しいのである.

図 13.9

例題 13.2 球がつくる映像電荷

電荷 Q の電荷をもった接地されていない球と,外部電荷 q を考える.このとき,球の表面上のポテンシャルが

$$\Phi = \frac{Q - q_\mathrm{I}}{4\pi\epsilon_0 a}$$

となることを示せ.

解 r_I に q_I を置けば,球面上の電位が0になる.このとき,球面には q_I の電荷が実際には誘起されている.球面が等電位面であるという状況を保ちながら,球面の電荷を Q にするには,球面に $Q - q_\mathrm{I}$ を加えればよい.これは原点に $Q - q_\mathrm{I}$ の映像電荷が生じたと考えればよい.

原点の映像電荷がなければ球面の電位は0だった.よって原点の映像電荷がつくるポテンシャルが球面のポテンシャルである.球の半径は a なので,題意が示される.

13.4 電気容量

キャパシタとは，電気をためておく装置である．簡単なモデルとして，平行に置いた2枚の導体平板を考えよう．これに電位差 V をかけると，電荷 Q がたまる (正確には，片方の導体平板に $+Q$ が，もう片方に $-Q$ がたまる)．高校時代に物理を履修した人は，Q と V は比例することを学んだであろう．

この節では，このコンデンサの概念を拡張し，複数の導体が存在する状況で，その表面にたまっている電荷と電位の関係を考察する．

蓄えられた電気量と電位の関係を表すものが電気容量である．導体からなる系は，電気をためることができるので，コンデンサ，またはキャパシタとよばれる．コンデンサの単位は [F](ファラッド) である．

1個の孤立した導体の場合は

$$Q = CV \tag{13.25}$$

で電気容量 C が定義される．たとえば半径 R の導体球の電位は $V = \dfrac{Q}{4\pi\epsilon_0 R}$ なので

$$C = 4\pi\epsilon_0 R \tag{13.26}$$

である．形状が球からずれていてもだいたいこれくらいの大きさになっているのを知っておくとよい．

導体が2個ある場合は，平行平板コンデンサに代表される．2つの導体の大きさは R 程度で，その距離は d とする．このとき，一方の導体 (仮に A とよぶ) を接地し電圧を0とし，もう一方の導体 (仮に B とよぶ) に電圧 V をかける．そのとき導体 B に蓄えられる電気量 Q_B は

$$Q_B = CV \tag{13.27}$$

と書ける．逆に，一方の導体 B を接地し電圧を0とし，導体 A に電圧 V をかけるとき，導体 A に蓄えられる電気量 Q_A は

$$Q_A = C'V \tag{13.28}$$

と表記されることで，C' は定義されるが，実は $C = C'$ なので，これらを区別せず，2個の導体の電気容量を C とよぶ．

> **例題 13.3　平行平板コンデンサの電気容量**
>
> ガウスの法則を用いて，平行平板コンデンサの電気容量が，
> $$C = \frac{\epsilon_0 S}{d} \tag{13.29}$$
> であることを示せ (S は平板の面積，d は平板の距離である)．
> また，$S = 1\,\mathrm{cm}^2$，$d = 1\,\mathrm{mm}$ のときの C を求めよ．

解　金属表面の電荷密度 σ と電場の関係は式 (12.30) で与えられる (式 (13.16) の

導体全体で電位は等しいので，1つの導体に対して1つの電位が決まる．

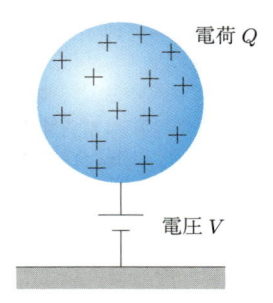

図 **13.10**　球の電気容量

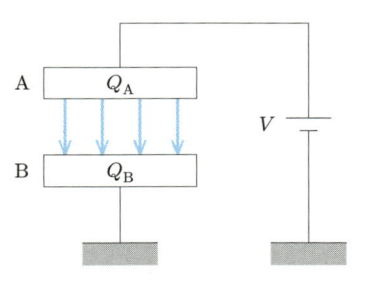

図 **13.11**　平行平板コンデンサ

導出も参照).
$$E = \frac{\sigma}{2\epsilon_0} \quad (13.30)$$
上の極板と下の極板，両方から電場は生じるので，その2倍が極板間にかかっている電場である．
$$E = \frac{\sigma}{\epsilon_0} \quad (13.31)$$
$\sigma = \dfrac{Q}{S}$, $V = Ed$ より，
$$\frac{V}{d} = \frac{Q}{\epsilon_0 S} \quad \therefore \quad Q = \frac{\epsilon_0 S}{d} V \quad (13.32)$$
$S = 1 \text{ cm}^2$, $d = 1 \text{ mm}$ を代入すると，$C \fallingdotseq 0.9 \times 10^{-12} \text{ F} = 0.9 \text{ pF}$ (ピコファラッド) となる．

13.5 静電エネルギー

仕事と静電エネルギー　　原点に点電荷 Q_1 があり，無限遠から点電荷 Q_2 を近づけ，2つの距離が R となったとしよう．移動に必要な仕事 W は
$$W = -\int_\infty^R dr\, F(r) = -\int_\infty^R dr\, \frac{1}{4\pi\epsilon_0} \frac{Q_1 Q_2}{r^2} = \frac{Q_1 Q_2}{4\pi\epsilon_0 R} \quad (13.33)$$
となる．$F(r)$ は電荷 Q_2 に働く力である．この仕事はエネルギーとして蓄えられる．これを**静電エネルギー** U とよぶ．静電エネルギーは
$$U = \frac{Q_1 Q_2}{4\pi\epsilon_0 R} \quad (13.34)$$
である．

クーロン相互作用している粒子系の静電エネルギー U は
$$U = \frac{1}{2} \sum_{j=1}^N \sum_{i=1, i\neq j}^N \frac{Q_i Q_j}{4\pi\epsilon_0 R_{ij}} \quad (13.35)$$
で得られる．

Φ_i を i 番目の粒子の位置でのポテンシャル，Q_i をその電荷として，式 (12.12) と組み合わせると，
$$U = \frac{1}{2} \sum_i^N Q_i \Phi_i \quad (13.36)$$
で与えられる．

$\dfrac{1}{2}$ という因子は，2重カウントを補正するためである．たとえば，$i = 1, j = 2$ と $i = 2, j = 1$ の項はそれぞれ $\dfrac{Q_1 Q_2}{4\pi\epsilon_0 R_{12}}$, $\dfrac{Q_2 Q_1}{4\pi\epsilon_0 R_{21}}$ で，同じものを2回数えている．

逆に Q_1, Q_2 が R だけ離れていたとする．電荷の符号は同符号だとすると，2つは斥力をおよぼし合う．一方 (たとえば Q_1) を固定し，もう一方 (Q_2) を動けるようにすると，この斥力により Q_2 は加速する．無限まで行ったとき，Q_2 の運動エネルギー K は，エネルギーの保存則より
$$K = \frac{mv^2}{2} = \frac{Q_1 Q_2}{4\pi\epsilon_0 R} \quad (13.37)$$
となる．

静電場のエネルギー　　静電エネルギーを電場から求めてみよう．平行平板コンデンサの静電エネルギーは，電荷を Q から $Q+\Delta Q$ に増やすために $\Delta Q \times V$ の仕事を電池がすることから求められる．

$$U = \int_0^Q dQ\, V = \int_0^Q dQ\, \frac{Q}{C} = \frac{Q^2}{2C} \tag{13.38}$$

☞ 式 (13.29)

ここでコンデンサ間の電場 $E = \dfrac{\sigma}{\epsilon_0} = \dfrac{Q}{\epsilon_0 S}$, $C = \dfrac{\epsilon_0 S}{d}$ を使って，C, Q を消去すると

$$U = S \times d \times \frac{\epsilon_0 E^2}{2} \tag{13.39}$$

となる．これは単位体積あたり

$$\boxed{u = \frac{\epsilon_0 E^2}{2}} \tag{13.40}$$

のエネルギーが存在していることを意味している．このように静電エネルギーを静電場のもっているエネルギーと解釈することが可能である．

演習問題 13

1. **地球の静電容量**｜地球を金属球と見なすと，その静電容量はいくらか．
2. **1次元イオン結晶の静電エネルギー**｜N 個の $+e$ の電荷と N 個の $-e$ の電荷が，a だけ離れて交互に直線上に配置されている．N が十分大きいとき，中心の電荷の静電エネルギーは
$$U = -\frac{e^2}{4\pi\epsilon_0 a} \times 2\ln 2$$
となることを示せ．
3. **微小なコンデンサー**｜一辺が $1\,\mu\mathrm{m}$ の正方形，間隔が $0.1\,\mu\mathrm{m}$ の平行平板コンデンサに素電荷 e をためると，何 J のエネルギーになるか？
4. **帯電した球の静電エネルギー**｜接地されていない半径 R の球殻を考える．これに電荷 Q を与える．球殻の内部の電場は 0 である．
   (a) このとき，球殻のまわりの電場を求めよ．
   (b) 球殻のもつ静電エネルギーを，電荷を無限から移動する仕事を計算することで求めよ．
   (c) 球殻のもつ静電エネルギーを，球殻のまわりの電場を計算することで求めよ．

分 極 14

原子や分子は中性である．では，これらは電磁相互作用をしないのかというと，実はかなり強い相互作用をする．この章では，こうした中性の原子・分子の電気的な相互作用を学び，誘電体の仕組みを説明する．

14.1 電気双極子ポテンシャル

遠くのポテンシャル　中性の原子がクーロン相互作用をするのはおかしいと思うかもしれないが，原子は原子核と電子からできており，電荷はあくまで合計してプラスマイナスが打ち消し合っているのを，中性とよんでいるのである．

原子核のまわりに球対称に電子が分布していると，クーロン力は働かない．球対称の場合，中心に点電荷があると見なしてよいので，電子の点電荷と原子核の点電荷が中心で打ち消し合うからである．

☞ 重力を考える際，質量分布が球対称の場合，質点と見なしてよいのと同じである．

では球対称でない場合，どうなるであろう？ここで，その例として，大きさが同じで符号が逆の2つの点電荷が，d だけ離れて位置している場合（電気双極子）を考えよう．電荷 q が $\left(0,0,\dfrac{d}{2}\right)$，$-q$ が $\left(0,0,-\dfrac{d}{2}\right)$ に位置しているとすると，クーロンポテンシャルは式 (12.12) より，

$$\Phi(\boldsymbol{r}) = \frac{q}{4\pi\epsilon_0}\left(\frac{1}{r_+} - \frac{1}{r_-}\right) \tag{14.1}$$

となる．ただし，$r_\pm = \sqrt{x^2+y^2+\left(z\mp\dfrac{d}{2}\right)^2}$ である．$r = \sqrt{x^2+y^2+z^2} \gg d$ とすると，

$$r_\pm = \sqrt{x^2+y^2+\left(z\mp\frac{d}{2}\right)^2} = r\sqrt{1+\frac{\mp zd + \frac{d^2}{4}}{r^2}} \fallingdotseq r \mp \frac{zd}{2r} \tag{14.2}$$

よって，$\dfrac{1}{r_\pm} \fallingdotseq \dfrac{1}{r} \pm \dfrac{zd}{2r^2}$ となり

$$\Phi(\boldsymbol{r}) = \frac{\boldsymbol{p}\cdot\boldsymbol{r}}{4\pi\epsilon_0 r^3} \tag{14.3}$$

☞ ここでは，近似式
$$(1+\delta)^n \fallingdotseq 1 + n\delta$$
（ただし，$|\delta|\ll 1, |n\delta|\ll 1$）を用い，$n=\dfrac{1}{2}$ とした．なお，$|z|\gg d$ を仮定し，$\dfrac{d^2}{4}$ の項を落としている．

と書ける．ここで $\boldsymbol{p} = q(0,0,d)$ は電気双極子モーメントとよばれるものである．$\boldsymbol{p}$ は，電荷の大きさと2つ電荷間の距離に比例する．2つが遠いほど，完全には中性とは見なせなくなるからである．式 (14.3) を電気双極子ポテンシャルとよぶ．

電気双極子による電場　電気双極子による電場はポテンシャルの勾配をとれば求められる．

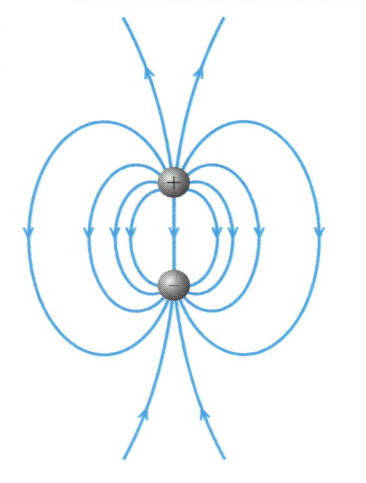

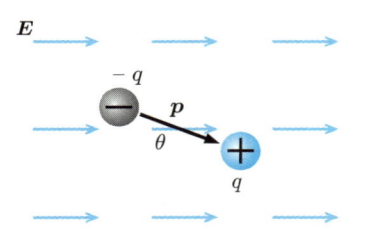

$$\boldsymbol{E}(\boldsymbol{r}) = -\nabla \Phi(\boldsymbol{r}) = \frac{1}{4\pi\epsilon_0}\left[\frac{3(\boldsymbol{r}\cdot\boldsymbol{p})\boldsymbol{r} - r^2\boldsymbol{p}}{r^5}\right] \tag{14.4}$$

これを図示すると，図 14.1 のようになる．磁石のまわりの磁力線と同じ形をしていることがわかる．

電場中の双極子のエネルギー　一様な電場 $\boldsymbol{E}$ における電気双極子のエネルギーを考えよう．2 個の点電荷が電場中にあるとする．2 つの距離は d で一定とする．双極子ベクトルは負の電荷から正の電荷に向かう．双極子ベクトルが電場と平行とする．この状態から双極子ベクトルが θ だけ傾くと，正の電荷は電場と逆の方向に $\frac{d}{2}(1-\cos\theta)$ だけ動き，負の電荷は電場の方向に $\frac{d}{2}(1-\cos\theta)$ だけ動く（図 14.2）．このとき，電荷がされた仕事は，

$$2 \times \frac{d}{2}(1-\cos\theta) \times qE = qd(1-\cos\theta)E \tag{14.5}$$

である．双極子には，傾きが戻るときこれだけの仕事を行う能力があるので，ポテンシャルエネルギーは $qd(1-\cos\theta)E$ だとわかる．ポテンシャルエネルギーの原点は適当にとれるので，ここでは，qdE を原点として，

$$U = -qdE\cos\theta = -\boldsymbol{p}\cdot\boldsymbol{E} \tag{14.6}$$

をポテンシャルエネルギーと定義する．

双極子に電場をかけると，ポテンシャルエネルギーを下げようとして，電場の向きに双極子はそろいたがる．

14.2 分極と誘電体

誘電体　誘電体とは，自由電子をもたないもの，すなわち絶縁体であるが，双極子モーメントなどをもち，電気的性質をもつものである．電位差一定のもとで平行平板コンデンサにこうした誘電体を挟むと，キャパシタンスは κ 倍になる．これをミクロな立場から説明するとこうなる．

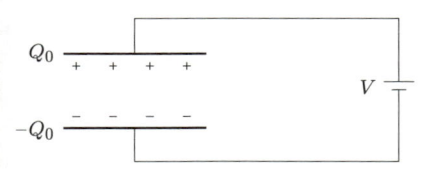

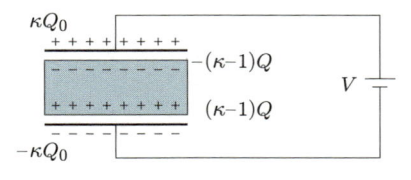

まず，金属板間の電場は電位差が一定で金属板間の距離も一定なので，一定である．一方，電荷は κ 倍になっている．誘電体を挟む前，Q_0 の電荷がたまっているとすると挟んだ後は κQ_0 の電荷がたまっている．金属板にガウスの法則を適用すると，金属板付近にたまっている電荷が求められる．電場が不変なので，この電荷は Q_0 でないといけない．よって，誘電体表面に $-(\kappa-1)Q_0$，金属板表面に κQ_0 の電荷がたまっていることになる．これは電場がかかったため，誘電体中の双極子が電場方向にそろって，表面に電荷が生じたと考えられる（図 14.3）．

電場をかけたときどれくらい分極が起こるかを表しているので，$\kappa - 1$ は**電気感受率**とよばれる．より正確には電気感受率 χ は

$$\chi = (\kappa - 1)\epsilon_0 \tag{14.7}$$

である．さらに，誘電体の誘電率 ϵ は $\kappa\epsilon_0$ で定義される．

$$\epsilon = \epsilon_0 + \chi \tag{14.8}$$

また，誘電率と ϵ_0 の比

$$\epsilon_r = \frac{\epsilon}{\epsilon_0} \tag{14.9}$$

を比誘電率とよぶ．

外に電荷 $Q(=\kappa Q_0)$ があると，誘電体表面に大きさ $Q \times \left(1 - \frac{1}{\kappa}\right)$ の逆符号の電荷が誘起され，合計すると $\frac{Q}{\kappa}$ の電荷による電場が誘電体の中にできることになる．よって，電場 E が誘電体にかかるとき，誘電体の中に生じる電場の大きさは

$$\frac{E}{\kappa} = \frac{\epsilon_0}{\epsilon} E \tag{14.10}$$

となる．

このとき，誘電体がある領域とない領域で連続的な値をとる量を定義すると，便利である．そこで，

$$(誘電体中の電場) \times (誘電率) \tag{14.11}$$

を定義する．この量は保存するので，これにともなう電気力線の数も保存する．この量を電束密度とよび，D で表す．

$$\boxed{D = \epsilon E} \tag{14.12}$$

この表式は，式 (14.8) より $D = (\epsilon_0 + \chi)E$ と書ける．

ガウスの法則 (13.6) は D を使って

$$\epsilon_0 \int E_n \, dS = \int D_n \, dS = Q \tag{14.13}$$

と書ける．電束密度は保存しているのでこの表式は誘電体にも適用できる．すなわち

$$\boxed{\int \boldsymbol{D} \cdot \boldsymbol{n} \, dS = Q} \tag{14.14}$$

である．

ガウスの法則から 誘電体中に点電荷 q があったときの電束密度は

$$\boldsymbol{D} = \frac{q}{4\pi r^3} \boldsymbol{r} \tag{14.15}$$

であり，電場は

$$\boldsymbol{E} = \frac{q}{4\pi \epsilon r^3} \boldsymbol{r} \tag{14.16}$$

であることがわかる．

もとからあった金属板の電荷を自由電荷，分極で生じた電荷を分極電荷とよぶ．分極電荷は分極からどのように生じるか，述べておこう．

☞ 自由電荷でなく，真電荷とよぶ教科書もある．

分極による電荷密度　　分極による電荷は通常打ち消しあう．打ち消しあわないのは，物質の表面である．表面では打ち消しあうパートナーがなくなってしまう．そのため，

$$\sigma_P = \boldsymbol{P} \cdot \boldsymbol{n} \tag{14.17}$$

という表面電荷密度 σ_P が物質の表面に現れる．ここで，$\boldsymbol{P}$ は単位体積あたりの分極である．

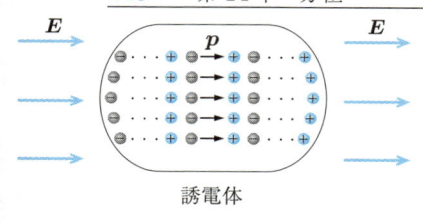

図 14.4 電場中に誘電体を置くと分極が生じ，表面電荷が現れる．

電場中に誘電体を置くと分極する．この分極により，表面に電荷が生じる．表面の電荷は外からの電場を打ち消すように働く（図 14.4）．

ここで P と E の関係を導いておこう．自由電荷の表面電荷密度を σ，表面に近づけたときの誘電体の分極電荷を σ_P とおくと，ガウスの法則より，

$$\frac{\sigma - \sigma_P}{\epsilon_0} = \bm{n} \cdot \bm{E} \tag{14.18}$$

が得られる（式 (13.16) 参照）．これから

$$\sigma = \sigma_P + \epsilon_0 \bm{n} \cdot \bm{E} = \bm{n} \cdot (\bm{P} + \epsilon_0 \bm{E}) \tag{14.19}$$

が得られる．一方，式 (14.14) より $\sigma = \bm{n} \cdot \bm{D}$ なので，

$$D = \epsilon_0 E + P \tag{14.20}$$

が成り立つ．$D = \epsilon E$ より，

$$P = (\epsilon - \epsilon_0) E = \chi E \tag{14.21}$$

が得られる．

例題 14.1　誘電体がはさまれたコンデンサ

d だけ離れた平行平板コンデンサに厚さ，d_0 の誘電体を差し込むとキャパシタンスが

$$C = \frac{S}{\frac{d - d_0}{\epsilon_0} + \frac{d_0}{\epsilon}} \tag{14.22}$$

となることを示せ．

解　コンデンサの表面に電荷 Q がたまっているとする．このとき，電場は $E = \dfrac{Q}{\epsilon_0 S}$ で与えられる（式 (13.31) 参照）．これが誘電体のない領域の電場である．一方，誘電体中の電場 E' は E の $\dfrac{1}{\kappa}$ 倍になるので，$\dfrac{Q}{\epsilon S}$ である．よって，極板間の電位差は

$$V = E(d - d_0) + E' d_0 = \frac{Q}{\epsilon_0 S}\left(d - d_0 + d_0 \frac{\epsilon_0}{\epsilon}\right) \tag{14.23}$$

となり，$Q = CV$ の形に直して，与式のように C を求められる．

なお，誘電体中の電束密度を計算すると，$\epsilon E' = \dfrac{\epsilon E}{\kappa} = \epsilon_0 E$ となるので，誘電体がない領域での電束密度と一致している．

演習問題 14

1. **電場と誘電体** ▍真空中に電場 E_0 がかかっている．この電場に垂直に誘電体の板を置いた．このとき，板の表面の分極電荷 σ，誘電体内部の電場 E を求めよ．

2. **一様に帯電した誘電体球** ▍半径 R，誘電率 ϵ の誘電体球が，一様に帯電している．全電気量は Q とする．球の原点からの距離を r とする．
   (a) $r > R$ における電場を求めよ．
   (b) $r < R$ における電場を求めよ．
   (c) 無限遠を 0 として電位を定義したとき，電位の r 依存性を求めよ．

☞ 誘電率を考慮しない場合は，13.2 節を参照．

電流と磁場 15

電荷が移動すると電流が生じる．電流 I の定義は，**ある断面を単位時間あたりに通る電荷の大きさ**で，その単位は [C/s] である．日常的には電気量よりも電流をよく議論するので，この単位を**アンペア** [A] とよぶ．

$$\text{アンペア} = \text{C/s} \tag{15.1}$$

また，電流密度 $\bm{j}$ は単位断面積にあたりに流れる電流である．

例題 15.1　電流密度の表式

電子の数密度を n，その速度を $\bm{v}$ とすると，電流密度は

$$\bm{j} = -ne\bm{v} \tag{15.2}$$

となる．このとき，電流 I は $\int \bm{j} \cdot d\bm{S}$ で表されることを示せ．

解 微小断面 ΔS を考えると，これを微小時間 Δt の間に通過する電子の数は $\Delta S \cos\theta \times nv\Delta t$ である．ただし，θ は断面 S の法線と速度のなす角度である．よって，断面全体では $\Delta t \times \int n\bm{v} \cdot d\bm{S}$ となる．電子の電荷を掛け，電流は単位時間あたりの電気量の流れということに注意すると $I = \int (-e)n\bm{v} \cdot d\bm{S} = \int \bm{j} \cdot d\bm{S}$ となる． ∎

電流は磁場とも深く関係する．たとえば，電流が流れている導線の下に磁石を置くと，磁石は向きを変える．この章では，電流の性質と，それによりどのように磁場が生じるかを説明する．

15.1 電流

連続の式　電流がみたす一般的な性質について考察しよう．電流が流れている領域で，ある閉じた面 S を考え，その面から垂直に出て行く電流 $\int_S \bm{j}(\bm{r}) \cdot \bm{n}(\bm{r}) dS$ を勘定する．$\bm{n}(\bm{r})$ は面に垂直な方向の単位ベクトルである．面から出て行く電流と面に入る電流は等しいので（そうでないと閉じた面の中に無限に電荷がたまってしまうか，無限に出て行ってしまう），この積分は任意の断面について 0 である．すなわち

$$\int_S \bm{j}(\bm{r}) \cdot \bm{n}(\bm{r}) dS = 0 \tag{15.3}$$

となる．

定常電流でない場合，つまり電流が時間的に変化している場合，$\int_S \bm{j}(\bm{r}) \cdot \bm{n}(\bm{r}) dS$ はある閉じた曲面から単位時間に出て行ってしまう電荷

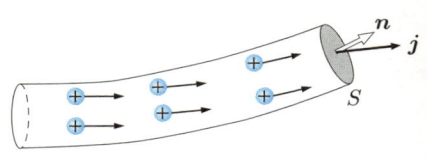

図 15.1　電荷の流れ．多くの場合，流れているのは電子で，向きは電流と逆方向である．

を表す．このとき，閉じた曲面内の電荷 Q は

$$\int_S \boldsymbol{j}(\boldsymbol{r}) \cdot \boldsymbol{n}(\boldsymbol{r}) \mathrm{d}S = -\frac{\partial Q}{\partial t} \tag{15.4}$$

をみたす．これらは連続の式とよばれ，物理学のいろいろなところに顔を出す．連続の式の導出には，電荷が勝手に生まれないことを仮定している．よって電荷の保存則を意味している．

オームの法則　　抵抗を受けているときの電子の運動方程式は

$$m\frac{\mathrm{d}\boldsymbol{v}}{\mathrm{d}t} = -e\boldsymbol{E} - \frac{m\boldsymbol{v}}{\tau} \tag{15.5}$$

で表せることが知られている．τ は電子が何秒に 1 度の割合で散乱されるかを表し，散乱時間とよばれる．

定常状態では $\boldsymbol{v}$ は一定なので

$$m\frac{\boldsymbol{v}}{\tau} = -e\boldsymbol{E} \tag{15.6}$$

☞ 式 (15.2)

となり，$\boldsymbol{j} = n(-e)\boldsymbol{v}$ より

$$\boxed{\boldsymbol{j} = \sigma \boldsymbol{E}, \quad \sigma = \frac{ne^2\tau}{m}} \tag{15.7}$$

これがオームの法則であり，σ を電気伝導度とよぶ．σ の逆数が抵抗率である．

抵抗 R と抵抗率 ρ の関係は，l を系の長さ，S を系の断面として，

$$R = \rho\frac{l}{S} \tag{15.8}$$

である．

抵抗の単位は Ω（オーム）である．次元解析から，抵抗率の単位は $\Omega \cdot \mathrm{m}$，伝導率の単位は $\Omega^{-1} \mathrm{m}^{-1}$ である．

☞ 式 (15.7) の電気伝導度の表式を次元解析し，アンペアを使って表すと

$$\Omega^{-1}\mathrm{m}^{-1} = \frac{\mathrm{m}^{-3}\,\mathrm{C}^2\,\mathrm{s}}{\mathrm{kg}}$$

よって

$$\Omega = \mathrm{m}^2\,\mathrm{kg}\,\mathrm{s}^{-3}\,\mathrm{A}^{-2}$$

となる．MKSA 単位系ではすべての物理量を m, kg, s, A で表すことができるが，電磁気に出てくる量は複雑なものが多いので，このように Ω などを使って簡潔に表す．

キルヒホッフの法則　　電流が流れる通路を回路とよぶ．電流は放っておくと散乱して 0 になってしまうので，流れ続けるためには起電力が必要である．この回路での電流と起電力はキルヒホッフの法則に従う．

1. 回路の任意の分岐点に流れ込む電流の和は 0 である．
2. 任意の閉回路での起電力の和は，抵抗による電圧降下の和に等しい．

最初の法則は電荷の保存則を意味している．2 番目の法則は回路にそって 1 周すると電位はもとにもどることを意味している．

電力　　電流がなす単位時間あたりの仕事が電力である．電力 W の単位は W（ワット）でその大きさは

$$W = IV = I^2 R = \frac{V^2}{R} \tag{15.9}$$

である．電力は抵抗で発生するジュール熱に変換される他，電子機器，エアコン，調理器などを作動させる．自宅のエアコンの説明書を見ると，消費電力が 1310 W と書かれている．家庭には 100 V の電圧がきているので，13.1 A の電流が流れていることになる．

電力によるエネルギーの計算には，[Wh](ワット時)，[kWh] (キロワット時) などの単位が使われる．ワット時は 1 [W] を 1 時間使ったときのエネルギー消費，すなわち

$$1\,\mathrm{Wh} = 3.6 \times 10^3\,\mathrm{J} \tag{15.10}$$

である．これは電気料金の計算に使われる．先に述べたエアコンを 1 時間使うと，1310×3600 J 消費したことになり計算がややこしい．しかし kWh で書くと 1.31 kWh と簡単に計算できる．1ヶ月に使った電力の総量にもよるが，1 kWh あたり電気料金は約 20 円であるので，このエアコンを 1 時間つけると約 26 円かかることがわかる．

例題 15.2　電球を流れる電気量

40 W の電球を 1 秒間に通過する電気量はいくらか．電流の運び手が電子だとすると，何個の電子が 1 秒間に電球を流れるか．

解　電圧を 100 V とすると，0.4 A の電流が流れている．これは 1 秒間に 0.4 C の電荷が流れていることを意味する．流れる電子の数は，

$$\frac{0.4\,\mathrm{C}}{素電荷} = \frac{0.4}{1.6 \times 10^{-19}} = 2.5 \times 10^{18} 個$$

送電線の電圧　送電線には数万 V の電圧がかかっている．どうしてこのような高電圧にするのか，電力の観点から考えてみる．

発電所でつくられる電力を $W_{発電所}$ とする．送電線の抵抗によって消費される単位時間あたりのジュール熱を $W_{送電線}$，家庭で使われる電力を $W_{家庭}$ とすると (工場とかオフィスも家庭と見なす)，

$$W_{発電所} = W_{送電線} + W_{家庭} \tag{15.11}$$

である．$W_{発電所} = I \times V$ である．一方，$W_{送電線} = I^2 R$ なので，送電線による損失を小さくするためには，I は小さい方がよい．よって V を数万 V にして電流が少なくなるように電気を送り，家庭で使う際に 100 V まで電圧を下げるのである．

15.2　磁場中の荷電粒子の運動

ローレンツ力　磁場中の電荷には力は働かない．しかし，磁場中の電流には力が働く．この力はローレンツ力とよばれる．これは物理の基本法則の 1 つである．

磁場 (磁界) の強さは磁束密度 B，もしくは方向を考え，ベクトル $\boldsymbol{B}$ で表される．磁束密度の単位は T (テスラ) である．

電場と磁束密度が存在している場合，電荷 q に

$$\boldsymbol{F} = q(\boldsymbol{E} + \boldsymbol{v} \times \boldsymbol{B}) \tag{15.12}$$

という力が働く．これがローレンツ力である．なぜ電場も一緒に書いておくのか，不思議に思うかもしれない．しかし電場も一緒に加えておかないと以下のようなパラドックスが生まれてしまう．

> **コラム　電球と電力**
>
> 　白熱電球を蛍光電球, LED 電球に変え CO_2 削減に寄与しようと, 最近盛んに宣伝されている. 実際, 10 W 足らずの電力で 50 W の白熱電球の明るさが実現できる.
> 　このような違いが生じるのは, 白熱電球のエネルギーはほとんど熱 (赤外線) になってしまっているのに対し, 蛍光電球, LED 電球は可視光を主に発光しているからである.
> 　白熱灯はフィラメントに電球を流して, それを熱く熱して発光させるというもので, この発光原理から大部分が赤外線や熱になることがわかる. 蛍光電球では, 電圧をかけて電子を加速し, 電球内の水銀原子に衝突させる. 衝突時に水銀原子から紫外線が放射され, 電球の表面に塗られた蛍光物質にあたって, 蛍光物質が可視光を発光するのである. 一方, LED 電球の原理は, 電子が多めの半導体と少なめの半導体を接合し, 電流を流すことでこれらの半導体の接合部分から発光を得るという, 比較的単純なものである.

パラドックス: 速さ v で動いている人から見ると, この電荷は止まって見える. ローレンツ力は動いている電荷にしか働かないので 0 である. よって物体は静止したままである. 一方, 静止系では電荷にローレンツ力が働き, 物体は加速度運動する. すると, 静止系と速度 v で動いている系とで, 一方では物体は加速度運動をしており, もう一方では加速度運動をしていないことになる ?!

実は静止系において電場が 0 でも, 速度 v で動いている系では電場が 0 でないのである. よってこの電場に加速され, 速度 v で動いている系でも物体は加速度運動する. ローレンツ力における電場と磁場は切っても切れない関係にあるので, 式 (15.12) のように書くのである.

> **例題 15.3　サイクロトロン運動**
>
> z 軸に平行な一様な磁場 B の中で, 電子が x-y 平面内を回転運動している (サイクロトロン運動).
>
> 1. 電子の質量を m_e として, 回転運動の角振動数 ω_c が
>
> $$\omega_c = \frac{eB}{m_e} \tag{15.13}$$
>
> と表されることを示せ.
> 2. 0.01 T の磁場では, この振動数はいくらか.

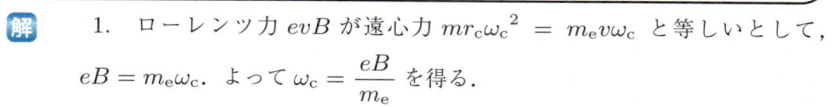

解　1. ローレンツ力 evB が遠心力 $mr_c\omega_c^2 = m_e v \omega_c$ と等しいとして, $eB = m_e \omega_c$. よって $\omega_c = \dfrac{eB}{m_e}$ を得る.

☞ 電子レンジや携帯電話の周波数と同程度となる.

2. 第 12 章の演習問題より, $m_e = 9.1 \times 10^{-31}$ kg である. これを使って, 1.8×10^9 Hz = 1.8 GHz.

直線電流にかかる力　まっすぐな導線を流れている電流 (直線電流) に磁場が垂直にかかっているときのローレンツ力を求めよう. 電流を運んでい

る電荷を q, 速さを v とすると, 1つの電荷には qvB のローレンツ力がかかっている. 導線の断面積を S, 長さを L, 荷電粒子の数密度を n とすると, 長さ L には荷電粒子が nSL だけ存在するので $F = nSL \times (qvB)$ の力が働く. 単位長さの導線に働く力は

$$\frac{F}{L} = S \times qnv \times B = IB \tag{15.14}$$

となる.

☞ 式 (15.2) より, qnv が電流密度である. S が断面積なので, $S \times (qnv)$ が電流 I となる.

ホール起電力　磁場中の導体に電流 I を流すと, 電流方向に垂直に起電力が現れる. これをホール起電力とよび, このような現象をホール効果とよぶ.

ホール起電力により電場 (ホール電場) が電流と垂直に生じる. 電流には他にローレンツ力がかかる. ローレンツ力で曲がってしまうのをこのホール電場が相殺し, 電流はまっすぐ流れるのである.

電流を運ぶ荷電粒子の電荷を q, 速さを v, 磁束密度を B, ホール電場を E_H とすると,

$$qE_H = qvB \quad \to \quad E_H = vB \tag{15.15}$$

である. 電流密度 j で表すと $j = qnv$ なので,

$$E_H = \frac{jB}{qn} \tag{15.16}$$

となる. この測定により, 電荷 q や電荷の数密度 n の情報が得られる.

☞ 電流を流したばかりだと, 電流は曲げられ, 片側に電荷がたまる. このたまった電荷が電場をつくる. 十分時間がたつとこの電場とローレンツ力がつり合い, 電流は曲がらなくなる.

☞ 実際にはホール起電力と電流を測定し, q, n を決定する. あらかじめ, 荷電粒子が電子だとわかっていれば, $q = -e$ なので, ホール起電力から電子数密度が決定できる.

15.3　磁場とアンペールの法則

アンペールの法則　ガウスの法則は, 電場をある閉曲面にわたって積分すると, 曲面内の電場が得られるというものであった. 同じことを磁場について行うと, 磁場はどんな曲面に対しても, 入った分出て行ってしまうので

$$\int \boldsymbol{B} \cdot \boldsymbol{n}\, dS = 0 \tag{15.17}$$

となり, 電流によらず 0 になってしまう. そこで閉曲面の代わりに, 閉曲線を考え, それに沿って磁場を積分する. すると,

$$\int_C \boldsymbol{B} \cdot d\boldsymbol{r} = \mu_0 I \tag{15.18}$$

が得られる. C は閉曲線に沿っての積分を表す. また $\boldsymbol{B} \cdot \boldsymbol{r}$ は $\boldsymbol{B} \cdot \Delta \boldsymbol{r}$ という, 閉曲線方向にそった方向の微小ベクトルと磁場の内積を意味する (図 15.2). これがアンペールの法則である. μ_0 は真空の透磁率とよばれ,

$$\mu_0 = 4\pi \times 10^{-7}\, \text{N} \cdot \text{A}^{-2} \tag{15.19}$$

である.

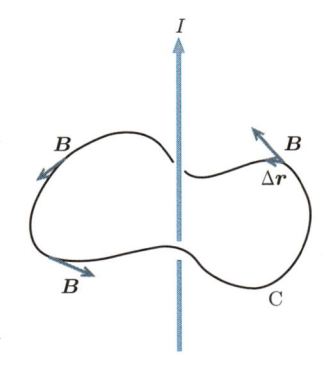

図 15.2　アンペールの法則. 電流のまわりに仮想的な閉じた曲線 C を考え, それにそった方向の磁場を足し合わせると, 閉じた曲線を貫く電流の大きさ I が求められる.

☞ μ_0 はガウスの法則に出てきた ϵ_0 に対応するものであるが, 分母に入ってくるか, 分子にかかるかの違いがあるので注意が必要である.

―― **例題 15.4　円電流のつくる磁場** ――
大きさ I の直線電流から距離 r の地点での磁場を求めよ.

解 電流のまわりに半径 r の円を考える．磁場は電流のまわりにでき，その大きさは対称性により一定である．向きは円に沿った方向なので，式 (15.18) における左辺の積分は $\int_C \boldsymbol{B} \cdot d\boldsymbol{r} = 2\pi r B$ となる．よって

$$B = \frac{\mu_0 I}{2\pi r} \tag{15.20}$$

となる．

平行な2本の直線電流

平行な2本の直線電流を考えよう．一方は電流 I_1 が，もう一方は I_2 が流れているとする．2本の距離は d とする．電流 I_1 が電流 I_2 の位置につくる磁場は，式 (15.20) より $B = \dfrac{\mu_0 I_1}{2\pi d}$ である．電流 I_2 の受ける力は 式 (15.14) より，単位長さあたり

$$\text{単位長さあたりの力} = \frac{\mu_0 I_1 I_2}{2\pi d} \tag{15.21}$$

となる．

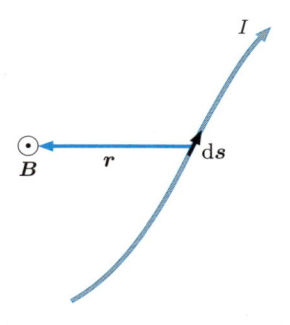

☞ 1 m 離れて平行に配置されている2本の導線に 1 A の電流を流すと，単位長さあたり 2×10^{-7} N の力で引き合う．これにより電流 1 A を定義する．μ_0 の定義 (式 (15.19)) がおかしな形をしているのはこのためである．

ビオ-サバールの法則

電荷と電場の関係を表すのがガウスの法則であった (第 13 章)．これに対応し，電流と磁場の関係を表すのがアンペールの法則である．これらの法則は考えている系の対称性がよい場合に有効である．

ガウスの法則に対して，任意に分布した微小電荷から電場を計算できるのがクーロンの法則である．同様に，微小な電流から発生する磁場を計算するときに用いるのがビオ-サバールの法則である．

電荷間にクーロン力が働く．これは 1 つ目の電荷が電場をつくり，その電場がもう 1 つの電荷に力を及ぼすことで説明された．同様に電流のまわりに磁場が発生し，その磁場と別の電流間にローレンツ力が働く．**ビオ-サバールの法則**はこの電流から発生する磁場を与える．

ビオ-サバールの法則は電流 I の線要素 $d\boldsymbol{s}$ (電流素片) がつくる磁束密度 $d\boldsymbol{B}$ が

$$d\boldsymbol{B} = \frac{\mu_0}{4\pi} \frac{I \, d\boldsymbol{s} \times \boldsymbol{r}}{r^3} \tag{15.22}$$

と主張する．

図 15.3 ビオ-サバールの法則

たとえば，直線電流がつくる磁場は

$$\boldsymbol{B} = \frac{\mu_0 I}{4\pi} \int d\boldsymbol{r}' \times \frac{\widehat{\boldsymbol{R}}}{R^2} \tag{15.23}$$

である．図 15.4 のように座標をとり，直線から r だけ離れた位置での磁場を計算する．右方向を x 軸，紙面に垂直な方向を y 軸，上方向を z 軸とすると，

$$R^2 = r^2 + z'^2, \quad d\boldsymbol{r}' = \widehat{\boldsymbol{z}} \, dz' = (0, 0, dz'), \quad \widehat{\boldsymbol{R}} = \left(\frac{r}{R}, 0, -\frac{z'}{R} \right) \tag{15.24}$$

となる．y 方向の単位ベクトルを $\widehat{\boldsymbol{y}} = (0, 1, 0)$ とすると，外積の定義 (式

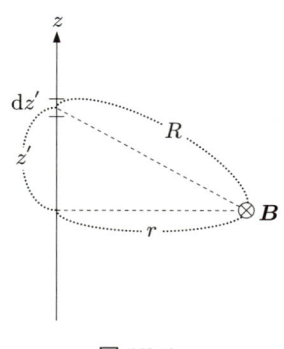

図 15.4

(7.32)) から
$$d\bm{r}' \times \widehat{\bm{R}} = \widehat{\bm{y}} \frac{r}{R} dz' \tag{15.25}$$

となり,
$$\bm{B}(\bm{r}) = \frac{\mu_0 I}{4\pi} \widehat{\bm{y}} \int_{-\infty}^{\infty} \frac{r\, dz'}{(r^2 + z'^2)^{3/2}} = \frac{\mu_0 I}{4\pi} \widehat{\bm{y}} \left[\frac{z'}{r(r^2 + z'^2)^{1/2}} \right]_{z'=-\infty}^{z'=\infty} \tag{15.26}$$

よって
$$\bm{B}(\bm{r}) = \frac{\mu_0 I}{2\pi r} \widehat{\bm{y}} \tag{15.27}$$

となる. これは式 (15.20) と一致する.

例題 15.5　円電流のつくる磁場

半径 a, 大きさ I の円電流が軸上につくる磁場が
$$B_z = \frac{\mu_0 I a^2}{2(a^2 + z^2)^{3/2}} \tag{15.28}$$
となることを示せ.

解　式 (15.22) を円電流に適用する. 円電流のうち, 角度 $\Delta\theta$ に対応する電流素片を考え, この微小な円弧を $\Delta\bm{s}$ とする. $\Delta\bm{s} = a\Delta\theta(-\sin\theta, \cos\theta, 0)$ である. この円弧から, 考えている円の中心から z だけ離れた軸上の点は $\bm{r} = (0, 0, z) - (a\cos\theta, a\sin\theta, 0)$ である. $\Delta\bm{s} \times \bm{r} = a\Delta\theta(-z\cos\theta, -z\sin\theta, a)$ よって,
$$\Delta\bm{B} = \frac{\mu_0}{4\pi} I \frac{a(z\cos\theta, z\sin\theta, a)}{r^3} a\Delta\theta \tag{15.29}$$
となる. これを積分に直して, θ について 0 から 2π まで積分すると, x, y 成分は 0 になり,
$$B_z = \frac{\mu_0}{4\pi} I \frac{2\pi a^2}{r^3} = \frac{\mu_0}{2r^3} I a^2 \tag{15.30}$$
ただし, $r = \sqrt{a^2 + z^2}$ である.

図 15.5

ソレノイド　導線を螺旋状に巻き付けたのがソレノイドである. 前問の結果を使うと, z' における半径 a の円電流が z につくる磁場は
$$B_z = \frac{\mu_0 I a^2}{2[a^2 + (z'-z)^2]^{3/2}} \tag{15.31}$$
である. 巻き数 N, 長さ L のソレノイドの場合, dz' にある円電流は $\frac{NI\, dz'}{L}$ なので
$$dB_z = \frac{\mu_0 N I a^2 dz'}{2L[a^2 + (z'-z)^2]^{3/2}} \tag{15.32}$$
となる. これを $-\frac{L}{2}$ から $\frac{L}{2}$ まで積分すると,
$$B_z = \frac{\mu_0 N I a^2}{2L} \int_{-L/2}^{L/2} \frac{dz'}{[a^2 + (z'-z)^2]^{3/2}} \tag{15.33}$$
$$= \frac{\mu_0 N I}{2L} \left. \frac{z'-z}{[a^2 + (z'-z)^2]^{1/2}} \right|_{-L/2}^{L/2}$$

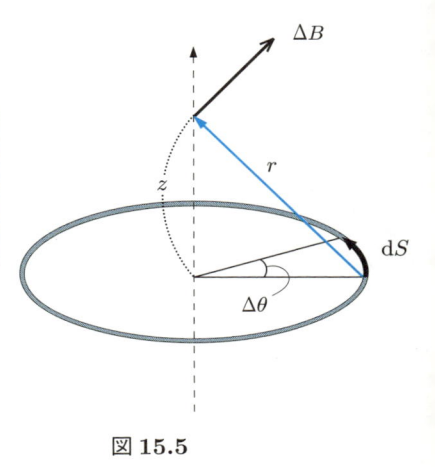

図 15.6　ソレノイド中の磁場. 縦軸は $\frac{B_z}{\mu_0 n I}$, 横軸は $\frac{z}{a}$ である. この場合, $\frac{L}{a} = 8$ ととってある.

となるので,
$$B_z = \frac{\mu_0 NI}{2L}\left\{\frac{L/2-z}{[a^2+(L/2-z)^2]^{1/2}} + \frac{L/2+z}{[a^2+(L/2+z)^2]^{1/2}}\right\} \quad (15.34)$$

を得る．$L \gg a, |z|$ の場合，ソレノイド中の磁場は
$$B_z = \frac{\mu_0 NI}{L} = \mu_0 nI \quad (15.35)$$

となる．$n = \dfrac{N}{L}$ は単位長さあたりの巻き数である．

例題 15.6　ソレノイド

ソレノイド中の磁場をアンペールの法則から導け.

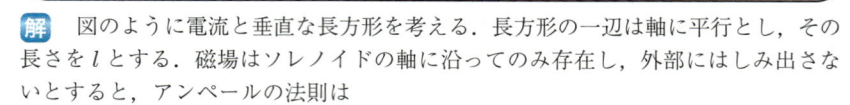

解　図のように電流と垂直な長方形を考える．長方形の一辺は軸に平行とし，その長さを l とする．磁場はソレノイドの軸に沿ってのみ存在し，外部にはしみ出さないとすると，アンペールの法則は
$$\int \boldsymbol{B} \cdot d\boldsymbol{x} = B \times l + 0 + 0 + 0 = \mu_0 nlI \quad (15.36)$$

よって，$B = \mu_0 nI$ となる．

図 15.7

先に求めたのは，軸上の磁場であるが，アンペールの法則を使うと，これが軸から離れてもほぼ一様だということがわかる.

15.4　磁性体

微小電流と磁石　閉じた電流が生み出す磁場は電流に比例して大きくなる．また電流によって囲まれた面積が大きいほど，大きい．つまり
$$\text{電磁石の強さ} = \text{電流の大きさ} \times \text{面積} \quad (15.37)$$

である．電磁石の方向は面と垂直である (図 15.8).

鉄，ニッケル，コバルトなどの磁石は磁場を発生させる．これはこれらの物質中に微小な円形電流が流れているためだと考えられる．この微小な円形電流は，内部では互いに打ち消しあって，表面だけに現れる．分極電荷と同じである.

ここで考えた微小な電流は，誘電体における分極に対応する．誘電体では $\boldsymbol{D} = \epsilon_0 \boldsymbol{E} + \boldsymbol{P} = \epsilon \boldsymbol{E}$ であった．そこで $\boldsymbol{E}$ に対応する磁場 $\boldsymbol{H}$ を，
$$\boldsymbol{B} = \mu_0 \boldsymbol{H} + \boldsymbol{M} = \mu \boldsymbol{H} \quad (15.38)$$

で定義する．すなわち，磁性体の中の磁束密度は，外からかけた磁場 $\boldsymbol{H}$ と磁性体から磁場 $\boldsymbol{M}$ の和である．真空中では $\boldsymbol{M} = 0$ なので，
$$\boldsymbol{B} = \mu_0 \boldsymbol{H} \quad (15.39)$$

である．

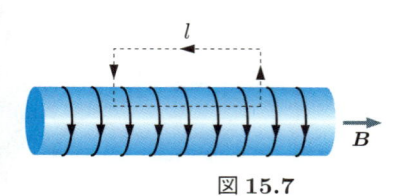

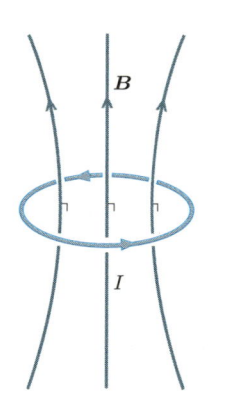

図 15.8　円電流のつくる磁場

☞ 式 (14.20)

こうした微小電流が物質中に存在することを**磁化**とよぶ．外部から磁場をかけなくても磁化をもつ物質を強磁性体，外から磁場をかけると弱く磁化するものを常磁性体，外から磁場をかけるとその磁場を打ち消すような磁場を発生する物質を反磁性体とよぶ．

物質の構成要素 (分子，原子) がつくる磁束密度 M を磁化とよぶ．多くの常磁性体では

$$M = \chi H \tag{15.40}$$

である．χ は帯磁率とよばれている．式 (15.38) から

$$B = (\mu_0 + \chi)H = \mu H , \quad \mu = \mu_0 + \chi \tag{15.41}$$

である．

磁性体はコンピュータのフロッピーディスク，ハードディスクなどに応用されている．これらは情報を記録する装置である．情報は磁石の N 極と S 極の配置で記憶させる．強磁性体は永久磁石なので，一度記録したデータは保存される．一方，電気的にデータを記録しておく場合，電流を流し続ける必要がある．PC の電源が急に切れたとき，途中経過は失われてしまうが，ハードディスクに保存したデータは残っているのはそのためである (ただしハードディスクが壊れなければの話)．

演習問題 15

1. **円周上を回転する点電荷** 電荷 Q が角速度 ω で円周上を回転している．このとき，電流の大きさはいくらか．
2. **磁場中を運動する金属棒における起電力** 長さ l の金属棒が磁場と垂直に速さ v で動いている．このとき，金属棒の両端に生じる電位差を求めよ．
3. **アンペールの法則と円電流** 式 (15.28) において，$\int_{-\infty}^{\infty} B_z \, dz$ を行え．結果をアンペールの法則で解釈せよ． 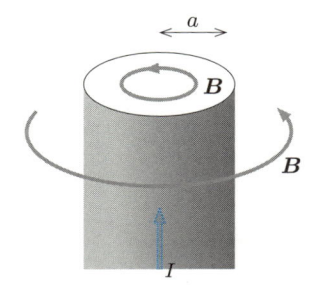
4. **電線内の磁束密度** 半径 a のまっすぐにのびた導線の中に直線電流 I が流れているとする．$r > a$ をいままでは考えてきたが，$r < a$ ではどうなるか？
5. **空洞のある電線内の磁場** 半径 a の薄い導線の中に直線電流 I が流れているとする．中は空である．この場合，磁場の r 依存性はどうなるか？
6. **球面上に分布した電荷のつくる磁場** 半径 a の球面上に一様に電荷 Q が分布している．この球が角速度 ω で回転している．
   (a) このとき，電流の大きさはいくらになるか．
   (b) 球の中心での磁場はいくらか．

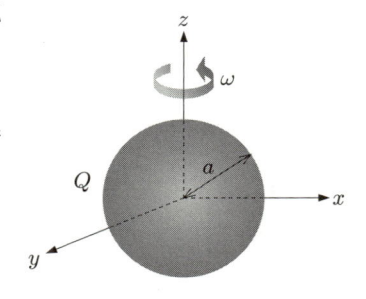

16 電磁誘導と電磁波

磁場が変化すると回路に電流が生じる現象，すなわち電磁誘導をこの章では学ぶ．この仕組みの応用でもっともなじみ深いのは，発電である．20世紀初頭からの電気による文明はこの発電なしには発展しなかったが，その基礎となるのが電磁誘導である．

この章では電磁誘導の法則を学んだ後，これを応用し，電磁波の理論にふれる．光，X線，マイクロ波 (TV の送信，電子レンジにはこのマイクロ波が使われている)，赤外線 (目には見えないが暖かい光)，紫外線 (日焼けの原因) など，電磁波は日常生活，いたるところに現れる．

16.1 ファラデーの電磁誘導の法則

ファラデーの発見　　前章で述べたように，電流と電流には力が働き，導線が動く．同じように電流 (導線) が運動すれば，電流ができると考えるのが自然である．ファラデーは実験的に以下の事実を見つけた．

1. 近くにおいた電流回路のスイッチを閉じたり開いたりする瞬間に別の回路にも電流が流れる．
2. 近くにおいた回路に電流を流しながら動かすと，別の回路に電流が流れる．
3. 永久磁石を回路に近づけたり遠ざけたりすると，電流が流れる．

電流が磁場をつくることを考慮すると，これらの事実は，**磁場が変化すると回路に電流が流れる**ということを示している．電流が流れるのはすなわち，起電力が生じることを意味する．

実験事実を積み重ねることで，ファラデーはこれらを定量的に以下のようにまとめた．まず，考えている回路で囲まれた部分をどれだけ磁束密度が貫いているかを表す磁束という量を定義する．単純に考えると，磁束は

$$(磁束) = (磁束密度) \times (回路の面積) \tag{16.1}$$

である．しかし，磁界が回路に斜めから入った場合，回路に垂直な場合に比べて貫いている磁束は小さいと定義するのが自然である．よって回路を含む面に垂直な方向と磁束密度のなす角度を θ として

$$(磁束) = (磁束密度) \times (回路の面積) \times \cos\theta \tag{16.2}$$

と定義しよう (図 16.1)．

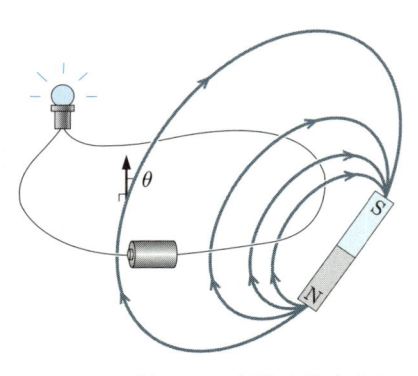

図 16.1　回路を貫く磁束

磁束密度が一定でない場合，磁束 Φ は，微小面積要素ベクトル $\Delta \boldsymbol{S}$（大きさは微小面積，向きは面と垂直なもの）と磁束密度ベクトル $\boldsymbol{B}$ との内積を加えたもの，

$$\Phi = \sum \boldsymbol{B}_i \cdot \Delta \boldsymbol{S} = \int \mathrm{d}S\, \boldsymbol{n} \cdot \boldsymbol{B} \tag{16.3}$$

と定義すればよい．$\boldsymbol{n}$ は微小面積に垂直な方向の単位ベクトルである．

磁束の単位は $\mathrm{T\,m}^2$ である．これを Wb（ウェーバー）と記す．

この定義から，磁束密度が変化したり，磁束密度が一定でも回路の向きが変わったりすると，磁束は変化する．このとき，回路には誘導起電力が生じる．誘導起電力 V_{ind} と磁束 Φ は

$$V_{\mathrm{ind}} = \frac{\mathrm{d}\Phi}{\mathrm{d}t} \tag{16.4}$$

という関係にある．

☞ 電磁気学にはいろいろな量が出てくるので，どうしてもある程度，だぶりが出てくる．ポテンシャルが Φ だったり，磁束が Φ だったりするのも，同じ理由である．その都度，気をつけてほしい．

☞ よって，$\mathrm{T} = \mathrm{Wb/m}^2$ である．

自己誘導と相互誘導　閉じた導線に電流が流れるとそれを貫く磁場ができる．するとこの変化を妨げるように誘導起電力が生じる．これを式で書くと，

$$V = L\frac{\mathrm{d}I}{\mathrm{d}t} \tag{16.5}$$

である．L は自己インダクタンスとよばれる．

自己インダクタンスの単位は，

$$[L] = \frac{[\Phi]}{[I]} = \frac{\mathrm{Wb}}{\mathrm{A}} = \mathrm{Wb/A} \tag{16.6}$$

である．これをヘンリー，H と表す．

2つの回路 A, B が近くにあるとき，一方の回路 A で電流の変化があると，もう一方に誘導起電力が生じる．式で表すと

$$V_{\mathrm{B}} = M\frac{\mathrm{d}I_{\mathrm{A}}}{\mathrm{d}t} \tag{16.7}$$

である．M は相互インダクタンスとよばれる．

例としてソレノイドを考えよう．ソレノイドの断面積を S とすると，式 (15.35) より，磁束は

$$\Phi = S \times \mu_0 n I \tag{16.8}$$

である．ソレノイドの半径を a とする．単位長さあたりの磁束はこれに巻き数密度 n を掛けて，

$$\Phi = \pi a^2 \times \mu_0 n^2 I = LI \quad , \quad L = \pi a^2 \mu_0 n^2 \tag{16.9}$$

となる．L は単位長さあたりのインダクタンスである．

例題 16.1　自己インダクタンスの値

上で求めた L を $n = 10^4\,\mathrm{m}^{-1}$, $a = 1\,\mathrm{cm}$ として，評価せよ．コイルの大きさを変えずに自己インダクタンスを大きくするにはどうすればよいか？

解
$$L = \pi\mu_0 a^2 n^2 = 2.5 \times 10^{-4}\,\mathrm{H}$$
自己インダクタンスを大きくするには巻き数密度 n を大きくすればよい．

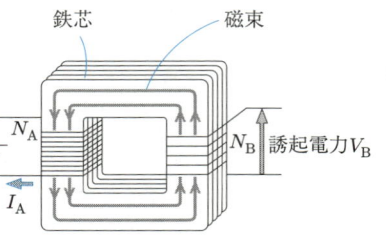

図 16.2　相互インダクタンスを利用したトランス

次に，相互インダクタンスの例として，巻き数密度 n_A のソレノイドと巻き数 N_B のソレノイドが結合した状況を考えよう (図 16.2)．A に電流 I_A を流すと，磁束は
$$\varPhi = N_\mathrm{B} \times S\mu_0 n_\mathrm{A} I_\mathrm{A} \tag{16.10}$$
となる．S はソレノイドの断面積である．よって
$$M = \mu_0 n_\mathrm{A} N_\mathrm{B} S \tag{16.11}$$
となる．

相互インダクタンスを利用すると，コイル A にかかった電圧をコイル B にかかる大きさの異なる電圧へと変換できる．これがトランスの原理である (図 16.2)．

15.1 節の最後で述べた，高電圧 (数万ボルト) で運ばれてきた発電所からの電流を，家庭 (100 V) で使うためには，変電所などで数段階にわたり電圧を下げる必要がある．この電圧を下げるのがトランスである．

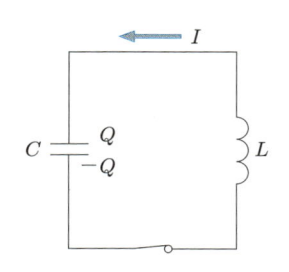

図 16.3　LC 回路

16.2　磁場のエネルギー

式 (13.40) で見たように，電場のエネルギーは $\dfrac{\epsilon_0 E^2}{2}$ である．誘電体では，$\dfrac{\epsilon E^2}{2}$, $D = \epsilon E$ なので，
$$U = \frac{\boldsymbol{E}\cdot\boldsymbol{D}}{2} \tag{16.12}$$
と書ける．

同じように磁場のエネルギーを求めてみよう．そのためにキャパシタンス C のコンデンサと自己インダクタンス L のコイルからなる直列回路を考える．
$$\frac{\mathrm{d}Q}{\mathrm{d}t} = I \;,\quad L\frac{\mathrm{d}I}{\mathrm{d}t} + \frac{Q}{C} = 0 \tag{16.13}$$
から，
$$L\frac{\mathrm{d}^2 Q}{\mathrm{d}t^2} = -\frac{Q}{C} \tag{16.14}$$
となるので，電荷は角振動数 $\omega_0 = \dfrac{1}{\sqrt{LC}}$ の単振動 (第 5 章, 式 (5.8) と式

(5.10)) の式に従う．$t=0$ で Q_0 の電荷がたまっていたとすると，
$$Q(t) = Q_0 \cos\omega_0 t \quad , \quad I = \dot{Q}(t) = -Q_0\omega_0 \sin\omega_0 t \tag{16.15}$$
である．

　バネのエネルギーと質点の運動エネルギーの和は保存していた．この保存則に対応するのが，
$$\frac{Q^2}{2C} + \frac{LI^2}{2} = \frac{Q_0{}^2}{2C} \tag{16.16}$$
である．左辺第 2 項が磁場のエネルギーに対応している．

　ソレノイドの場合，$B = \mu_0 nI$, $L = (\pi a^2 l)\mu_0 n^2$ であった．ただし，前節で求めた式 (16.9) は単位長さあたりなので，これにソレノイドの長さ l を掛けた．すると
$$\frac{LI^2}{2} = \frac{V\mu_0 n^2 I^2}{2} = \frac{VB^2}{2\mu_0} \tag{16.17}$$

☞ 電場のエネルギー密度 $u = \dfrac{\epsilon_0 E^2}{2}$ ((13.40) 式) を思い出そう．

となる．ここで，$V = \pi a^2 l$ はソレノイドの体積である．こうして，単位体積あたりの磁場のエネルギーは
$$u = \frac{B^2}{2\mu_0} \tag{16.18}$$
となる．磁性体にも使えるようにすると，
$$u = \frac{\boldsymbol{H} \cdot \boldsymbol{B}}{2} \tag{16.19}$$
となる．

　回路の図では，キャパシタを C で表し，抵抗を R で表すので，キャパシタと抵抗からなる回路を CR 回路とよぶ．コイルは L と表されるので，たとえば，コイルと抵抗からなる回路は LR 回路と名付けられている．図 16.3 は LC 回路である．

例題 16.2　CR 回路

直流電圧 V_0 がかかっている CR 回路におけるコンデンサーの電気量 $Q(t)$ を求めよ．$t=0$ でコンデンサーには電気はたまっていなかったとする．

解　キルヒホッフの法則から
$$RI + \frac{Q}{C} = V_0 \; , \; I = \frac{dQ}{dt}$$
よって
$$R\frac{dQ}{dt} = V_0 - \frac{Q}{C}$$
これは速さに比例した抵抗中の物体の落下運動の運動方程式，
$$m\frac{dv}{dt} = mg - C'v$$

☞ 式 (4.21) を参照

と同じ形をしている．抵抗中の落下運動の変数を

$$m \to R, v \to Q, mg \to V_0, C' \to \frac{1}{C}, v_\infty = \frac{mg}{C'} \to CV_0$$

と読み替えると，落下運動の解 (4.30)，$v = v_\infty(1 - e^{-\frac{C'}{m}t})$ は，

$$Q = CV_0(1 - e^{-\frac{t}{RC}})$$

となることがわかる．

この解より，RC は時間の次元をもち，この時間程度でコンデンサーに電荷がたまることがわかる．R は 1 Ω 程度，C は pF 程度とすると，この時間 (時定数とよばれる) は 10^{-12} 秒という非常に短い時間だということがわかるので，多くの場合，コンデンサーには瞬間的に電荷がたまるとみなしてよい．

☞ 解 (4.30) は初期条件 $t = 0$ で $v = 0$ を満たす．これはちょうど $t = 0$ で $Q = 0$ に対応する．

─ 例題 16.3　LCR 回路 ─

LC 回路でなく，LCR 回路に交流電圧 V がかかった場合，電荷の満たす微分方程式は

$$L\frac{d^2Q}{dt^2} + \frac{Q}{C} + R\frac{dQ}{dt} = V(t) = V_0 \cos \omega t \tag{16.20}$$

となる．この方程式をといて共振現象を調べよ．

解　式 (16.20) に $Q = A\cos(\omega t + \phi)$ を代入して，A, ϕ を決定してもよいが，ここでは複素数を使って形式的に解を求め，その実数部分を実際の解とする方法を紹介しよう．

$Q = \text{Re}[Q_0 e^{i\omega t}]$ とする．これより

$$\text{Re}\left(\frac{1}{C} - L\omega^2 + i\omega R\right) Q_0 e^{i\omega t} = \text{Re}\, V_0 e^{i\omega t}$$

よって

$$Q_0 = \frac{CV_0}{1 - \frac{\omega^2}{\omega_0^2} + i\omega\tau}, \quad |Q_0| = \frac{CV_0}{\sqrt{\left(1 - \frac{\omega^2}{\omega_0^2}\right)^2 + \omega^2\tau^2}}$$

ここで $\omega_0 = \frac{1}{\sqrt{LC}}, \tau = RC$．$Q_0 = |Q_0|e^{i\phi}$ とすると

$$Q = \text{Re}[Q_0 e^{i\omega t}] = |Q_0|\cos(\omega t + \phi)$$

となる．電流は $I = -|Q_0|\omega \sin(\omega t + \phi)$ である．I の振幅を $CV_0\omega$ でスケールすると図のようになる．

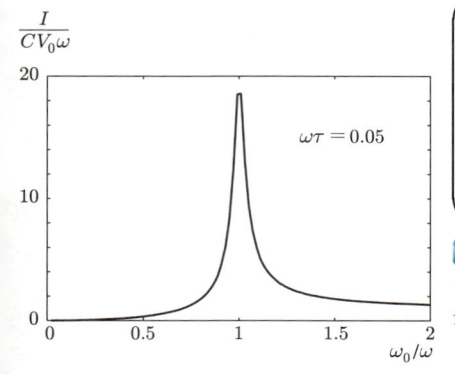

図 16.4　LCR 回路における共鳴．電荷，電流は角振動数 ω で振動している．図に示したのはその振幅である．L, C の値を変えると ω_0 が変わり，$\omega_0 \fallingdotseq \omega$ で急に電流，電荷の振動の振幅が大きくなる．

16.3　電磁波

変位電流　LC 回路 (図 16.3) を詳しく見てみると，不思議なことに気がつく．電流 $I = \dfrac{dQ}{dt}$ は，回路の中で一定だが，平行平板コンデンサの間で，突然 0 になってしまう．その代わりに，コンデンサの間では電場が時間変化する．マクスウェルは，このように突然 0 になってしまうと理論に矛盾が生じてしまうことを指摘し，この矛盾を解決するため，時間変化する電場は，あたかも電流密度のように振る舞い，磁場をつくることを指摘した．

電場の大きさを $E(t)$ とおくと，電荷 Q と電場の関係 (式 (13.16)) を用い

$$I = \frac{dQ}{dt} = \epsilon_0 S \frac{dE}{dt} \quad \therefore \quad j = \epsilon_0 \frac{dE}{dt} \tag{16.21}$$

となる．よって電場が変化しているときは，あたかも電流密度

$$j = \epsilon_0 \frac{dE}{dt} = \frac{dD}{dt} \tag{16.22}$$

が生じているように見える．D は分極の章 (14 章) で学んだ電束密度 (14.12) である．この電流 j は **変位電流**，または **電束電流** とよばれる．

ファラデーの法則とアンペールの法則　　磁場が変化すれば，ファラデーの法則より電場が生じる．この電場は一般には時間の関数である．電場の時間変化から，変位電流が生じ，あたかも電流のように振る舞い磁場を生む．この磁場がファラデーの法則により，電場を生み… のように，次々と電場，磁場が発生していくことが予想できる．それを定量的にみていこう．

真空中に図 16.5 のような領域を考える．長方形のまわりを 1 回りすると，誘導起電力

$$E(x + \Delta x) \times l - E(x) \times l$$

が生じている．この値は，ファラデーの法則より，長方形を貫く磁束の時間変化，

$$-\frac{\partial}{\partial t}\left(l \times \Delta x \times B\left(x + \frac{\Delta x}{2}, t\right)\right)$$

に等しい．これより

$$\frac{\partial B(x,t)}{\partial t} = -\left(\frac{E(x+\Delta x) - E(x)}{\Delta x}\right) \tag{16.23}$$

となる．よって，

$$\frac{\partial B(x,t)}{\partial t} = -\frac{\partial E(x,t)}{\partial x} \tag{16.24}$$

が成り立つ．

一方，アンペールの法則を適用には，この長方形に厚みを考える必要がある (図 16.6)．厚さを h とすると，アンペールの法則から

$$\begin{aligned}B(x) \times h - B(x+\Delta x) \times h &= \mu_0 I \\ &= \mu_0 (h\Delta x) \times j \\ &= \epsilon_0 \mu_0 (h\Delta x) \frac{\partial E}{\partial t}\end{aligned} \tag{16.25}$$

よって，

$$\frac{\partial B}{\partial x} = -\epsilon_0 \mu_0 \frac{\partial E}{\partial t} \tag{16.26}$$

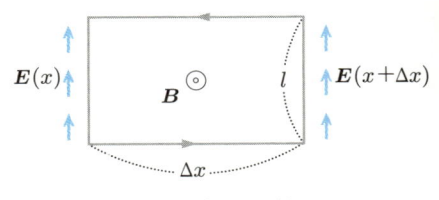

図 **16.5**　ある領域での電場と磁場

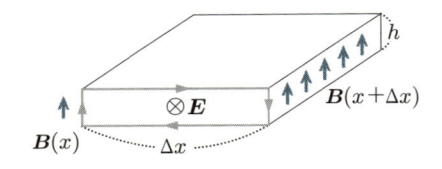

図 **16.6**　ある領域での電場と磁場，その 2

第16章 電磁誘導と電磁波

を得る.

式 (16.24) と式 (16.26) より,

$$\frac{\partial^2 E}{\partial t^2} = \frac{1}{\epsilon_0 \mu_0} \frac{\partial^2 E}{\partial x^2}, \quad \frac{\partial^2 B}{\partial t^2} = \frac{1}{\epsilon_0 \mu_0} \frac{\partial^2 B}{\partial x^2} \tag{16.27}$$

が得られる.

波動方程式 式 (16.27) は見慣れない形である.これは時間の2階微分と空間の2階微分を結びつけており,**波動方程式**とよばれる.

簡単に波長 λ の正弦波

$$f(x,t) = A \sin \frac{2\pi}{\lambda} x \tag{16.28}$$

が速さ v で動いているとしよう.このとき

$$f(x,t) = A \sin \frac{2\pi}{\lambda} (x - vt) \tag{16.29}$$

となる.

$$k = \frac{2\pi}{\lambda} \tag{16.30}$$

を**波数**,

$$\omega = \frac{2\pi v}{\lambda} \tag{16.31}$$

を角振動数として

$$f(x,t) = A \sin(kx - \omega t) \tag{16.32}$$

となる.

一般に速さ v で関数 f が動くと

$$f(x,t) = f(x - vt) \tag{16.33}$$

となる.よって $f(x,t)$ は

$$\frac{\partial^2 f(x,t)}{\partial t^2} = v^2 \frac{\partial^2 f(x,t)}{\partial x^2} \tag{16.34}$$

を満たす.このように時間の2階微分と空間の2階微分が比例する場合,速さ v で形を変えずに伝搬する状態が解になる.また,比例係数は伝搬速度の2乗に等しい.

電磁波の性質 上で述べた波動方程式の性質から,式 (16.27) は,速さ $\sqrt{\frac{1}{\epsilon_0 \mu_0}}$ で伝搬している波を表している.その大きさは

$$\sqrt{\frac{1}{\epsilon_0 \mu_0}} = 2.99792458 \times 10^8 \text{ m/s} \tag{16.35}$$

である.マクスウェルはこの値が,光速の実測値と一致することを示し,光も電磁波の一種だと推測した.

ここで導いた電磁波の性質をまとめておこう.

光速は,17世紀後半にすでに 2×10^8 m/s 程度と評価されていた.マクスウェルが電磁波の理論を出したときには,$(2.98 \pm 0.02) \times 10^8$ m/s という値が得られていた.

1. 光速で伝搬し，
2. 電場と磁場は進行方向に対して垂直方向を向き，
3. 電場と磁場は互いに垂直である．

マクスウェルは，理論に矛盾がないように変位電流を導入し，電気と磁気の法則を関連づけ，電磁波を導いた．さらに観測事実と照らし合わせ光は電磁波の一種だということを示し，光学が電磁気学で定式化できることを示した．理論の無矛盾性，実験との対応，一見異なる現象 (電気と磁気，光と電磁波) の統一的な理解，このすべてをなしとげた，物理学のお手本である．

電磁気の法則は，クーロン，ガウス，アンペール，ファラデー，マクスウェルと人名がついているものが多い．ニュートン 1 人で築き上げた力学と対照的である．

例題 16.4 光速

ϵ_0, μ_0 (式 (12.5) と式 (15.19)) の値を代入し，光速を実際に計算せよ．

解 $\epsilon_0 = 8.854187817 \times 10^{-12}\,\mathrm{C^2/N/m^2}$ (式 (12.5))，$\mu_0 = 4\pi \times 10^{-7}\,\mathrm{N \cdot A^{-2}}$ (式 (15.19)) を $c = \dfrac{1}{\sqrt{\epsilon_0 \mu_0}}$ に代入すると，$c = 2.998 \times 10^8$ m/s を得る．

演習問題 16

1. **電磁誘導と流れる電気量** 抵抗 R をもった回路を磁束 Φ_0 が貫いている．
   (a) 微小時間 Δt の間に磁束が $\Delta \Phi$ だけ変化した．このとき流れる電流を求めよ．
   (b) 磁束が Φ_0 から Φ_1 まで変化したとき，回路を流れる電気量を求めよ．

2. **ベータトロン** z 軸方向に平行な磁場 B の中を，電子が x-y 面内において半径 R の円運動をしている (第 15 章のサイクロトロン運動を参照)．磁場は半径 R 付近にのみかかっているとする．
   (a) 電子の速さを求めよ．
   (b) この半径 R 付近にかかっている磁場に加えて，回転運動の中心に磁束 $\Delta \Phi'$ を加える．磁束を Δt の間にかけたとして，電子がうける誘導電場を求めよ．
   (c) 磁束が $\Delta \Phi'$ 変わったとき，電子の速さの変化 Δv を求めよ．
   (d) 半径 R を一定に保ったまま，B と Φ' を大きくして，電子を速度 0 から徐々に加速するためには，B と Φ' と R にどのような関係が必要か．

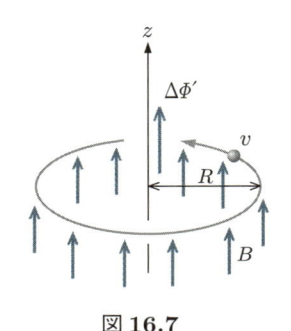

図 16.7

☞ このように半径一定で電子などの荷電粒子を加速する装置をベータトロンとよぶ．

3. **LR 回路** 直流電圧 V_0 がかかっている LR 回路の解を求めよ．$t = 0$ で電流は流れていなかったとする．

17 付録：物理と微分方程式

物理法則は微分方程式で記述されることが多い．特にニュートンの運動方程式は加速度＝速度の微分＝位置の2階微分が運動を記述するので，力学を議論するには欠かせない．ここでは微分方程式の解法をまとめておく．

何が難しいかというと，多くの微分方程式では，物理量の時間変化が，時間の関数ではなく，物理量の関数になっていることである．たとえば，速度に比例する抵抗がある場合 (式 (4.3))，運動方程式 (4.21) は

$$m\frac{\mathrm{d}v}{\mathrm{d}t} = mg - Cv$$

となる．速度の時間変化を速度の値が決めているという形である．この右辺の速度と左辺の速度は同じものであり，両方とも時間に依存している．ここらへんで物理がわからなくなってしまうことが多いので注意が必要である．

☞ 電気回路における電流の振る舞いも力学と似た微分方程式で記述されるので，微分方程式は力学以外でも重要である．

☞ これはある状態 (速度とか位置) の変化が，その状態で決まっていることに対応する．

いつくかの基本事項：

1. 解の数：一般に n 階の微分方程式の場合，独立な解は n 個ある．たとえばニュートンの運動方程式で記述される物体の位置は時間に関する2階微分方程式なので，一般に独立な解は2個ある，という具合である．実際の問題を考えると，運動する粒子の軌道を決めるには，初期条件 (位置と速度) とよばれる2つの条件を課すことになっている．ニュートンの運動方程式には独立な解が2個あるので，それらを組み合わせて初期条件 (2つの条件) を満たす解がつくれる仕組みになっている．

☞ これは多項式の方程式と同じ事情である．1次方程式は解が1つ，2次方程式は2つ，3次方程式は3つであった．一般に n 次方程式の解は n 個ある．ただし，m 重根は m 個と数える．

2. 線形微分方程式の場合，すなわちすべての項が x かその微分，2階微分，$\cdots$，n 階微分に比例している場合を考える．このとき任意につくった解を $x_1(t), x_2(t), \cdots$ とするとその線形結合 $x = a_1 x_1(t) + a_2 x_2(t) + \cdots$ も解となる．これを，線形微分方程式に対する「重ね合わせの原理」という．

3. 線形微分方程式の場合，解はかならず $Ce^{\alpha t}$ となる．(C は定数) この形を線形微分方程式に代入すると，各項はかならず $Ce^{\alpha t}$ を含むので，すべて消すことができ，難しい n 階微分方程式が単に α に関する多項式方程式を解くことに帰着する．

☞ 正確には，1項のみ x に比例しておらず，残りすべての項が x に比例する場合も，線形微分方程式に含める．ここで述べたすべての項が x に比例する場合は，線形同次微分方程式とよぶ．方程式に「同次」でない項 (x に比例しない項) があったとすると，「重ね合わせの原理」は成立しない．

具体的に解き方を見てみよう．

1. 1階の微分方程式

$$\frac{\mathrm{d}x}{\mathrm{d}t} = f(t)$$

いま, $f(t)$ が t の多項式の場合, すなわち $f(t) = a_0 + a_1 t + a_2 t^2 + \cdots$ の場合を考えよう. すると, これはすぐに積分できて次の形の解を得ることができる.

$$x = a_0 t + a_1 \frac{t^2}{2} + a_2 \frac{t^3}{3} + \cdots + 定数$$

例: 落下の方程式 $\dfrac{\mathrm{d}v}{\mathrm{d}t} = g$ の解は $v = gt + C$. $\dfrac{\mathrm{d}x}{\mathrm{d}t} = gt + C$ の解は $x = \dfrac{gt^2}{2} + Ct + D$. $t=0$ での位置 $x(0)$ と速度 $v(0) = \dfrac{\mathrm{d}x(t)}{\mathrm{d}t}\Big|_{t=0}$ により C, D が決まり,

$$x(t) = \frac{gt^2}{2} + v(0)t + x(0)$$

となる.

2. 変数分離型

たとえば,

$$\frac{\mathrm{d}x}{\mathrm{d}t} = g(x)$$

の場合,

$$\int \frac{\mathrm{d}x}{g(x)} = \int \mathrm{d}t = t + c$$

より, x と t の関係を求めることができる.

例 : 抵抗がある場合の運動を記述する微分方程式, $\dfrac{\mathrm{d}v}{\mathrm{d}t} = -av$ の場合.

$$\int \frac{\mathrm{d}v}{v} = -\int a\, \mathrm{d}t = -at + C$$

より,

$$\log v = -at + C,\ v = C' \mathrm{e}^{-at}$$

さらに重力がある場合, 運動方程式は $\dfrac{\mathrm{d}v}{\mathrm{d}t} = g - av$ となる. これも変数分離の形をしており,

$$\int \frac{\mathrm{d}v}{-av + g} = \int \mathrm{d}t,$$

$$\therefore\ \frac{-1}{a} \log(-av + g) = t + C,$$

$$\therefore\ v = \frac{g - C' \mathrm{e}^{-at}}{a} = \frac{g}{a}(1 - C'' \mathrm{e}^{-at})$$

より一般的に

$$\frac{\mathrm{d}x}{\mathrm{d}t} = \frac{g(x)}{h(t)}$$

という形のものは,

$$\int \frac{\mathrm{d}x}{g(x)} = \int \frac{\mathrm{d}t}{h(t)}$$

として解けばよい. このように解けるのは, 与えられた微分方程式の右辺 $\dfrac{g(x)}{h(t)}$ で, x に依存するものが分子, t に依存するものが分

☞ この微分方程式ではすべての項が $v(t)$ に比例しているので, 線形微分方程式である. よって, 変数分離の方法を使わず, $v(t) = C\mathrm{e}^{\alpha t}$ を代入することで解ける. すなわち, $C \dfrac{\mathrm{d}}{\mathrm{d}t} \mathrm{e}^{\alpha t} = C\alpha \mathrm{e}^{\alpha t} = -aC\mathrm{e}^{\alpha t}$. よって $\alpha = -a \to v(t) = C\mathrm{e}^{-at}$.

☞ 実際には, $\widetilde{v} = v - \dfrac{g}{a}$ という変数を $\widetilde{v}$ を導入して, $\dfrac{\mathrm{d}\widetilde{v}}{\mathrm{d}t} = -a\widetilde{v}$ という簡単な形に変形してから解くとよい.

母，というように分離しているからである．このような形の微分方程式は一般に変数分離型とよばれる．線形微分方程式でないが変数分離しているので簡単に解ける例を見てみよう．

速度の 2 乗に比例して大きくなる抵抗 (慣性抵抗) の場合，速度の時間変化 (加速度) は
$$\frac{\mathrm{d}v}{\mathrm{d}t} = -av^2$$
で与えられる．右辺に v^2 があるので，これは線形ではない．しかし変数分離の形をしており，
$$\int \frac{1}{v^2}\,\mathrm{d}v = -a\int \mathrm{d}t, \quad \frac{1}{v} = at + C,$$
より $v = \dfrac{1}{at+C}$ を示せる．

3. 線形微分方程式，すなわちすべての項が x かその微分，2 階微分，$\cdots$，n 階微分に比例している場合，基本事項 3 より $x = Ce^{\alpha t}$ を代入して，α に関する多項式の解を求める．具体的にやってみよう．

例：減衰振動 (式 (5.28))
$$\frac{\mathrm{d}^2 x}{\mathrm{d}t^2} = -\omega^2 x - 2\gamma \frac{\mathrm{d}x}{\mathrm{d}t}$$
に $x = Ce^{\alpha t}$ を代入すると，$Ce^{\alpha t}$ は両辺で消えて，$\alpha^2 = -\omega^2 - 2\gamma\alpha$, $\alpha = -\gamma \pm \sqrt{\gamma^2 - \omega^2}$．よって解は
$$x = a_1 \exp\left(-(\gamma + \sqrt{\gamma^2 - \omega^2})t\right) + a_2 \exp\left(-(\gamma - \sqrt{\gamma^2 - \omega^2})t\right)$$
となる．(最初に述べた基本事項 2 より解の線形結合をつくっていることに注意．)

☞ α が虚数になった場合，$\mathrm{Im}(\alpha t) = \theta$ として，オイラーの公式 $e^{\mathrm{i}\theta} = \cos\theta + \mathrm{i}\sin\theta$ を適用すると，この解は 3 角関数となることがわかる．これは単振動の解である．また α が複素数になった場合は，実部が減衰する項，虚部が振動する項を表し，減衰振動の解となる．

4. 線形微分方程式に 1 項だけ線形でない項が含まれている場合，
   (a) 試行錯誤で解を 1 つ求める．これを特解とよび，$x_\mathrm{s}(t)$ と表す．
   (b) 線形でない項を 0 とおき線形微分方程式を上の方法でとき，解 $x_1(t), x_2(t), \cdots$ を求める．
   (c) 線形でない項を含めた微分方程式の解は $x(t) = x_\mathrm{s}(t) + a_1 x_1(t) + a_2 x_2(t) + \cdots$

例：単振動に外力が加わった強制振動 (式 (5.36))
$$\frac{\mathrm{d}^2 x}{\mathrm{d}t^2} = -\omega_0^2 x + f_0 \sin\omega t$$
の場合，$x_\mathrm{s}(t) = A\sin\omega t$ を代入すると，$\sin\omega t$ は両辺で消えて，
$$A = \frac{f_0}{\omega_0^2 - \omega^2}, \quad x_\mathrm{s}(t) = \frac{f_0}{\omega_0^2 - \omega^2}\sin\omega t$$
これに外力がないときの一般解 (つまり単振動の解，式 (5.2)) を足して，
$$x = a\sin(\omega_0 t + \theta) + \frac{f_0}{\omega_0^2 - \omega^2}\sin\omega t$$
が解となる．

☞ 特解は形が決まっているので，初期条件を満たすように調整できない．初期条件の調整は一般解で行う．一方，共振で重要になるのは特解の方である．

セミナー解答

第1章の解答

1. (a) バネ定数に伸び(長さの次元をもっている)を掛けたものが力 F となる．よって，$[k] = [F]/L = M/T^2$．
   (b) 周期は T の次元をもっているので，
   $$T = M^x (M/T^2)^y$$
   よって，$x = \dfrac{1}{2}, y = -\dfrac{1}{2}$．周期は $\sqrt{\dfrac{m}{k}}$ に比例する． ☞ 第5章参照．

2. 速さの次元は $[v]=L/T$ である．
   (a) $[k_1 g^x h^y \rho_{海水}^z] = (L/T^2)^x L^y (M/L^3)^z = M^z L^{x+y-3z} T^{-2x}$．よって，$z=0, x+y-3z=1, 2x=1$．これより，$x = y = \dfrac{1}{2}, z = 0$．よって $v = k_1 \sqrt{gh}$．海の深さが2倍になると v は $\sqrt{2}$ 倍．
   (b) 圧力 p の次元は $[p] = ML/T^2/L^2 = M/L/T^2$．よって $[v_{音速}] = [k_2 p^x \rho_{空気}^y] = (M/L/T^2)^x (M/L^3)^y = M^{x+y} L^{-x-3y} T^{-2x}$．これより $x+y = 0, -x-3y = 1, -2x = -1$．よって，$x = \dfrac{1}{2}, y = -\dfrac{1}{2}$，$v_{音速} = k_2 \sqrt{\dfrac{p}{\rho_{空気}}}$．
   $0°C$，1気圧 $(\fallingdotseq 1.013 \times 10^5 \text{ N/m}^2)$ で，1モルの空気(分子量は約 28.8)は $22.4 \times 10^{-3} \text{m}^3$ の体積を占める．よってその密度は 1.29kg/m^3．これより，$\sqrt{\dfrac{p}{\rho_{空気}}} \fallingdotseq 280$ m/s．よって $k_2 \fallingdotseq 1.21$．
   (c) $[v_{弦}] = [g^x S^y \rho_{弦}^z] = (L/T^2)^x (ML/T^2)^y (M/L)^z = M^{y+z} L^{x+y-z} T^{-2x-2y}$．
   よって，$x = 0, y = \dfrac{1}{2}, z = -\dfrac{1}{2}$，$v_{弦} = k_3 \sqrt{\dfrac{S}{\rho_{弦}}}$．張力を2倍にすると，弦の振動数は $\sqrt{2}$ 倍．

第2章の解答

1. (a) 地球からの重力，$60 \text{ kg} = 60 \times 9.8 \text{ N} = 588 \text{ N}$ が下向きに．体重計から受ける抗力が上向き 588 N． (b) 588 N (c) 60 kg
   (d) 体重計を手で押すと，手が体重計を押す分，足が体重計を押す力が減るので，目盛りは変わらない．

2. 水平方向，鉛直方向の力のつり合いは，壁，床からの抗力をそれぞれ，N, N' とする．F は最大静止摩擦力とすると，水平方向のつり合いから
   $$F = N$$
   となる．また，
   $$F = \mu N'$$
   である．一方，重心のまわりの力のモーメントが0という条件は，はしごと床がなす角度 θ を使って，

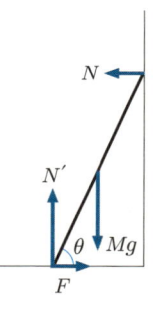

$$N\sin\theta + F\sin\theta = N'\cos\theta$$

となる．N, F を N' で表して，$\mu = 0.5$ を代入すると，

$$\tan\theta = 1, \theta = 45°$$

となる．

第 3 章の解答

1. $x(t) = f(g(t))$, $f(T) = aT^2$, $T = g(t) = \sin t$ として，式 (3.19) より，

$$\frac{dx}{dt} = 2aT\cos t = 2a\cos t \sin t = a\sin(2t)$$

最後の変形では，三角関数の倍角の公式を用いた．

2. (a) 止まっていた電車が急に動き出すと，立っている人は進行方向と逆方向に動くように感じる．走っている電車が急に止まると今度は，進行方向につんのめる． (b) だるま落とし．

3. 糸を急に引いても，慣性から物体はほとんど動かない．よって下の糸が切れる．一方，ゆっくりと糸を引くと，上の糸には引っ張り力と物体の重力がかかるので，上の糸が先に切れる．

4. 鉛直上向きを正とする．$v_0 > 0$ である．t だけ時間が経過した後の速さ v は

$$v = v_0 - gt$$

となる．最高点では $v = 0$ なので

$$\therefore \quad t = \frac{v_0}{g}$$

また，移動距離は式 (3.36) より，$x = v_0 t - \frac{gt^2}{2}$ なので，最高点の高さ h は

$$h = v_0 \frac{v_0}{g} - \frac{g}{2}\left(\frac{v_0}{g}\right)^2 = \frac{v_0{}^2}{2g}$$

となる．なお，これは $v_0{}^2 = 2gh$ となっており，式 (3.39) に対応している．

5. $\dfrac{d(mv)}{dt} = F$ を用いる．($m\dfrac{dv}{dt} = F$ ではないことに注意．)

    (a) mv を微分したものが一定値 F なので，$mv = Ft + C$．$t = 0$ で静止していたので，$C = 0$．よって $mv = (m_0 + \sigma t)v = Ft$，すなわち

$$v = \frac{Ft}{m_0 + \sigma t}$$

    (b) 移動距離 x は速度を時間で積分したものである．

$$x = \int_0^t v\, dt = \int_0^t \frac{Ft}{m_0 + \sigma t} dt$$

ここで $\dfrac{Ft}{m_0 + \sigma t} = \dfrac{F}{\sigma} - \dfrac{m_0 F}{\sigma}\dfrac{1}{m_0 + \sigma t}$ とし，$\displaystyle\int \frac{1}{m_0 + \sigma t} dt = \dfrac{1}{\sigma}\ln(m_0 + \sigma t)$ を使うと，

$$x = \frac{F}{\sigma}t - \frac{m_0 F}{\sigma^2}\ln\left(\frac{m_0 + \sigma t}{m_0}\right)$$

第 4 章の解答

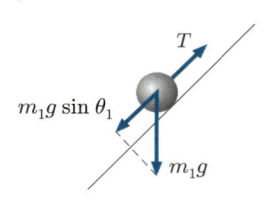

1. ひもの張力を T とすると，運動方程式は，質量 m_1 のブロックについて
$$m_1 \frac{d^2 x_1}{dt^2} = m_1 g \sin \theta_1 - T$$
ここで m_1 が斜面を滑りおりるとして斜面下向きに x_1 を定義した．m_2 については，
$$m_2 \frac{d^2 x_2}{dt^2} = T - m_2 g \sin \theta_2$$
m_2 が斜面を上昇するとして斜面上向きに x_2 を定義した．両辺を加えて張力 T を消去すると
$$m_1 \frac{d^2 x_1}{dt^2} + m_2 \frac{d^2 x_2}{dt^2} = m_1 g \sin \theta_1 - m_2 g \sin \theta_2$$
ひもは伸び縮みしないので $x_1 = x_2 = x$ とおいて，
$$(m_1 + m_2) \frac{d^2 x}{dt^2} = m_1 g \sin \theta_1 - m_2 g \sin \theta_2$$
よって加速度は
$$\frac{d^2 x}{dt^2} = \frac{m_1 g \sin \theta_1 - m_2 g \sin \theta_2}{m_1 + m_2}$$
となる．$m_1 \sin \theta_1 = m_2 \sin \theta_2$ の場合，加速度は 0 となる．

2. (a) 式 (4.18) の右辺を θ の関数とすると
$$f(\theta) = -\frac{g}{2v_0^2 \cos^2 \theta} x^2 + \tan \theta \, x$$
これを θ で微分して，
$$\frac{df(\theta)}{d\theta} = \frac{x}{\cos^2 \theta} \left(1 - \frac{g \tan \theta}{v_0^2} x\right)$$

☞ x を定数と思って θ で微分するので偏微分である．第 6 章参照．

(b) 上式より，$\tan \theta = \dfrac{v_0^2}{gx}$．

(c) 以上より，x を固定して θ をいろいろと変えた場合，最大の高さ $y_{\max}$ は
$$y_{\max} = -\frac{gx^2}{2v_0^2}(1 + \tan^2 \theta) + \tan \theta \, x = \frac{v_0^2}{2g} - \frac{g}{2v_0^2} x^2$$
よって，物体の到達範囲は
$$y \leq \frac{v_0^2}{2g} - \frac{g}{2v_0^2} x^2$$

☞ $\dfrac{1}{\cos^2 \theta} = 1 + \tan^2 \theta$ を用いる．

3. (a) 式 (4.18) と $y = x \tan \alpha$ を連立させて，
$$x \tan \alpha = x \tan \theta - \frac{1}{2} g \frac{x^2}{v_0^2 \cos^2 \theta}$$
これより
$$x = \frac{2v_0^2}{g} \cos^2 \theta (\tan \theta - \tan \alpha)$$

(b) $\cos^2 \theta (\tan \theta - \tan \alpha) = \dfrac{\sin (\theta - \alpha) \cos \theta}{\cos \alpha}$ と変形し，これを三角関数の和積の公式 $\sin x \cos y = \dfrac{\sin (x+y) + \sin (x-y)}{2}$ を使って書き換えて $\dfrac{\sin (2\theta - \alpha) - \sin \alpha}{2 \cos \alpha}$ を得る．よって $2\theta - \alpha = \dfrac{\pi}{2}$，すなわち $\theta = \dfrac{\frac{\pi}{2} + \alpha}{2}$ のとき，到達距離が最大になる．これは斜面に垂直な方向のちょうど半分である．

4. (a) $m\dfrac{dv}{dt} = mg - \dfrac{\pi}{4}\rho_{空気}a^2v^2$

   (b) 右辺が 0 となるのが終端速度 v_∞ である．よって
   $$\dfrac{\pi}{4}\rho_{空気}a^2v_\infty^2 = mg, \quad m = \dfrac{4\pi a^3}{3}\rho_{水} \;\to\; v_\infty = \sqrt{\dfrac{16\rho_{水}}{3\rho_{空気}}ag}$$

   (c) 上の式に空気の密度 1.3 kg/m^3，水の密度 1.0×10^3 kg/m^3 を代入して，$v_\infty = 20$ m/s．

5. (a) $v = v_0\,e^{-at/M}$ (b) 略 (c) $x = \dfrac{Mv_0}{a}$

   (d) $M\dfrac{dv}{a+bv} = -dx \;\to\; \dfrac{M}{b}\ln(a+bv) = C - x$

   (e) $x = \dfrac{M}{b}\log\dfrac{a+bv_0}{a}$

第 5 章の解答

1. 斜面にそって，下方に x 軸をとる．重力 mg の x 成分は $mg\sin\alpha$ である．

   (a) 自然長からの伸びを x_0 とすると，$kx_0 = mg\sin\alpha$ となる．よって
   $$x_0 = \dfrac{mg}{k}\sin\alpha$$
   つまり鉛直方向の振動のときの重力加速度 g を $g\sin\alpha$ に読み替えればよい．

   (b) 振動の中心からの伸びを x とすると，運動方程式は
   $$m\dfrac{d^2x}{dt^2} = -k(x+x_0) + mg\sin\alpha$$
   $$= -kx$$
   したがって，斜面の傾斜角にはよらず，
   $$\omega = \sqrt{\dfrac{k}{m}},\; T = 2\pi\sqrt{\dfrac{m}{k}}$$
   となる．

2. ピークでは x の時間微分が 0 になっているので，
   $$0 = \dfrac{d}{dt}\left(e^{-\kappa t}\sin\omega' t\right)$$
   $$= e^{-\kappa t}(\omega'\cos\omega' t - \kappa\sin\omega' t)$$
   $$= e^{-\kappa t}\sqrt{\omega'^2 + \kappa^2}\cos(\omega' t + \theta)$$
   $$\tan\theta = \dfrac{\kappa}{\omega'}$$
   よって，$\omega' t + \theta = \dfrac{\pi}{2},\dfrac{3}{2}\pi,\cdots$ のとき，極大，極小をとる．第 1 のピークでは $\omega' t_1 + \theta = \dfrac{\pi}{2}$，第 2 のピークでは $\omega' t_2 + \theta = \dfrac{5}{2}\pi$，第 3 のピークでは $\omega' t_3 + \theta = \dfrac{9}{2}\pi$ となる．これからこのピーク値は
   $$x_1 = Ae^{-\kappa t_1}\sin\left(\dfrac{\pi}{2} - \theta\right)$$
   $$x_2 = Ae^{-\kappa t_2}\sin\left(\dfrac{5}{2}\pi - \theta\right)$$
   $$x_3 = Ae^{-\kappa t_3}\sin\left(\dfrac{9}{2}\pi - \theta\right)$$

☞ $\omega' t + \theta = \dfrac{3\pi}{2},\dfrac{7\pi}{2},\cdots$ は谷となる．

したがって，ピーク比は
$$\frac{x_1}{x_2} = e^{\kappa(t_2-t_1)} = e^{\frac{2\pi\kappa}{\omega'}}$$
$$\frac{x_2}{x_3} = e^{\frac{2\pi\kappa}{\omega'}}$$
よって，ピーク値の比は一定である．

3. (a) $t = 0$ で $x = a$, $v = \dfrac{dx}{dt} = 0$ の場合，$a = A\sin\theta$, $0 = A\omega_0\cos\theta$ を満たす必要があるので，$\theta = \dfrac{\pi}{2}, A = a$ とすればよい．よって
$$x = a\cos(\omega_0 t)$$
となる．

(b) $t = 0$ で $x = 0$ とするには $\theta = 0$ とすればよい．$\theta = 0$ とおくと，$\dfrac{dx}{dt} = A\omega_0\cos(\omega_0 t)$ となるので，$t = 0$ での速度 v_0 は $v_0 = A\omega_0$ となっている．よって
$$x = \frac{v_0}{\omega_0}\sin(\omega_0 t)$$
となる．

☞ $A = 0$ とするとまったく運動していないことになり，速度に関する条件を満たせない．

第 6 章の解答

1. ひもの張力を T とする．スーツケースの床からの抗力は $Mg - T\sin\theta$ である．動摩擦力は $\mu'(Mg - T\sin\theta)$ となり，これが張力の水平成分 $T\cos\theta$ とつり合う．よって，
$$T = \frac{Mg\mu'}{\mu'\sin\theta + \cos\theta}$$
仕事は
$$W = T\cos\theta \times 1\,\text{m} = \frac{Mg\mu'\cos\theta}{\mu'\sin\theta + \cos\theta}$$

2. (a) このとき，物体は静止しているので $K_0 = 0$．$x = A$ であるから $V_0 = \dfrac{1}{2}kA^2$

(b) このとき $x = 0$ なので，$V = 0$．運動エネルギーは $K = \dfrac{1}{2}mv^2$．

(c) 力学的エネルギーの保存則によって，
$$K + V = 0 + \frac{1}{2}kA^2 = \frac{1}{2}mv^2 + 0$$
$$\therefore \quad v = A\sqrt{\frac{k}{m}}$$

(d) $x = \dfrac{A}{2}$ より，位置エネルギー V は
$$V = \frac{1}{2}kx^2 = \frac{1}{2}k\left(\frac{A}{2}\right) = \frac{1}{8}kA^2$$
そこで力学的エネルギーの保存則から
$$K + V = \frac{1}{2}mv^2 + \frac{1}{8}kA^2 = \frac{1}{2}kA^2$$
よって，
$$v = \frac{\sqrt{3}}{2}A\sqrt{\frac{k}{m}}$$

3. (a) 振り子が中心のちょうど真下にきたときよりも真上にきたときは，位置エネルギーが $2mgl$ だけ大きくなる．力学的エネルギーの保存則より，
$$\frac{mv^2}{2} = \frac{mv_0^2}{2} - 2mgl$$
よって，$v = \sqrt{v_0^2 - 4gl}$

(b) 最高点に位置するとき，重力よりも遠心力の方が大きくないと糸はたるんでしまう．よって
$$\frac{mv^2}{l} > mg \rightarrow v^2 > gl$$
これと前問の式を組み合わせ，$v_0 > \sqrt{5gl}$ となる．

4. 式 (6.58) より，たとえば F_x は
$$F_x = -\frac{\partial}{\partial x}\left(\frac{C}{r}\right) = -\frac{\partial r}{\partial x}\frac{\mathrm{d}}{\mathrm{d}r}\left(\frac{C}{r}\right) = \frac{C}{r^2}\frac{\partial}{\partial x}\sqrt{x^2+y^2+z^2}$$
ここで
$$\frac{\partial}{\partial x}\sqrt{x^2+y^2+z^2} = \frac{1}{2}\frac{2x}{\sqrt{x^2+y^2+z^2}} = \frac{x}{r}$$
を用いると，
$$F_x = C\frac{x}{r^3}$$
となる．y, z についても同様なので，
$$\boldsymbol{F} = \frac{C}{r^3}\begin{pmatrix} x \\ y \\ z \end{pmatrix} = \frac{C}{r^3}\boldsymbol{r}$$

5. (a) $\frac{1}{2}mv^2 = \frac{1}{2} \times 10^7 \text{ kg} \times (1.8 \times 10^4 \text{ m/s})^2 = 1.6 \times 10^{15}$ J.
   (b) 1.6×10^{15} J$/(4.2 \times 10^6$ J/kg$) = 3.9 \times 10^8$ kg $= 3.9 \times 10^5$ トン．

第 7 章の解答

1. 恒星の質量を M とすると，万有引力と遠心力のつり合いから，
$$\frac{\left(\frac{2\pi r}{T}\right)^2}{r} = G\frac{M}{r^2}$$
$$\therefore \quad M = \frac{4\pi^2 r^3}{GT^2}$$

2. 遠方から進んでくる方向を x とする．このとき，速度は $(v_0, 0, 0)$ となる．一方，太陽からの位置ベクトルは $(a, b, 0)$ である．これより角運動量は $m\boldsymbol{v_0} \times (a, b, 0) = (0, 0, mv_0 b)$. 一方，一番接近したときは位置ベクトルと速度ベクトルは直交している．なぜなら一番接近しているときは，速度ベクトルが位置ベクトルの方向の成分をもたないからである．よってこのときの角運動量の大きさは mvR. 角運動量の保存則から，
$$v_0 = \frac{Rv}{b}$$
となる．

3. (a) 地表での重力 mg を万有引力で表す．$mg = \frac{GMm}{R^2}$. よって
$$g = \frac{GM}{R^2}$$
   (b) i. 遠心力と万有引力のつり合いから，
$$\frac{mv^2}{r} = \frac{GMm}{r^2} \rightarrow r = \frac{GM}{v^2}$$
   ii. 周期は 1 周の距離を速さで割ったもの．
$$T = \frac{2\pi r}{v} = \frac{2\pi GM}{v^3}$$

iii. r, T から v を消去して,
$$r^3 = \frac{GM}{4\pi^2}T^2$$
これはケプラーの第3法則である.

(c) 前問の $r = \frac{GM}{v^2}$ から, $v = \sqrt{\frac{GM}{r}}$. $r = R$ とし, $g = \frac{GM}{R^2}$ から GM を消去すると,
$$v = \sqrt{gR} = 7.9 \times 10^3 \text{ m/s}$$

(d) $T = \frac{2\pi R}{v} = 2\pi\sqrt{\frac{R}{g}} \fallingdotseq 85 \text{ 分}.$

(e) 静止衛星は24時間で地球を1周. よって, 静止衛星の軌道半径を r とすると, ケプラーの法則から,
$$\frac{r}{R} = \left(\frac{24\text{時間}}{85\text{分}}\right)^{2/3}$$
これより, $r = 6.6 \times R = 4.2 \times 10^4 \text{ km}.$

(f) $T = 2\pi\sqrt{\frac{R_月}{g_月}} = 85\text{分} \times \sqrt{\frac{6}{4}} = 104 \text{分}.$

(g) $g = \frac{GM}{R^2}$ を密度で書くと
$$g = \frac{GM}{R^2} = \frac{G}{R^2}\frac{4\pi\rho R^3}{3} = \frac{4\pi}{3}G\rho R$$
月の場合,
$$g_月 = \frac{4\pi}{3}G\rho_月 R_月$$
両辺割り算して,
$$\frac{g}{g_月} = \frac{\rho R}{\rho_月 R_月} \quad \text{よって}\rho_月 \fallingdotseq \frac{2}{3}\rho$$

4. (a) $mg = \frac{GmM}{R^2} \to g = \frac{GM}{R^2}$

(b) $-\frac{GmM}{R+z} = -\frac{mgR^2}{R+z}$

(c) エネルギーの保存則より,
$$\frac{mv^2}{2} - \frac{mgR^2}{R+z} = \frac{mv_0^2}{2} - mgR$$
よって,
$$v = \sqrt{v_0^2 - 2gR\left(1 - \frac{R}{R+z}\right)}$$

(d) 上の式で, $z \to \infty$ のとき, $v \geqq 0$ になるためには, $v_0 \geqq \sqrt{2gR}$ でなければならない. よって
$$V = \sqrt{2gR}$$

(e) (c) の v_0 に (d) で求めた V を代入する.

(f) 微分方程式より,
$$\int_0^z dz' \sqrt{z' + R} = \sqrt{2gR^2}\int_0^t dt'$$
積分を行い,
$$\frac{2}{3}\left(\sqrt{(z+R)^3} - \sqrt{R^3}\right) = \sqrt{2gR^2}t$$
これより,
$$z = \left(\sqrt{R^3} + \frac{3}{2}\sqrt{2gR^2}t\right)^{2/3} - R = R\left(1 + \frac{3}{2}\sqrt{\frac{2g}{R}}t\right)^{2/3} - R$$

(g) $(1+x)^{2/3} \fallingdotseq 1 + \frac{2}{3}x - \frac{1}{9}x^2$ を用いて，
$$z = R\left(1 + \sqrt{\frac{2g}{R}}t - \frac{gt^2}{2R}\right) - R = \sqrt{2gR}t - \frac{gt^2}{2}$$

第 1 項は初速度 V に比例する項，第 2 項は一定の重力加速度 g による落下を表す．

これに対して高くなると重力が弱まり，その分，速さの減りが小さいくなることを第 3 項以降は表す．よって第 3 項の符号は正である．

5. (a) 運動エネルギー $\frac{mv^2}{2}$ がポテンシャルエネルギー $-\frac{GMm}{r}$ を上回る必要があるので，$\frac{mv^2}{2} - \frac{GMm}{r} > 0$，よって $v > \sqrt{\frac{2GM}{R}}$．

(b) $M = 2 \times 10^{30}$ kg, $G = 6.67 \times 10{-11}$ N・m^2/kg^2, $c = 3 \times 10^8$ m/s より，$R \fallingdotseq 3000$ m 以下となる．これは太陽の半径 6.9×10^8 m の 10 万分の 1 以下である．

6. (a), (b) とも 2.6×10^{-3} m/s^2 程度．

第 8 章の解答

1. 円運動の半径は $r = l\sin\theta$ であるので，遠心力は $F = mr\omega^2$ となる．ひもの張力を T とすると，水平方向のつり合いより，
$$T\sin\theta = mr\omega^2$$
鉛直方向のつり合いより，
$$T\cos\theta = mg$$
これらの式より，
$$\tan\theta = \frac{r\omega^2}{g} = \frac{l\sin\theta\omega^2}{g}$$
$$\therefore \quad \frac{g}{l\omega^2} = \cos\theta$$

2. (a) 鉛直方向となす角度を θ とすると，$\tan\theta = \frac{a}{g}$

(b) 物体には糸の方向に $g' = \sqrt{g^2 + a^2}$ の加速度が働く．この角度から $\Delta\theta$ だけずれたときの復元力は，$mg'\sin\Delta\theta \fallingdotseq mg'\Delta\theta$ である．よって通常の振り子の周期の表式 (5.11) で g を g' とすればよく，
$$T = 2\pi\sqrt{\frac{l}{g'}} = 2\pi\sqrt{\frac{l}{\sqrt{g^2+a^2}}}$$
となる．

(c) 前問と同じ．

3. (a) 重力と遠心力の合力は，鉛直方向からの傾きを θ とすると，$\tan\theta = \frac{y\omega^2}{g}$ を満たす方向を向いている．水面はこの力に垂直なので，水面の傾きは $\frac{\Delta z}{\Delta y} = \frac{y\omega^2}{g}$ となる．

(b) y で微分すると y の 1 次関数が出てくるものを見つければよい．これは 2 次関数なので，
$$z = f(y) = \frac{\omega^2}{2g}y^2 + 定数$$
である．

第9章の解答

1. 単位面積あたりの質量 (面密度 σ) は $\sigma = \dfrac{M}{\pi a^2}$ で与えられる．半径 r から $r + \Delta r$ の間にある領域の質量は $2\pi r \Delta r \times \sigma$ であり，その慣性モーメントは $(2\pi r \Delta r \sigma) \times r^2 = 2\pi \sigma r^3 \Delta r$．これを加えて，

$$I = \sum 2\pi \sigma r^3 \Delta r = 2\pi \sigma \int_0^a r^3 \, dr = \frac{Ma^2}{2}$$

2. 表より，辺 b に平行な場合，$I_b = \dfrac{Ma^2}{12}$．a, b の対称性より，辺 a に平行な場合，$I_a = \dfrac{Mb^2}{12}$ がわかる．これを式 (9.28) に代入して，

$$I = I_a + I_b = \frac{M(a^2+b^2)}{12}$$

3. (a) 慣性モーメントの定義，(9.11) を用いる．質量が分布しているのは車輪のみなので，$r = a = $ 一定として，和の外にだしてよい．すると和をとるのは微小質量についただけになる．微小質量の和は全質量になることから，慣性モーメントは Ma^2．

   (b) 式 (9.41) に前問で求めた I を代入し，

   $$a = \frac{g}{2}\sin\theta$$

   となる．摩擦がない面を滑っていく質点と比べて，半分になっていることに注意．

第10章の解答

1. (a) 断熱過程なので，式 (10.39) における定数を k とおき，$PV^\gamma = k$，よって P の V 依存性は，$P = kV^{-\gamma}$ となる．このとき外部からなされた仕事は，

   ☞ 気体が外部にした仕事 $\widetilde{W}$ と符号が逆であることに注意.

   $$\begin{aligned} W_{AB} &= -\int_{V_A}^{V_B} P \, dV = -\int_{V_A}^{V_B} kV^{-\gamma} dV \\ &= -\left[\frac{1}{-\gamma+1}kV^{-\gamma+1}\right]_{V_A}^{V_B} \\ &= \frac{1}{\gamma-1}\left(kV_B^{-\gamma+1} - kV_A^{-\gamma+1}\right) \end{aligned}$$

   ここで，$kV_A^{-\gamma} = P_A, kV_B^{-\gamma} = P_B$ を使うと，

   $$W_{AB} = \frac{1}{\gamma-1}(P_B V_B - P_A V_A)$$

   さらに，$PV = nRT$ を使うと，$W_{AB} = \dfrac{nR}{\gamma-1}(T_B - T_A)$ となる．

   (b) 断熱過程なので，外からされた仕事がそのまま内部エネルギーの増加分 ΔU になる．よって $\Delta U = W_{AB} = \dfrac{nR}{\gamma-1}(T_B - T_A)$

   (c) 断熱過程における T と V の関係式 (10.66) を用いる．単原子分子では式 (10.40) より，$\gamma = \dfrac{5}{3}$ である．よって

   $$300 \times V_0^{\frac{5}{3}-1} = T \times (8V_0)^{\frac{5}{3}-1} \quad \therefore \quad T = 75\,\text{K}$$

2. (a) $\eta = \dfrac{T-T'}{T}$ より,
$$0.2 = \frac{T-(273+15)}{T}$$
温度を ΔT だけあげて効率を 80% にすると,
$$0.8 = \frac{T+\Delta T - 288}{T+\Delta T}$$
これらより, $T, \Delta T$ を求め, $T = 360$ K, $\Delta T = 1080$ K を得る.

(b) 高温熱源の温度を T, 低温熱源の温度を T' とする. 効率は $\dfrac{1}{6}$ なので,
$$\frac{1}{6} = 1 - \frac{T'}{T}$$
効率を倍にするには,
$$\frac{1}{3} = 1 - \frac{T'-45}{T}$$
以上より,
$$T = 270\,\text{K}, \quad T' = 225\,\text{K}$$

第 11 章の解答

1. 式 (11.26) を参考にする. 温度が低い方の物体は
$$S = \int_T^{(T+T')/2} \frac{\mathrm{d}Q}{T} = \int_T^{(T+T')/2} C \frac{\mathrm{d}T}{T} = C\log\left(\frac{T+T'}{2T}\right)$$
だけエントロピーが増える. 一方, 温度が高い方の物体は
$$S' = \int_{T'}^{(T+T')/2} \frac{\mathrm{d}Q}{T} = \int_{T'}^{(T+T')/2} C \frac{\mathrm{d}T}{T} = C\log\left(\frac{T+T'}{2T'}\right)$$
である. これらの和は
$$S + S' = C\log\left(\frac{(T+T')^2}{4TT'}\right)$$
である.

$(T+T')^2 - 4TT' = (T-T')^2 \geqq 0$ より, $\dfrac{(T+T')^2}{4TT'} \geqq 1$ なので, エントロピーの変化は正である.

2. (a) 等温過程で体積を増やすとエントロピーは増加する. 断熱変化では温度は下がるが, エントロピーは $\Delta Q = 0$ なので不変である. このようすを描くと図のようになる. P-V 面よりもだいぶ簡単となる. なお, $S' - S$ は式 (11.28) で計算した値となっている.

(b) $T\Delta S = \Delta Q$ を加えて行ったものなので, 長方形の面積は吸収した熱量から放出した熱量を引いたもの, すなわち系が行った仕事である.

☞ サイクルの面積が仕事となるのは, P-V 曲線の場合と同じである.

3. 表 11.1 より,
$$\Delta F = -S\,\Delta T - P\,\Delta V$$
V を固定し T で偏微分すると,
$$\left(\frac{\partial F}{\partial T}\right)_V = -S$$
次に T を固定して V で偏微分すると,
$$\frac{\partial^2 F}{\partial T \partial V} = -\left(\frac{\partial S}{\partial V}\right)_T \cdots (1)$$

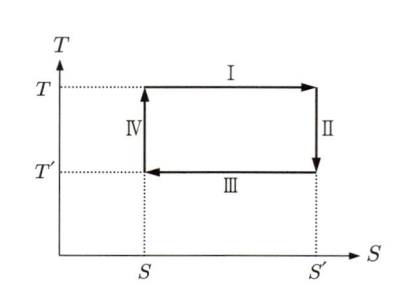

先に T を固定し V で偏微分すると，
$$\left(\frac{\partial F}{\partial V}\right)_T = -P$$
次に V を固定して T で偏微分すると，
$$\frac{\partial^2 F}{\partial V \partial T} = -\left(\frac{\partial P}{\partial T}\right)_V \cdots (2)$$
偏微分は順序によらないので，(1), (2) は等しい．よって
$$\left(\frac{\partial S}{\partial V}\right)_T = \left(\frac{\partial P}{\partial T}\right)_V$$
式 (11.70) を導くには，$\Delta G = -S\Delta T + V\Delta P$ に関して，T と P で偏微分すればよい．また，式 (11.71) を導くには，$\Delta H = T\Delta S + V\Delta P$ を S, P で偏微分すればよい．

第 12 章の解答

1. クーロン力は $\frac{ke^2}{r^2}$，重力は $\frac{GM_\mathrm{p} m_\mathrm{e}}{r^2}$．これらの比をとると回転半径 r は打ち消しあい，$\frac{ke^2}{GM_\mathrm{p} m_\mathrm{e}} \fallingdotseq 2\times 10^{39}$．原子の世界ではこのようにクーロン力が桁違いに重力よりも大きい．

2. 式 (12.12) の i 番目の項の勾配 (grad) をとってみる．
$$-\mathrm{grad}\,\frac{1}{R_i} = -\left(\frac{\partial}{\partial x}\left(\frac{1}{R_i}\right), \frac{\partial}{\partial y}\left(\frac{1}{R_i}\right), \frac{\partial}{\partial z}\left(\frac{1}{R_i}\right)\right)$$
$$= \frac{1}{R_i^2}\left(\frac{\partial R_i}{\partial x}, \frac{\partial R_i}{\partial y}, \frac{\partial R_i}{\partial z}\right)$$
ここで $R_i = \sqrt{(x-x_i)^2 + (y-y_i)^2 + (z-z_i)^2}$ より
$$\frac{\partial R_i}{\partial x} = \frac{x-x_i}{R_i},\; \frac{\partial R_i}{\partial y} = \frac{y-y_i}{R_i},\; \frac{\partial R_i}{\partial z} = \frac{z-z_i}{R_i}$$
が導かれるので，$-\mathrm{grad}\,\frac{1}{R_i} = \frac{\widehat{\boldsymbol{R}_i}}{R_i^2}$．これは式 (12.10) の i 番目の項になっている．

3. (a) A と C からの寄与は打ち消す．B からの寄与は，
$$\boldsymbol{E} = k\frac{Q}{2a^2}\left(\frac{1}{\sqrt{2}}, \frac{1}{\sqrt{2}}\right)$$
(b) 電荷 A からの寄与は，$\boldsymbol{E}_\mathrm{A} = k\frac{Q}{4a^2}(1,0)$，電荷 C からの寄与は，$\boldsymbol{E}_\mathrm{C} = k\frac{Q}{4a^2}(0,1)$，電荷 B からの寄与は，
$\boldsymbol{E}_\mathrm{B} = k\frac{Q}{8a^2}\left(\frac{1}{\sqrt{2}}, \frac{1}{\sqrt{2}}\right)$．よって，
$$\boldsymbol{E} = \boldsymbol{E}_\mathrm{A} + \boldsymbol{E}_\mathrm{B} + \boldsymbol{E}_\mathrm{C} = \frac{kQ}{a^2}\left(\frac{4+\sqrt{2}}{16}, \frac{4+\sqrt{2}}{16}\right)$$
(c) 電位は方向がなく，和をとればよい．$\Phi = 3k\frac{Q}{\sqrt{2}a}$

(d) $\Phi_\mathrm{A} = \Phi_\mathrm{C} = \frac{kQ}{2a}$，$\Phi_\mathrm{B} = \frac{kQ}{2\sqrt{2}a}$．よって $\Phi = \Phi_\mathrm{A} + \Phi_\mathrm{B} + \Phi_\mathrm{C} = \frac{kQ}{a}\times\frac{4+\sqrt{2}}{4}$

(e) 運動の向きは (1,1) 方向．速さは $\frac{mv^2}{2} = q \times \frac{3kQ}{\sqrt{2}a}$．よって

$$v = \sqrt{\frac{3\sqrt{2}kqQ}{ma}}$$

☞ z 方向のみを考える．本文で述べたように対称性より $E_x = E_y = 0$ である．

4. 面密度 σ で一様に帯電した平面のつくる電場は (式 (12.30)) より

$$E_z = \frac{1}{4\pi\epsilon_0} \int dS' \frac{\sigma}{r'^2 + z^2} \frac{z}{\sqrt{r'^2 + z^2}}$$

$$= \frac{1}{4\pi\epsilon_0} \int_0^\infty dr' \, 2\pi r' \frac{\sigma z}{\sqrt{r'^2 + z^2}^3}$$

ここで

$$\int r' \, dr' \frac{1}{\sqrt{r'^2 + z^2}^3} = -(r'^2 + z^2)^{-1/2}$$

を使うと，

☞ sgn (z) とは z の符号を取ってくる関数である．$z > 0$ なら sgn $(z) = 1$，$z < 0$ なら sgn $(z) = -1$ である．

$$E_z = \frac{\sigma z}{2\epsilon_0} \left[-(r'^2 + z^2)^{-1/2}\right]_0^\infty = \frac{\sigma}{2\epsilon_0} \frac{z}{|z|} = \frac{\sigma}{2\epsilon_0} \text{sgn}(z)$$

となる．

つぎに，線密度 λ で一様に帯電した線がつくる電場 (式 (12.34)) を，式 (12.24) より求める．この場合も対称性より，放射線状に伸びる方向 (E_r) のみを議論する．

☞ $\frac{z'}{\sqrt{z'^2 + r^2}}$ を z' で微分することでこの積分公式を確かめよ．

$$E_r = \frac{1}{4\pi\epsilon_0} \int_{-\infty}^\infty dz' \frac{\lambda}{z'^2 + r^2} \frac{r}{\sqrt{z'^2 + r^2}} = \frac{\lambda r}{2\pi\epsilon_0} \int_0^\infty dz' \frac{1}{\sqrt{z'^2 + r^2}^3}$$

ここで，

$$\int dz' \frac{1}{\sqrt{z'^2 + r^2}^3} = \frac{1}{r^2} \frac{z'}{\sqrt{z'^2 + r^2}}$$

を用いると

$$E_r = \frac{\lambda}{2\pi\epsilon_0} \frac{r}{r^2} \left[\frac{z'}{\sqrt{z'^2 + r^2}}\right]_0^\infty = \frac{\lambda}{2\pi\epsilon_0 r}$$

となる．

第 13 章の解答

1. 式 (13.26) より，$C = 4\pi\epsilon_0 R = 7.1 \times 10^{-4}$ F．つまり半径が 6.4×10^6 m でも 1 F よりもずっと小さい．通常，電気容量は μF(マイクロファラッド)，nF(ナノファラッド)，pF(ピコファラッド) を単位として表される．

2. 中心の粒子の静電エネルギーは

$$U = -2 \times \frac{e^2}{4\pi\epsilon_0} \left(1 - \frac{1}{2} + \frac{1}{3} - \cdots\right) = -\frac{e^2}{2\pi\epsilon_0} \log 2$$

最初に因子 2 は，左右に電荷が配列していくことから来ている．

3. $C = \frac{\epsilon_0 S}{d}, U = \frac{Q^2}{2C}$ より，

$$U = \frac{d}{2\epsilon_0 S} e^2 \simeq 1.4 \times 10^{-22} \text{ J}$$

これは，10 ケルビン程度の運動エネルギーに対応している (式 (10.5) 参照)．

4. (a) $\frac{Q}{4\pi\epsilon_0} \frac{1}{r^2}$

(b) 微小電荷 Δq を無限遠から半径 R の球面に運ぶ過程を考える．球面の電位は $\dfrac{q}{4\pi\epsilon_0 R}$ なので，仕事は $\dfrac{q}{4\pi\epsilon_0 R} \times \Delta q$．これを足しあわせると，以下のような積分の形に書ける．

$$\int_0^Q \mathrm{d}q \frac{q}{4\pi\epsilon_0 R} = \frac{Q^2}{8\pi\epsilon_0 R}$$

(c) $\int \dfrac{\epsilon_0 E^2}{2} \mathrm{d}V$ を計算すればよい．球対称に電場が分布しているので

$$\int \frac{\epsilon_0 E^2}{2} \mathrm{d}V = \int_R^\infty 4\pi r^2 \frac{\epsilon_0 E^2}{2} \mathrm{d}r$$

電場 E に最初の問題で求めた $E = \dfrac{Q}{4\pi\epsilon_0} \dfrac{1}{r^2}$ を代入して，$\dfrac{Q^2}{8\pi\epsilon_0 R}$ を得る．これは前問と一致する．つまり，静電エネルギーの和と電場のエネルギー密度の和は等しい．

第 14 章の解答

1. 軸が誘電体表面に垂直な円筒を考える．円筒の上底と下底にはそれぞれ垂直に E_0 と内部電場 E がかかっているとする．また誘電体表面には σ_P の表面電荷密度が誘起されているとする．上底と下底の面積を S として，ガウスの法則を使うと，

$$E_0 \times S - E \times S = \frac{\sigma_\mathrm{P} \times S}{\epsilon_0} = \frac{P \times S}{\epsilon_0}$$

一方，式 (14.21) より，$P = \chi E$．よって，

$$E = \frac{\epsilon_0}{\epsilon_0 + \chi} E_0, \quad \sigma_\mathrm{P} = \frac{\epsilon_0}{\epsilon_0 + \chi} \chi E_0$$

2. (a) ガウスの法則より

$$E(r) = \frac{Q}{4\pi\epsilon_0 r^2}$$

(b) 球の内部での電場を $E(r)$ とする．原点を O とした半径 r の球を考えると，この表面には式 (14.21) により

$$\sigma_\mathrm{P} = \chi E = (\epsilon - \epsilon_0) E$$

の電荷が誘起されていることがわかる．半径 r の球の内側の電荷 Q' は，

$$Q' = \frac{r^3}{R^3} Q - 4\pi r^2 \sigma_\mathrm{P}$$

の電荷が存在する．ガウスの法則を使うと，

$$E(r) = \frac{Q'}{4\pi\epsilon_0 r^2} = \frac{r}{4\pi\epsilon_0 R^3} Q - \frac{\epsilon - \epsilon_0}{\epsilon_0} E$$

よって，

$$E = \frac{r}{4\pi\epsilon R^3} Q$$

(別解) 電束密度 D に対して，ガウスの法則を適用し (式 (14.14))，$4\pi r^2 D = \dfrac{r^2}{R^3} Q$．これより $D = \dfrac{r}{4\pi R^3} Q$，$E = \dfrac{D}{\epsilon} = \dfrac{r}{4\pi\epsilon R^3} Q$ としてもよい．

(c) 電位 Φ は
$$\Phi = -\int_\infty^r E(r')\,\mathrm{d}r'$$
で定義される．$r > R$ のときは
$$\Phi = -\int_\infty^r \frac{Q}{4\pi\epsilon_0 r'^2}\,\mathrm{d}r' = \frac{Q}{4\pi\epsilon_0 r}$$
$r < R$ では
$$\Phi = -\int_\infty^R E(r')\,\mathrm{d}r' - \int_R^r E(r')\,\mathrm{d}r' = \frac{Q}{4\pi R}\left(\frac{1}{\epsilon_0} + \frac{R^2 - r^2}{2\epsilon R^2}\right)$$

第 15 章の解答

1. 円周の断面を考える．この断面を電荷は 1 秒間に $\frac{\omega}{2\pi}$ だけ通過するので，電流は $\frac{Q\omega}{2\pi}$ となる．

2. 金属中の自由電荷の電気量ローレンツ力は $(-e)vB$ である．これに逆らい，電子を棒の端から端まで運ぶには $evBl$ の仕事をしなくてはならない．よって，vBl の電位差が生じる．

3. 積分公式
$$\int \frac{\mathrm{d}z}{\sqrt{a^2 + z^2}^3} = \frac{1}{a^2}\frac{z}{\sqrt{a^2 + z^2}}$$
を用いると，
$$\int_{-\infty}^\infty B_z\,\mathrm{d}z = \frac{\mu_0 I a^2}{2}\int_{-\infty}^\infty \frac{\mathrm{d}z}{\sqrt{a^2+z^2}^3} = \frac{\mu_0 I}{2}\left[\frac{z}{\sqrt{a^2+z^2}}\right]_{-\infty}^\infty = \mu_0 I$$
軸に沿って $-\infty$ から ∞ にそって (左図 A) 積分した後，こんどは無限遠方を通りながら (左図 B,C,D) $-\infty$ に戻ったとする．後者の経路に関する積分は，0 であるので，結局このような経路に関する積分は，$\mu_0 I$ である．この経路 ABCD を貫く電流は I なのでアンペールの法則が成り立っている．

4. 半径 r 内には $I\times\frac{r^2}{a^2}$ の電流が流れている．これに対してアンペールの法則を適用すると，
$$2\pi rB = \mu_0 I\times\frac{r^2}{a^2}\;\to\;B = \mu_0 I\frac{r}{2\pi a^2}$$

5. $r < a$ では磁場は 0，$r > a$ では $\frac{\mu_0 I}{2\pi r}$ となる．

6. (a) 表面電荷密度 $\sigma = \frac{Q}{4\pi a^2}$ を使うと，回転軸から θ ずれた円周と $\theta + \Delta\theta$ ずれた円周の間にある電荷は，
$$\sigma\times 2\pi\sqrt{a^2 - (a\cos\theta)^2}\times a\,\Delta\theta = 2\pi\sigma a^2\sin\theta\,\Delta\theta$$
である．問題 1 より，これは $\sigma a^2\omega\sin\theta\,\Delta\theta$ の電流を運ぶ．よって，全電流は
$$\int_0^\pi \mathrm{d}\theta\;\sigma a^2\omega\sin\theta = \frac{Q\omega}{2\pi}$$

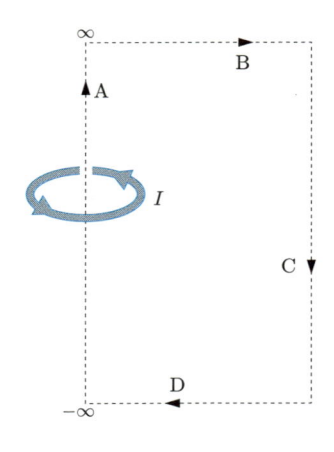

(b) 回転軸から θ ずれた円周と $\theta + \Delta\theta$ ずれた円周の間にある電荷がつくる電流は，$\sigma\omega a^2 \sin\theta \times \Delta\theta$ である．円電流がつくる磁場の式 (15.28) により，この部分が中心につくる磁場は

$$\sigma\omega a^2 \sin\theta \times \Delta\theta \times \frac{\mu_0}{2}\frac{(a\sin\theta)^2}{a^3} = \frac{\mu_0 a\omega\sigma}{2}\Delta\theta \sin^3\theta$$

これを足しあわせ，

$$\int_0^\pi d\theta \ \sin^3\theta = \int_{-1}^1 dx(1-x^2) = \frac{4}{3}$$

を使うと，

$$B = \frac{2}{3}\mu_0 a\omega\sigma = \mu_0 \frac{Q\omega}{6\pi a}$$

を得る．

☞ 円電流から球の中心までの距離は常に a であること，円電流の半径は $a\sin\theta$ であることに注意．
☞ $\cos\theta = x$ として置換積分を行う．

第16章の解答

1. (a) ファラデーの法則 (式 (16.4)) より，誘導起電力 V_ind は $\frac{\Delta\Phi}{\Delta t}$ である．よって，回路を流れる電流 I は $\frac{1}{R}\frac{\Delta\Phi}{\Delta t}$．

   (b) 回路を流れた電気量 Q は電流を時間で積分して得られる．よって

   $$Q = \int \frac{1}{R}\frac{d\Phi}{dt}dt = \frac{1}{R}\int_{\Phi_0}^{\Phi_1} d\Phi = \frac{\Phi_1 - \Phi_0}{R}$$

   である．

2. (a) 遠心力とローレンツ力とのつり合いから，

   $$evB = \frac{m_e v^2}{R} \quad \therefore \quad v = \frac{eBR}{m_e}$$

   (b) ファラデーの法則より，誘導起電力は $V_\text{ind} = \frac{\Delta\Phi'}{\Delta t}$．電子の円軌道は1周 $2\pi R$ なので，誘導電場 E は

   $$E = \frac{1}{2\pi R}\frac{\Delta\Phi'}{\Delta t}$$

   (c) 運動方程式より，

   $$m_e \frac{\Delta v}{\Delta t} = \frac{e}{2\pi R}\frac{\Delta\Phi'}{\Delta t}$$

   よって，

   $$\Delta v = \frac{e}{2\pi m_e R}\Delta\Phi'$$

   (d) 前問より，$v = \frac{e}{2\pi m_e R}\Phi'$．また，$v = \frac{eBR}{m_e}$ なので，

   $$2\pi R^2 B = \Phi'$$

3. 例題の RC 回路と同様にキルヒホッフの法則から

   $$L\frac{dI}{dt} + RI = V_0 \rightarrow L\frac{dI}{dt} = V_0 - RI$$

   これは RC 回路の場合と同様に落下の運動方程式に対応させることができ，

   $$I = \frac{V_0}{R}\left(1 - e^{-Rt/L}\right)$$

   を得る．

索　引

● あ 行

アーンショーの定理, 137
圧力, 11, 99
アボガドロ定数, 99
アルキメデスの原理, 12
アンペア, 149
アンペールの法則, 153
位置エネルギー, 49
位置ベクトル, 16
ウェーバー, 159
運動エネルギー, 51
運動の法則, 20
運動量, 21
運動量の保存則, 21
映像電荷, 139
SI 単位系, 2
エネルギー, 48
エネルギー等分配則, 101
エネルギー保存則, 53
MKSA 単位系, 2
LR 回路, 161, 165
LCR 回路, 162
LC 回路, 160
遠心分離機, 85
遠心力, 83
円錐振り子, 90
エンタルピー, 125
エントロピー, 115, 120
エントロピー増大の法則, 124
応力, 5, 37
オームの法則, 150
温度, 99

● か 行

外積, 69
回転の運動エネルギー, 92
ガウスの法則, 135
化学エネルギー, 53
角運動量保存則, 68
角振動数, 38
角速度, 34
過減衰, 42
重ね合わせ, 130
加速度, 17
加速度系, 79
可動域, 73
カルノーサイクル, 110, 116
換算質量, 61
慣性質量, 83
慣性の法則, 20
慣性モーメント, 91
慣性力, 80
基準振動, 35
気体定数, 101
軌道方程式, 73
ギブスの自由エネルギー, 125
基本振動, 35
キャパシタ, 142
共振, 44
強制振動, 43
鏡像電荷, 139
共鳴, 45
極座標, 16, 73
キルヒホッフの法則, 150
偶関数, 51
空間の対称性, 51
偶力, 14
クーロン定数, 129
クーロンの法則, 129
クラウジウスの原理, 116
クラウジウスの不等式, 117
ケプラー, 63
ケプラーの法則, 63
原子核, 71
向心加速度, 20
剛体, 13, 32, 91
剛体振り子, 32
勾配, 17
効率, 109
抗力, 9
合力, 8
コペルニクス, 63
固有振動数, 43
コリオリの力, 87
孤立系, 124
コンデンサ, 142

● さ 行

サイクル, 107
サイクロトロン運動, 152
最大静止摩擦力, 10
最大摩擦力, 10
作用・反作用の法則, 9, 20
三角関数, 6
散乱時間, 150
CR 回路, 161
磁界, 4
示強変数, 124
次元, 1
次元解析, 2
試験電荷, 137
自己インダクタンス, 159
仕事, 46
自然長, 37
磁束, 158
磁束の単位, 159
磁束密度, 151
実験室系, 59
質点, 58
質量, 4
質量中心, 14
磁場, 4
周期, 38
重心, 14, 40
重心系, 59
終端速度, 30
自由度, 101
自由落下, 24
重力, 4, 9
重力加速度, 24
重力質量, 83
ジュール, 46
準静的過程, 107
状態方程式, 101
状態量, 123
初速, 23
初速度, 23
示量変数, 124
真空の透磁率, 153
真空の誘電率, 129
振動, 37
振動数, 38
振幅, 38
スカラー積, 47
静止衛星, 75
静止摩擦係数, 10
静電エネルギー, 143
静電遮蔽, 139
静電ポテンシャル, 131
接線成分, 16
絶対温度, 100
接地, 139
相互インダクタンス, 159
相互作用, 102
相互作用力, 20
相対座標, 40
相対速度, 19
速度, 17
速度の加法則, 18
素電荷, 128

● た 行

第 1 宇宙速度, 74

索　引

対数関数の微分, 103
帯電, 128
第2宇宙速度, 74
単位, 1
単位ベクトル, 7, 47
単原子理想気体, 102
単振動, 35, 38
弾性, 5
弾性定数, 5
断熱過程, 104
力の合成, 8
力の分解, 8
力のモーメント, 14
地動説, 63
中心力, 68
調和振動, 38
強い力, 13
つり合っている, 8
定圧熱容量, 106
定圧変化, 102
定圧モル比熱, 106
ティコ・ブラーエ, 63
抵抗, 29
抵抗率, 150
定積熱容量, 106
定積変化, 102
定積モル比熱, 106
電位, 131
電荷, 128
電界, 4
電荷の保存則, 128, 150
電荷密度, 131
電気感受率, 146
電気双極子, 145
電気双極子ポテンシャル, 145
電気双極子モーメント, 145
電気的な力, 9
電気伝導度, 150
電気容量, 142
電気量, 128

電子, 71
電磁エネルギー, 53
電磁気力, 13
電弱相互作用, 13
電磁誘導, 158
電束電流, 163
電束密度, 147
点電荷, 129
天動説, 63
電場, 4, 129
電流, 149
電流素片, 154
電流密度, 149
電力, 150
等温過程, 103
等価原理, 82
等加速直線運動, 23
等加速度運動, 23
動径成分, 16
等速運動, 22
等速直線運動, 22
等速度運動, 22
導体, 138
等ポテンシャル面, 56
動摩擦係数, 10
動摩擦力, 10
トムソンの原理, 115
トランス, 160

● な 行

内部エネルギー, 101
2原子分子理想気体, 102
ニュートン, 64
熱エネルギー, 53
熱機関, 108
熱平衡状態, 99
熱力学, 99
熱力学的エネルギーの保存則, 102
熱力学の第1法則, 102
熱力学の第2法則, 115

熱量, 102
粘性, 10
粘性係数, 10
粘性抵抗, 29

● は 行

場, 4, 130
波数, 164
波動方程式, 164
バネ定数, 37
バネの定数, 5
万有引力, 64, 65
万有引力定数, 9, 65
ヒートポンプ, 112
ビオ-サバールの法則, 154
ひずみ, 5, 37
比熱, 106
微分, 17
比誘電率, 147
ファラデー, 158
ファン・デル・ワールスの状態方程式, 102
不可逆過程, 115
復元力, 33, 37
複振り子, 35
フックの法則, 5, 37
物理量, 1
負の加速度, 23
振り子, 32
浮力, 12
分力, 8
平行四辺形の規則, 5
平衡状態, 99
ベクトル, 5
ベクトル積, 68, 69
ベクトルの加法則, 5
ベクトルの内積, 47
ベクトル場, 130
ヘルムホルツの自由エネルギー, 125
変位, 37
変位電流, 163
変位ベクトル, 16
偏微分, 55
ヘンリー, 159
放物運動, 28
放物線, 28
ホール起電力, 153
ホール効果, 153
保存力, 55
ポテンシャルエネルギー, 49
ポテンシャル関数, 56
ボルツマン定数, 100

● ま 行

マイヤーの関係式, 106
マクスウェル, 162
マクスウェルの関係式, 127
摩擦, 9

● や 行

誘電体, 146
誘導起電力, 159
弱い力, 13

● ら 行

ラジアン, 33
力学的エネルギー, 53
力学的エネルギーの保存則, 53
力積, 21
離心率, 73
理想気体, 102
流体, 10
連成振動, 39
連続の式, 150
ローレンツ力, 151

大槻　東巳(おおつきとうみ)

1961 年生まれ
1984 年　東京大学理学部物理学科卒業
1989 年　東京大学大学院理学研究科物理学専攻博士課程修了，理学博士
大阪大学教養部助手，東邦大学理学部講師，上智大学助教授を経て
現在，上智大学理工学部教授

大学生のための(だいがくせい) 基礎物理学(きそぶつりがく) −力学(りきがく)・熱学(ねつがく)・電磁気学(でんじきがく)−

2011 年 10 月 31 日　第 1 版　第 1 刷　発行
2019 年 4 月 25 日　第 1 版　第 4 刷　発行

著　者　　大槻東巳
発行者　　発田和子
発行所　　株式会社　学術図書出版社

〒113−0033　東京都文京区本郷 5 丁目 4 の 6
TEL 03−3811−0889　振替 00110−4−28454
印刷　三美印刷 (株)

定価はカバーに表示してあります．

本書の一部または全部を無断で複写 (コピー)・複製・転載することは，著作権法でみとめられた場合を除き，著作者および出版社の権利の侵害となります．あらかじめ，小社に許諾を求めて下さい．

© 2011　　T. OHTSUKI　　Printed in Japan
ISBN978−4−7806−0259−3　C3042

5. 積分

☞ 積分定数は省略した．

被積分関数	x に関する積分
e^x	e^x
$\dfrac{1}{x}$	$\log x$
x^n	$\dfrac{x^{n+1}}{n+1}\ (n \neq -1)$
$\sin x$	$-\cos x$
$\cos x$	$\sin x$
$\dfrac{x}{\sqrt{x^2+a}}$	$\sqrt{x^2+a}$
$\dfrac{x}{\sqrt{x^2+a}^3}$	$-\dfrac{1}{\sqrt{x^2+a}}$
$\dfrac{1}{\sqrt{x^2+a}}$	$\log\left(x+\sqrt{x^2+a}\right)$
$\dfrac{1}{\sqrt{x^2+a}^3}$	$\dfrac{1}{a}\dfrac{x}{\sqrt{x^2+a}}$

6. 近似式

☞ $|x| \ll 1$, $|ax| \ll 1$ とする．

関数	近似式
$(1+x)^a$	$1+ax$
$\sqrt{1+x}$	$1+\dfrac{x}{2}$
e^x	$1+x$
$\log(1+x)$	$x-\dfrac{x^2}{2}$
$\cos x$	$1-\dfrac{x^2}{2}$
$\sin x$	$x-\dfrac{x^3}{6}$
$\tan x$	$x+\dfrac{x^3}{3}$